수학을 쉽게 만들어 주는 자

풍산자 반복수학

중학수학 2-1

구성과 특징

» 반복 연습으로 기초를 탄탄하게 만드는 기본학습서!
수학하는 힘을 길러주는 반복수학으로 기초 실력과 자신감을 UP하세요.

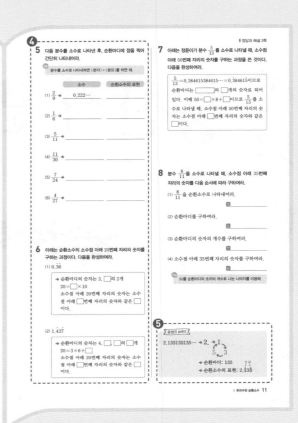

❶ **학습 내용의 핵심만 쏙쏙!**

주제별 핵심 개념과 원리를 핵심만 쏙쏙 뽑아 이해하기 쉽게 정리

❷ **학습 날짜와 시간 체크!**

주제별 학습 날짜, 걸린 시간을 체크하면서 계획성 있게 학습

❸ **단계별 문제로 개념을 확실히!**

'빈칸 채우기 ➡ 과정 완성하기 ➡ 직접 풀어보기'의 과정을 통해서 스스로 개념을 이해할 수 있도록 제시

❹ **유사 문제의 반복 학습!**

같은 유형의 유사 문제를 반복적으로 연습하면서 개념을 확실히 익히고 기본 실력을 기를 수 있도록 구성

❺ **풍쌤의 point!**

용어, 공식 등 꼭 알아야 할 핵심 사항을 다시 한번 체크할 수 있도록 구성

풍산자 반복수학에서는

수학의 기본기를 다지는 원리, 개념, 연산 문제의 반복 연습을 통해
자기 주도적 학습을 할 수 있습니다.

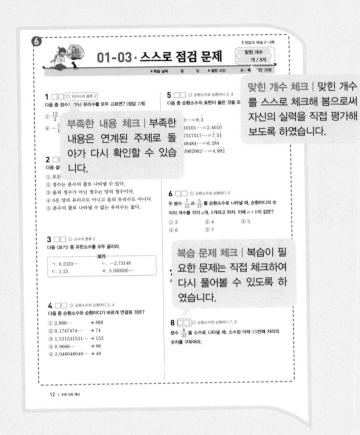

❻ **중요한 문제만 모아 점검!**
집중+반복 학습한 내용을 바탕으로 자기
실력을 점검할 수 있는 평가 문항으로 구성

맞힌 개수 체크 | 맞힌 개수를 스스로 체크해 봄으로써 자신의 실력을 직접 평가해 보도록 하였습니다.

부족한 내용 체크 | 부족한 내용은 연계된 주제로 돌아가 다시 확인할 수 있습니다.

복습 문제 체크 | 복습이 필요한 문제는 직접 체크하여 다시 풀어볼 수 있도록 하였습니다.

정답과 해설

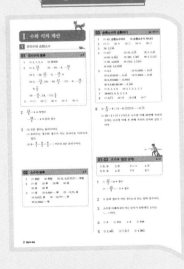

• 최적의 문제 해결 방법을 자세하고
친절하게 제시

이 책의 차례

I : 수와 식의 계산

1. 유리수와 순환소수 8

2. 식의 계산 23

II : 일차부등식과 연립일차방정식

1. 일차부등식 ⋯⋯⋯⋯⋯⋯⋯⋯ 54

2. 연립일차방정식 ⋯⋯⋯⋯⋯ 72

III : 일차함수

1. 일차함수와 그래프 ⋯⋯⋯⋯⋯ 100

2. 일차함수와 일차방정식의 그래프 ⋯ 134

성공이란 그 결과로 측정하는 것이 아닌
그것에 소비한 노력의 총계로 따져야 한다.

– 에디슨 –

수와 식의 계산

학습주제	쪽수
01 유리수의 분류	8
02 소수의 분류	9
03 순환소수와 순환마디	10
01-03 스스로 점검 문제	12
04 유한소수로 나타내기	13
05 순환소수를 분수로 나타내기 (1)	16
06 순환소수를 분수로 나타내기 (2)	19
07 유리수와 소수의 관계	21
04-07 스스로 점검 문제	22
08 지수법칙 (1)	23
09 지수법칙 (2)	24
10 지수법칙 (3)	25
11 지수법칙 (4)	27
08-11 스스로 점검 문제	29

학습주제	쪽수
12 단항식의 곱셈	30
13 단항식의 나눗셈	32
14 단항식의 곱셈, 나눗셈의 혼합 계산	34
12-14 스스로 점검 문제	36
15 다항식의 덧셈과 뺄셈 (1)	37
16 여러 가지 괄호가 있는 다항식의 덧셈, 뺄셈	38
17 다항식의 덧셈과 뺄셈 (2)	40
18 이차식의 덧셈과 뺄셈	42
15-18 스스로 점검 문제	44
19 단항식과 다항식의 곱셈	45
20 다항식과 단항식의 나눗셈	47
21 사칙연산의 혼합 계산	49
19-21 스스로 점검 문제	51

01 유리수의 분류

핵심개념

1. 유리수: 분수 $\dfrac{a}{b}$ (a, b는 정수, $b \neq 0$)의 꼴로 나타낼 수 있는 수

2. 유리수의 분류

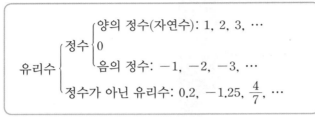

$$\text{유리수} \begin{cases} \text{정수} \begin{cases} \text{양의 정수(자연수): } 1, 2, 3, \cdots \\ 0 \\ \text{음의 정수: } -1, -2, -3, \cdots \end{cases} \\ \text{정수가 아닌 유리수: } 0.2, -1.25, \dfrac{4}{7}, \cdots \end{cases}$$

참고 ① 양의 정수: 자연수에 양의 부호 +를 붙인 수, 이때 양의 부호 +는 생략한다.
② 음의 정수: 자연수에 음의 부호 −를 붙인 수
③ 정수: 양의 정수, 0, 음의 정수를 통틀어 정수라고 한다.

▶학습 날짜　　월　　일　　▶걸린 시간　　분 / **목표 시간** 10분

■ 정답과 해설 2쪽

1 다음을 완성하여라.

(1) $2 = \dfrac{\square}{1}$, $-7 = -\dfrac{\square}{1}$, $0.4 = \dfrac{2}{\square}$,

$-0.25 = -\dfrac{1}{\square}$

(2) 2, −7, 0.4, −0.25와 같이 분수의 꼴로 나타낼 수 있는 수를 _____ 라고 한다.

2 다음 수를 보고, 해당하는 수를 모두 골라라.

$$3, \quad -\frac{11}{6}, \quad 2.8, \quad -10, \quad \frac{12}{3}$$
$$-1.5, \quad -6, \quad -\frac{16}{4}, \quad 0, \quad \frac{2}{5}$$

(1) 자연수 ➡ _____

(2) 음의 정수 ➡ _____

(3) 정수 ➡ _____

(4) 유리수 ➡ _____

(5) 정수가 아닌 유리수 ➡ _____

3 다음 설명 중 옳은 것에는 ○표, 옳지 않은 것에는 ×표를 하여라.

(1) 모든 자연수는 정수이다. (　　　)

(2) 모든 유리수는 분수로 나타낼 수 있다.
(　　　)

(3) 정수 중에는 유리수가 아닌 것도 있다.
(　　　)

(4) 유리수는 자연수와 정수로 이루어져 있다.
(　　　)

(5) 0은 유리수가 아니다. (　　　)

풍쌤의 point

유리수

$\dfrac{1}{3}$, $-\dfrac{4}{9}$, 0.5, $\cdots$

기약분수로 나타내었을 때,
정수가 아닌 수

정수

$-1, -2, \cdots$　　0　　$1, 2, \cdots$

0은 정수이면서 유리수

02 소수의 분류

핵심개념

1. **유한소수**: 소수점 아래의 0이 아닌 숫자가 유한개인 소수
2. **무한소수**: 소수점 아래의 0이 아닌 숫자가 무한히 많은 소수

▶ 학습 날짜   월   일   ▶ 걸린 시간   분 / **목표 시간** 10분

▌정답과 해설 2쪽

1 다음을 완성하여라.

(1) 0.36

→ 소수점 아래의 0이 아닌 숫자가 유한개이므로 (유한, 무한)소수이다.

(2) 3.424242⋯

→ 소수점 아래의 0이 아닌 숫자가 무한히 많으므로 (유한, 무한)소수이다.

(3) $\dfrac{3}{11}$

→ 소수로 나타내면

$\dfrac{3}{11} = 3 \div \boxed{} = \boxed{}$ 이므로

(유한, 무한)소수이다.

2 다음 소수가 유한소수이면 '유', 무한소수이면 '무'를 써라.

(1) 1.572   (   )

(2) 0.1333⋯   (   )

(3) −2.7595959⋯   (   )

(4) 0.9317826   (   )

(5) −5.3888   (   )

(6) 3.141592⋯   (   )

3 다음 분수를 소수로 나타내고, 유한소수이면 '유', 무한소수이면 '무'를 써라.

tip 분수를 소수로 나타내려면 (분자)÷(분모)를 하면 돼.

(1) $\dfrac{11}{20}$ → 0.55   (   )

(2) $\dfrac{2}{3}$ → _____   (   )

(3) $-\dfrac{3}{4}$ → _____   (   )

(4) $\dfrac{5}{8}$ → _____   (   )

(5) $-\dfrac{7}{9}$ → _____   (   )

(6) $\dfrac{4}{15}$ → _____   (   )

풍쌤의 point

$\dfrac{7}{25} = 0.28$ **유한소수**
끝

$\dfrac{1}{3} = 0.333⋯$ **무한소수**
끝이 없다.

03. 순환소수와 순환마디

핵심개념

1. **순환소수**: 소수점 아래의 어떤 자리에서부터 일정한 숫자의 배열이 한없이 되풀이되는 무한소수
2. **순환마디**: 순환소수의 소수점 아래에서 일정하게 되풀이되는 한 부분
3. **순환소수의 표현**: 순환마디의 양 끝의 숫자 위에 점을 찍어 간단히 나타낸다.

▶학습 날짜   월   일   ▶걸린 시간   분 / **목표 시간** 20분

---

1 다음을 완성하여라.

(1) 0.454545⋯

➡ 소수점 아래에서 숫자 [ ]가 한없이 되풀이 되므로 (순환소수이다, 순환소수가 아니다).

(2) 0.1121231234⋯

➡ 소수점 아래에서 되풀이되는 숫자의 배열이 없으므로 (순환소수이다, 순환소수가 아니다).

2 다음 소수가 순환소수인 것에는 ○표, 순환하지 않는 무한소수인 것에는 ×표를 하여라.

(1) 0.555⋯   (   )

(2) 0.1010010001⋯   (   )

(3) 1.7838383⋯   (   )

(4) 2.121121112⋯   (   )

(5) 7.914914914⋯   (   )

3 다음을 완성하여라.

순환소수 2.1363636⋯의 순환마디는 [ ]이고, 점을 찍어 간단히 나타내면 [   ]이다.

4 다음 **순환소수의 순환마디를 말하고, 순환마디에 점을 찍어** 간단히 나타내어라.

tip 순환마디는 소수점 아래에서 가장 처음으로 반복되는 부분을 찾아야 해.

순환소수	순환마디	순환소수의 표현
(1) 0.777⋯	7	
(2) 3.252525⋯		
(3) 2.4333⋯		
(4) 0.3656565⋯		
(5) 2.382382382⋯		
(6) 5.12333⋯		
(7) 4.64595959⋯		
(8) 1.234123412341⋯		
(9) 3.13169169169⋯		

5 다음 분수를 소수로 나타낸 후, 순환마디에 점을 찍어 간단히 나타내어라.

> **tip** 분수를 소수로 나타내려면 (분자)÷(분모)를 하면 돼.

	소수	순환소수의 표현
(1) $\dfrac{2}{9}$ →	$0.222\cdots$	
(2) $\dfrac{1}{6}$ →		
(3) $\dfrac{5}{11}$ →		
(4) $\dfrac{11}{30}$ →		
(5) $\dfrac{7}{24}$ →		
(6) $\dfrac{4}{27}$ →		

6 아래는 순환소수의 소수점 아래 20번째 자리의 숫자를 구하는 과정이다. 다음을 완성하여라.

(1) $0.\dot{3}\dot{6}$

> → 순환마디의 숫자는 3, $\boxed{}$의 2개
> $20=\boxed{}\times 10$
> 소수점 아래 20번째 자리의 숫자는 소수점 아래 $\boxed{}$번째 자리의 숫자와 같은 $\boxed{}$이다.

(2) $1.\dot{4}3\dot{7}$

> → 순환마디의 숫자는 4, $\boxed{}$, $\boxed{}$의 $\boxed{}$개
> $20=3\times 6+\boxed{}$
> 소수점 아래 20번째 자리의 숫자는 소수점 아래 $\boxed{}$번째 자리의 숫자와 같은 $\boxed{}$이다.

7 아래는 정윤이가 분수 $\dfrac{5}{13}$를 소수로 나타낼 때, 소수점 아래 50번째 자리의 숫자를 구하는 과정을 쓴 것이다. 다음을 완성하여라.

> $\dfrac{5}{13}=0.384615384615\cdots=0.\dot{3}8461\dot{5}$이므로 순환마디는 $\boxed{}$의 $\boxed{}$개의 숫자로 되어 있다. 이때 $50=\boxed{}\times 8+\boxed{}$이므로 $\dfrac{5}{13}$를 소수로 나타낼 때, 소수점 아래 50번째 자리의 숫자는 소수점 아래 $\boxed{}$번째 자리의 숫자와 같은 $\boxed{}$이다.

8 분수 $\dfrac{8}{11}$을 소수로 나타낼 때, 소수점 아래 35번째 자리의 숫자를 다음 순서에 따라 구하여라.

(1) $\dfrac{8}{11}$을 순환소수로 나타내어라.

답 _____

(2) 순환마디를 구하여라.

답 _____

(3) 순환마디의 숫자의 개수를 구하여라.

답 _____

(4) 소수점 아래 35번째 자리의 숫자를 구하여라.

답 _____

> **tip** 35를 순환마디의 숫자의 개수로 나눈 나머지를 이용해.

> ◁풍쌤의 point▷
> $2.135135135\cdots$ → $2.\overset{\curvearrowright}{1\ 3\ 5}$
> → 순환마디: 135
> → 순환소수의 표현: $2.\dot{1}3\dot{5}$ (양 끝)

1. 유리수와 순환소수 **11**

01-03 · 스스로 점검 문제

▶학습 날짜   월   일   ▶걸린 시간   분 / 목표 시간 20분

1 ☐☐ ○ 유리수의 분류 2

다음 중 정수가 아닌 유리수를 모두 고르면? (정답 2개)

① $\dfrac{12}{2}$ ② -2.4 ③ $-\dfrac{15}{3}$

④ $-\dfrac{7}{8}$ ⑤ 0

2 ☐☐ ○ 유리수의 분류 3

다음 설명 중 옳지 <u>않은</u> 것은?

① 모든 자연수는 유리수이다.
② 정수는 분수의 꼴로 나타낼 수 있다.
③ 음의 정수가 아닌 정수는 양의 정수이다.
④ 0은 양의 유리수도 아니고 음의 유리수도 아니다.
⑤ 분수의 꼴로 나타낼 수 없는 유리수는 없다.

3 ☐☐ ○ 소수의 분류 2

다음 〈보기〉 중 유한소수를 모두 골라라.

보기
ㄱ. $0.2333\cdots$ ㄴ. -2.73148
ㄷ. 1.25 ㄹ. $5.050505\cdots$

4 ☐☐ ○ 순환소수와 순환마디 3, 4

다음 중 순환소수와 순환마디가 바르게 연결된 것은?

① $2.888\cdots$ ➔ 888
② $0.1747474\cdots$ ➔ 74
③ $1.531531531\cdots$ ➔ 153
④ $0.9666\cdots$ ➔ 96
⑤ $2.048048048\cdots$ ➔ 48

5 ☐☐ ○ 순환소수와 순환마디 3, 4

다음 중 순환소수의 표현이 옳은 것을 모두 고르면?

(정답 2개)

① $8.333\cdots = 8.\dot{3}$
② $2.4010101\cdots = 2.40\dot{1}\dot{0}$
③ $7.517517517\cdots = 7.\dot{5}1$
④ $6.2848484\cdots = 6.2\dot{8}\dot{4}$
⑤ $4.902902902\cdots = 4.\dot{9}0\dot{2}$

6 ☐☐ ○ 순환소수와 순환마디 5

두 분수 $\dfrac{7}{15}$과 $\dfrac{5}{27}$를 순환소수로 나타낼 때, 순환마디의 숫자의 개수를 각각 a개, b개라고 하자. 이때 $a+b$의 값은?

① 3   ② 4   ③ 5
④ 6   ⑤ 7

7 ☐☐ ○ 순환소수와 순환마디 6

$0.4\dot{7}15\dot{9}$의 소수점 아래 40번째 자리의 숫자를 구하여라.

8 ☐☐ ○ 순환소수와 순환마디 7, 8

분수 $\dfrac{8}{33}$을 소수로 나타낼 때, 소수점 아래 25번째 자리의 숫자를 구하여라.

04. 유한소수로 나타내기

핵심개념

분수를 기약분수로 나타내었을 때, 분모의 소인수가 2나 5뿐이면 그 분수는 유한소수로 나타낼 수 있다.

예 ❶ $\dfrac{9}{120} = \dfrac{3}{40} = \dfrac{3}{2^3 \times 5}$ ➡ 분모의 소인수가 2나 5뿐이므로 유한소수로 나타낼 수 있다.

　❷ $\dfrac{14}{30} = \dfrac{7}{15} = \dfrac{7}{3 \times 5}$ ➡ 분모의 소인수 중에 3이 있으므로 유한소수로 나타낼 수 없다.

▶학습 날짜　　월　　일　　▶걸린 시간　　분 / **목표 시간** 30분

▌정답과 해설 3~4쪽

1 다음 기약분수를 소수로 나타내는 과정을 완성하여라.

(1) $\dfrac{1}{5}$

➡ 분모의 소인수는 $\boxed{}$뿐이다.

➡ 유한소수로 나타낼 수 (있다, 없다).

> 분자와 분모에 $\boxed{}$를 곱하여 분모가 $\boxed{}$
> 인 분수로 고쳐 소수로 나타내면
>
> $\dfrac{1}{5} = \dfrac{1 \times \boxed{}}{5 \times \boxed{}} = \dfrac{2}{\boxed{}} = \boxed{}$

(2) $\dfrac{7}{20}$

➡ 분모를 소인수분해하면 $20 = 2^2 \times \boxed{}$이므로 분모의 소인수는 $\boxed{}$와 $\boxed{}$이다.

➡ 유한소수로 나타낼 수 (있다, 없다).

> 분자와 분모에 $\boxed{}$를 곱하여 분모가 $10^{\boxed{}}$
> 인 분수로 고쳐 소수로 나타내면
>
> $\dfrac{7}{20} = \dfrac{7 \times \boxed{}}{2^2 \times \boxed{} \times \boxed{}} = \dfrac{\boxed{}}{100} = \boxed{}$

(3) $\dfrac{3}{14}$

➡ 분모를 소인수분해하면 $14 = 2 \times \boxed{}$이므로 2나 5 이외의 소인수 $\boxed{}$이 있다.

➡ 유한소수로 나타낼 수 (있다, 없다).

(4) $\dfrac{13}{45}$

➡ 분모를 소인수분해하면 $45 = \boxed{}^2 \times 5$이므로 2나 5 이외의 소인수 $\boxed{}$이 있다.

➡ 유한소수로 나타낼 수 (있다, 없다).

2 10의 거듭제곱을 이용하여 분수를 유한소수로 나타내는 다음 과정을 완성하여라.

tip $10 = 2 \times 5$, $100 = 2^2 \times 5^2$, $1000 = 2^3 \times 5^3$임을 이용해.

(1) $\dfrac{3}{5} = \dfrac{3 \times \boxed{}}{5 \times \boxed{}} = \dfrac{\boxed{}}{10} = \boxed{}$

(2) $\dfrac{1}{4} = \dfrac{1}{2^2} = \dfrac{1 \times \boxed{}}{2^2 \times \boxed{}} = \dfrac{\boxed{}}{100} = \boxed{}$

(3) $\dfrac{9}{40} = \dfrac{9}{2^3 \times \boxed{}} = \dfrac{9 \times \boxed{}}{2^3 \times \boxed{} \times \boxed{}}$

　　$= \dfrac{\boxed{}}{1000} = \boxed{}$

(4) $\dfrac{21}{125} = \dfrac{21}{5^3} = \dfrac{21 \times \boxed{}}{5^3 \times \boxed{}}$

　　$= \dfrac{\boxed{}}{1000} = \boxed{}$

(5) $\dfrac{12}{75} = \dfrac{4}{\boxed{}} = \dfrac{4 \times \boxed{}}{5^2 \times \boxed{}} = \dfrac{\boxed{}}{100} = \boxed{}$

tip 먼저 기약분수로 나타내야 해.

3 다음을 완성하여라.

(1) $\dfrac{7}{16}$의 분모를 소인수분해하면 _____
→ 분모의 소인수는 _____
→ 유한소수로 나타낼 수 (있다, 없다).

(2) $\dfrac{5}{18}$의 분모를 소인수분해하면 _____
→ 분모의 소인수는 _____
→ 유한소수로 나타낼 수 (있다, 없다).

(3) $\dfrac{7}{28}$을 기약분수로 나타내면 _____
→ 분모를 소인수분해하면 _____
→ 분모의 소인수는 _____
→ 유한소수로 나타낼 수 (있다, 없다).

(4) $\dfrac{14}{35}$를 기약분수로 나타내면 _____
→ 분모의 소인수는 _____
→ 유한소수로 나타낼 수 (있다, 없다).

(5) $\dfrac{12}{45}$를 기약분수로 나타내면 _____
→ 분모를 소인수분해하면 _____
→ 분모의 소인수는 _____
→ 유한소수로 나타낼 수 (있다, 없다).

(6) $\dfrac{35}{180}$를 기약분수로 나타내면 _____
→ 분모를 소인수분해하면 _____
→ 분모의 소인수는 _____
→ 유한소수로 나타낼 수 (있다, 없다).

4 다음 분수를 소수로 나타낼 때, 유한소수로 나타낼 수 있는 것에는 ○표, 유한소수로 나타낼 수 없는 것에는 ×표를 하여라.

(1) $\dfrac{21}{2 \times 5^2}$ ( )

(2) $\dfrac{15}{2 \times 5 \times 7}$ ( )

> **tip** 분모의 소인수를 확인하기 전에 기약분수인지부터 확인해야 해.

(3) $\dfrac{63}{2 \times 3^2 \times 5}$ ( )

(4) $\dfrac{12}{3^2 \times 5}$ ( )

(5) $\dfrac{21}{2^3 \times 7}$ ( )

5 다음 분수를 소수로 나타낼 때, 유한소수로 나타낼 수 있는 것에는 ○표, 유한소수로 나타낼 수 없는 것에는 ×표를 하여라.

(1) $\dfrac{3}{8}$ ( )

(2) $\dfrac{5}{24}$ ( )

(3) $\dfrac{6}{33}$ ( )

(4) $\dfrac{39}{120}$ ( )

6 다음 분수가 유한소수로 나타내어질 때, a의 값이 될 수 있는 가장 작은 자연수를 구하여라.

(1) $\dfrac{a}{2^3 \times 3}$

> ➡ 기약분수의 분모의 소인수가 □ 나 □ 뿐일 때 유한소수로 나타내어지므로 a는 □의 배수이어야 한다. 따라서 a의 값이 될 수 있는 가장 작은 자연수는 □이다.

(2) $\dfrac{a}{2^2 \times 3 \times 7}$ 　답 _____

(3) $\dfrac{3 \times a}{3^2 \times 5}$ 　답 _____

(4) $\dfrac{a}{3 \times 5^2 \times 11}$ 　답 _____

7 $\dfrac{7}{30} \times \square$ 가 유한소수로 나타내어질 때, □ 안에 들어갈 수 있는 가장 작은 자연수를 다음 순서에 따라 구하여라.

(1) $\dfrac{7}{30}$ 의 분모를 소인수분해하여 나타내어라.

　답 _____

(2) 분모의 소인수가 2나 5뿐이기 위해 약분되어야 하는 수를 구하여라.

　답 _____

(3) □ 안에 들어갈 가장 작은 자연수를 구하여라.

　답 _____

8 다음 유리수가 유한소수로 나타내어질 때, a의 값이 될 수 있는 가장 작은 자연수를 구하여라.

(1) $\dfrac{2}{15} \times a$ 　답 _____

(2) $\dfrac{5}{36} \times a$ 　답 _____

(3) $\dfrac{11}{60} \times a$ 　답 _____

(4) $\dfrac{3}{42} \times a$ 　답 _____

(5) $\dfrac{21}{330} \times a$ 　답 _____

풍쌤의 point

분수의 유한소수와 무한소수의 구별 방법

분수를 기약분수로 나타내기

⬇

분모를 소인수분해하기

⬇

분모의 소인수가 2 또는 5뿐인가?

⬇ Yes　　　⬇ No

유한소수　　　무한소수

05 순환소수를 분수로 나타내기 (1)

핵심개념 | 순환소수를 분수로 나타내는 방법

❶ 순환소수를 x로 놓는다.

❷ 양변에 10의 거듭제곱을 곱하여 소수 부분이 같은 두 식을 만든다.

❸ 두 식을 변끼리 빼어 x의 값을 구한다. → 1보다 작은 부분, 즉 소수점 아래 부분

예 $0.\dot{4}\dot{3}$을 분수로 나타내기

❶ $x = 0.434343\cdots$ ⎫ $\times 10^2$

❷ $100x = 43.434343\cdots$ ⎭

❸ $\quad 100x = 43.\overline{434343}\cdots$
$\underline{-) \qquad x = 0.\overline{434343}\cdots}$
$\qquad 99x = 43$

$\therefore x = \dfrac{43}{99}$

▶학습 날짜　　월　　일　　▶걸린 시간　　분 / **목표 시간** 30분

---

1 순환소수 $0.\dot{5}$를 분수로 나타내는 과정을 완성하여라.

(1) 순환소수 $0.\dot{5}$를 x로 놓으면

　$x = 0.\dot{5} = \boxed{}$　　…… ㉠

(2) $0.\dot{5}$의 순환마디는 $\boxed{}$로 그 개수가 $\boxed{}$개이다.

(3) ㉠의 양변에 $\boxed{}$을 곱하면

　$\boxed{}x = 5.555\cdots$　　…… ㉡

(4) ㉠과 ㉡은 소수 부분이 같으므로 ㉡—㉠을 하여 소수 부분을 없애면

$\boxed{}x = 5.555\cdots$
$\underline{-) \quad \boxed{}x = \boxed{}}$
$\boxed{}x = \boxed{}$

$\therefore x = \boxed{}$

tip 소수 부분이 같은 두 수의 차는 정수!

2 순환소수 $0.2\dot{3}\dot{6}$을 분수로 나타내는 과정을 완성하여라.

(1) 순환소수 $0.2\dot{3}\dot{6}$을 x로 놓으면

　$x = 0.2\dot{3}\dot{6} = \boxed{}$　　…… ㉠

(2) $0.2\dot{3}\dot{6}$에서 소수점 아래 순환하지 않는 숫자는 $\boxed{}$로 그 개수가 $\boxed{}$개이고, 순환마디는 $\boxed{}$으로 그 개수가 $\boxed{}$개이다.

(3) ㉠의 양변에 $\boxed{}$을 곱하면

　$\boxed{}x = 236.363636\cdots$　　…… ㉡

또, ㉠의 양변에 $\boxed{}$을 곱하면

　$\boxed{}x = 2.363636\cdots$　　…… ㉢

(4) ㉡과 ㉢은 소수 부분이 같으므로 ㉡—㉢을 하여 소수 부분을 없애면

$\boxed{}x = 236.363636\cdots$
$\underline{-) \quad \boxed{}x = \quad 2.363636\cdots}$
$\boxed{}x = 234$

$\therefore x = \dfrac{234}{\boxed{}} = \boxed{}$

tip 답은 반드시 기약분수로!

3 아래 순환소수를 기약분수로 나타낼 때, 다음을 완성하여라.

(1) $0.\dot{6}$

→ $x=0.\dot{6}=0.666\cdots$으로 놓으면

$$10x=6.666\cdots$$
$$-) \quad x=0.666\cdots$$
$$\boxed{}x=6$$

$$\therefore x=\frac{6}{\boxed{}}=\boxed{}$$

(2) $2.\dot{1}$

→ $x=2.\dot{1}=2.111\cdots$로 놓으면

$$\boxed{}x=21.111\cdots$$
$$-) \quad x=2.111\cdots$$
$$\boxed{}x=19$$

$$\therefore x=\boxed{}$$

(3) $0.\dot{1}\dot{3}$

→ $x=0.\dot{1}\dot{3}=0.131313\cdots$으로 놓으면

$$\boxed{}x=13.131313\cdots$$
$$-) \quad x=0.131313\cdots$$
$$\boxed{}x=13$$

$$\therefore x=\boxed{}$$

(4) $0.\dot{2}3\dot{4}$

→ $x=0.\dot{2}3\dot{4}=0.234234\cdots$로 놓으면

$$\boxed{}x=234.234234\cdots$$
$$-) \quad x=0.234234\cdots$$
$$\boxed{}x=234$$

$$\therefore x=\frac{234}{\boxed{}}=\boxed{}$$

4 아래 순환소수를 기약분수로 나타낼 때, 다음을 완성하여라.

(1) $0.4\dot{2}$

→ $x=0.4\dot{2}=0.4222\cdots$로 놓으면

$$\boxed{}x=42.222\cdots$$
$$-) \quad \boxed{}x=4.222\cdots$$
$$\boxed{}x=38$$

$$\therefore x=\frac{38}{\boxed{}}=\boxed{}$$

(2) $1.0\dot{6}$

→ $x=1.0\dot{6}=1.0666\cdots$으로 놓으면

$$\boxed{}x=106.666\cdots$$
$$-) \quad \boxed{}x=10.666\cdots$$
$$\boxed{}x=96$$

$$\therefore x=\frac{96}{\boxed{}}=\boxed{}$$

(3) $0.\dot{2}5\dot{6}$

→ $x=0.\dot{2}5\dot{6}=0.2565656\cdots$으로 놓으면

$$\boxed{}x=256.565656\cdots$$
$$-) \quad \boxed{}x=2.565656\cdots$$
$$\boxed{}x=254$$

$$\therefore x=\frac{254}{\boxed{}}=\boxed{}$$

(4) $1.09\dot{3}$

→ $x=1.09\dot{3}=1.09333\cdots$으로 놓으면

$$\boxed{}x=1093.333\cdots$$
$$-) \quad \boxed{}x=109.333\cdots$$
$$\boxed{}x=984$$

$$\therefore x=\frac{984}{\boxed{}}=\boxed{}$$

5 다음 순환소수를 분수로 나타내기 위해 필요한 가장 간단한 식을 〈보기〉에서 골라 기호로 써라.

> **보기**
> ㄱ. $10x-x$ ㄴ. $100x-x$
> ㄷ. $100x-10x$ ㄹ. $1000x-x$
> ㅁ. $1000x-10x$ ㅂ. $1000x-100x$

(1) $x=0.5\dot{2}$ 답 _____

(2) $x=0.10\dot{7}$ 답 _____

(3) $x=3.\dot{4}\dot{6}$ 답 _____

(4) $x=2.5\dot{3}\dot{9}$ 답 _____

6 다음 순환소수를 기약분수로 나타내어라.

(1) $1.\dot{3}$ 답 _____

(2) $0.\dot{3}\dot{8}$ 답 _____

(3) $1.\dot{2}\dot{7}$ 답 _____

(4) $1.\dot{3}5\dot{1}$ 답 _____

7 다음 순환소수를 기약분수로 나타내어라.

(1) $0.\dot{1}\dot{8}$ 답 _____

(2) $3.0\dot{7}$ 답 _____

(3) $0.7\dot{1}\dot{5}$ 답 _____

(4) $1.57\dot{3}$ 답 _____

(5) $0.47\dot{3}$ 답 _____

(6) $5.6\dot{3}\dot{4}$ 답 _____

> **풍쌤의 point**
> **순환소수 $0.\dot{3}\dot{2}$를 분수로 나타내기**
>
> 순환마디를 없애는 과정
>
> ┌ 순환마디의 숫자 2개
> $100x=32.323232\cdots$
> $-)\quad x=\ 0.323232\cdots$ $x=$(순환소수)
> $99x=32$
> $\therefore x=\dfrac{32}{99}$ 기약분수인지 꼭 확인!!!

06 순환소수를 분수로 나타내기 (2)

핵심개념

순환소수를 분수로 나타내는 방법 – 공식 이용

1. **분모:** 순환마디의 숫자의 개수만큼 9를 쓰고, 그 뒤에 소수점 아래 순환하지 않는 숫자의 개수만큼 0을 쓴다.
2. **분자:** (전체의 수) − (순환하지 않는 부분의 수)

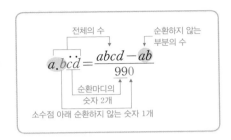

▶ 학습 날짜   월   일   ▶ 걸린 시간   분 / **목표 시간** 10분

▌정답과 해설 5쪽

1 다음 순환소수를 분수로 나타내는 과정을 완성하여라.

(1) $0.\dot{3}\dot{5} = \boxed{}$ 에서

① 분모의 9의 개수는 _____의 숫자의 개수와 같다.

② (분자)
= (전체의 수) − (순환하지 않는 부분의 수)
= $\boxed{} - 0$

(2) $0.\dot{2} = $

(3) $0.\dot{1}\dot{3} = $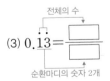

(4) $0.\dot{7}2\dot{5} = $

2 다음 순환소수를 분수로 나타내는 과정을 완성하여라.

(1) $0.\dot{4}\dot{7} = \boxed{}$ 에서

① 분모의 9의 개수는 _____의 숫자의 개수와 같고, $\boxed{}$의 개수는 소수점 아래 순환하지 않는 숫자의 개수와 같다.

② (분자)
= (전체의 수) − (순환하지 않는 부분의 수)
= $47 - \boxed{}$

(2) $0.1\dot{0}\dot{4} = $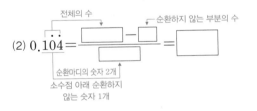

(3) $1.0\dot{0}\dot{7} = $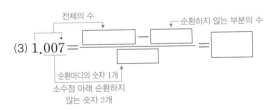

(4) $2.8\dot{1}\dot{7} = $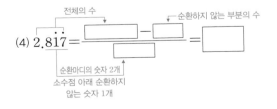

3 다음 순환소수를 기약분수로 나타내어라.

(1) $0.\dot{7}=\dfrac{7}{\boxed{}}$

(2) $0.\dot{5}\dot{2}=\dfrac{52}{\boxed{}}$

(3) $0.\dot{3}1\dot{7}=\dfrac{317}{\boxed{}}$

(4) $2.\dot{4}\dot{5}=\dfrac{245-\boxed{}}{99}=\dfrac{\boxed{}}{99}=\boxed{}$

(5) $0.6\dot{3}=\dfrac{63-\boxed{}}{90}=\dfrac{\boxed{}}{90}=\boxed{}$

(6) $0.7\dot{5}\dot{2}=\dfrac{752-\boxed{}}{\boxed{}}=\dfrac{\boxed{}}{990}=\boxed{}$

(7) $1.8\dot{4}=\dfrac{184-\boxed{}}{90}=\dfrac{\boxed{}}{90}=\boxed{}$

(8) $3.2\dot{9}\dot{7}=\dfrac{3297-\boxed{}}{\boxed{}}=\dfrac{\boxed{}}{990}=\boxed{}$

4 다음 순환소수를 기약분수로 나타내어라.

(1) $0.\dot{8}\dot{1}$ 　　　　답 _____

(2) $1.\dot{5}3\dot{4}$ 　　　　답 _____

(3) $0.3\dot{2}\dot{7}$ 　　　　답 _____

(4) $5.7\dot{2}$ 　　　　답 _____

(5) $2.8\dot{3}\dot{6}$ 　　　　답 _____

(6) $3.51\dot{4}$ 　　　　답 _____

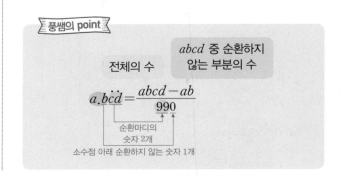

풍쌤의 point

전체의 수　　　$abcd$ 중 순환하지 않는 부분의 수

$$a.b\dot{c}\dot{d}=\dfrac{abcd-ab}{990}$$

순환마디의 숫자 2개
소수점 아래 순환하지 않는 숫자 1개

07. 유리수와 소수의 관계

핵심개념
1. 정수가 아닌 유리수는 유한소수 또는 순환소수로 나타낼 수 있다.
2. 유한소수와 순환소수는 모두 유리수이다.

▶학습 날짜　　월　　일　　▶걸린 시간　　분 / **목표 시간** 10분

■ 정답과 해설 5쪽

1 다음 문장을 완성하여라.

(1) $\frac{4}{5}$는 정수가 아닌 유리수이고, 분모의 소인수가 □이므로 (유한소수, 순환소수)로 나타낼 수 있다.

(2) $\frac{5}{6}=\frac{5}{2\times3}$는 정수가 아닌 유리수이고, 분모에 □나 □ 이외의 소인수가 있으므로 유한소수로 나타낼 수 (있다, 없다).

이때 $\frac{5}{6}$를 소수로 나타내면 $\frac{5}{6}=$□이므로 (유한소수, 순환소수, 순환하지 않는 무한소수)가 된다.

(3) 정수가 아닌 유리수는 _____ 또는 _____로 나타낼 수 있다.

2 다음을 완성하여라.

(1) $0.45=\dfrac{□}{100}=□$

➡ 유한소수 0.45는 분수의 꼴로 나타낼 수 있으므로 유리수(이다, 가 아니다).

(2) $0.\dot{7}\dot{1}=\dfrac{71}{□}$

➡ 순환소수 $0.\dot{7}\dot{1}$은 분수의 꼴로 나타낼 수 있으므로 유리수(이다, 가 아니다).

3 다음 수를 보고, 유리수가 아닌 것을 모두 골라라.

$$0.3,\quad -\frac{7}{8},\quad 0,\quad 0.\dot{3}$$
$$\pi,\quad \frac{37}{210},\quad 0.7618714\cdots$$

답 _____

4 다음 설명 중 옳은 것에는 ○표, 옳지 않은 것에는 ×표를 하여라.

(1) 모든 유한소수는 유리수이다. (　　)

(2) 순환소수 중에는 유리수가 아닌 것도 있다. (　　)

(3) 모든 무한소수는 유리수이다. (　　)

(4) 순환하지 않는 무한소수는 분수로 나타낼 수 없다. (　　)

(5) 정수가 아닌 유리수는 모두 유한소수로 나타낼 수 있다. (　　)

04-07 · 스스로 점검 문제

▶학습 날짜   월   일   ▶걸린 시간   분 / **목표 시간** 20분

---

1 ☐☐ ○ 순환소수로 나타내기 1, 2

다음은 분수 $\dfrac{7}{40}$ 을 유한소수로 나타내는 과정이다.
$A \sim E$에 들어갈 수로 알맞지 <u>않은</u> 것은?

$$\dfrac{7}{40} = \dfrac{7}{2^A \times 5} = \dfrac{7 \times B}{2^A \times 5 \times B} = \dfrac{C}{10^D} = E$$

① $A = 3$ ② $B = 5^2$ ③ $C = 35$

④ $D = 3$ ⑤ $E = 0.175$

2 ☐☐ ○ 순환소수로 나타내기 1~5

다음 분수를 소수로 나타낼 때, 유한소수로 나타낼 수 있는 것은?

① $\dfrac{5}{14}$ ② $\dfrac{11}{24}$ ③ $\dfrac{28}{42}$

④ $\dfrac{27}{72}$ ⑤ $\dfrac{6}{90}$

3 ☐☐ ○ 순환소수로 나타내기 6, 7

$\dfrac{11}{78} \times a$를 소수로 나타내면 유한소수가 된다. 이때 a의 값이 될 수 있는 가장 작은 자연수를 구하여라.

4 ☐☐ ○ 순환소수를 분수로 나타내기 ⑴ 4

다음은 순환소수 $0.2\dot{5}$를 분수로 나타내는 과정이다.
㈎ ~ ㈒에 들어갈 수로 옳지 <u>않은</u> 것은?

$$x = 0.2\dot{5} = 0.2555\cdots \text{로 놓으면}$$
$$\boxed{㈎}\, x = 25.555\cdots \quad \cdots\cdots ㉠$$
$$\boxed{㈏}\, x = 2.555\cdots \quad \cdots\cdots ㉡$$
$$㉠-㉡ 을 하면 \boxed{㈐}\, x = \boxed{㈑}$$
$$\therefore x = \boxed{㈒}$$

① ㈎ 100 ② ㈏ 10 ③ ㈐ 90

④ ㈑ 23 ⑤ ㈒ $\dfrac{5}{18}$

---

5 ☐☐ ○ 순환소수를 분수로 나타내기 ⑴ 5

순환소수 $x = 0.4\dot{3}\dot{8}$을 분수로 나타내려고 할 때, 다음 중 가장 편리한 식은?

① $100x - x$ ② $100x - 10x$

③ $1000x - x$ ④ $1000x - 10x$

⑤ $1000x - 100x$

6 ☐☐ ○ 순환소수를 분수로 나타내기 ⑵ 1, 2

다음 중 순환소수를 분수로 나타낸 것으로 옳은 것은?

① $9.\dot{4} = \dfrac{94-9}{90}$ ② $0.\dot{7}\dot{3} = \dfrac{73-7}{99}$

③ $8.1\dot{9} = \dfrac{819-8}{90}$ ④ $1.7\dot{6}\dot{4} = \dfrac{1764-17}{990}$

⑤ $0.\dot{6}5\dot{8} = \dfrac{658}{900}$

7 ☐☐ ○ 순환소수를 분수로 나타내기 ⑵ 3, 4

순환소수 $2.1\dot{8}$을 기약분수로 나타낼 때, 분자와 분모의 합을 구하여라.

8 ☐☐ ○ 유리수와 소수의 관계 4

다음 설명 중 옳지 <u>않은</u> 것은?

① 순환소수는 모두 유리수이다.

② 무한소수는 유리수가 아니다.

③ 정수가 아닌 유리수를 소수로 나타내면 유한소수 또는 순환소수이다.

④ 무한소수 중에는 유리수가 아닌 수도 있다.

⑤ 유한소수로 나타낼 수 없는 분수는 모두 순환소수로 나타낼 수 있다.

08 · 지수법칙 (1)

m, n이 자연수일 때,

$$a^m \times a^n = a^{m+n}$$

예 $a^5 \times a^7 = \underbrace{(a \times a \times a \times a \times a)}_{5개} \times \underbrace{(a \times a \times a \times a \times a \times a \times a)}_{7개} = a^{5+7} = a^{12}$

▶ 학습 날짜　　월　　일　　▶ 걸린 시간　　분 / **목표 시간** 10분

▌정답과 해설 6쪽

1 다음을 완성하여라.

(1) $2^2 = 2 \times 2$이므로 2를 $\boxed{}$번 곱한 것이다.

(2) $2^3 = 2 \times 2 \times 2$이므로 2를 $\boxed{}$번 곱한 것이다.

(3) $2^2 \times 2^3 = (2 \times 2) \times (2 \times 2 \times 2)$이므로 2를 $2 + 3 = \boxed{}$(번) 곱한 것이다.

(4) $2^2 \times 2^3 = 2^{\square + \square} = 2^\square$

2 다음을 완성하여라.

(1) $(2^3)^2$은 2^3을 $\boxed{}$번 곱한 것이다.

(2) $(2^3)^2 = 2^3 \times 2^3 = 2^{\square + \square} = 2^\square$

(3) $3 + 3 = 3 \times \boxed{} = \boxed{}$

(4) $(2^3)^2 = 2^{\square \times \square} = 2^\square$

3 다음 식을 간단히 하여라.

(1) $x^3 \times x^4 = x^{3+\square} = x^\square$

(2) $3^2 \times 3^7$　　답 _____

(3) $a^4 \times a^2$　　답 _____

(4) $7^5 \times 7^3 \times 7^2 = 7^{5+\square+\square} = 7^\square$

(5) $x \times x^8 \times x^5$　　답 _____

tip $x = x^1$임을 잊지마~

(6) $a^4 \times a^2 \times b^3 \times b^6 = a^{4+\square} \times b^{\square+6} = a^\square b^\square$

tip 지수법칙은 밑이 같은 경우에만 성립!

(7) $a^5 \times b^2 \times a^6 \times b^2$　　답 _____

(8) $x^3 \times x^4 \times y^8 \times x^6 \times y$　　답 _____

풍쌤의 point

m, n이 자연수일 때,

지수끼리의 합

$a^m \times a^n = a^{m+n}$ ➡ 지수끼리 더한다.

09 지수법칙 (2)

핵심개념

m, n이 자연수일 때,

$$(a^m)^n = a^{mn}$$

예 $(a^2)^5 = a^2 \times a^2 \times a^2 \times a^2 \times a^2 = a^{2+2+2+2+2} = a^{2 \times 5} = a^{10}$

▶학습 날짜　　월　　일　　▶걸린 시간　　분 / **목표 시간** 10분

‖ 정답과 해설 6쪽

1 다음 식을 간단히 하여라.

(1) $(a^4)^5 = a^{4 \times \square} = a^{\square}$

(2) $(5^6)^2$　　　　　답

(3) $(x^5)^8$　　　　　답

(4) $\{(y^2)^3\}^4 = (y^{\square \times 3})^4 = (y^{\square})^4 = y^{\square \times 4} = y^{\square}$

(5) $\{(3^2)^4\}^3$　　　　　답

2 다음 식을 간단히 하여라.

(1) $(x^7)^3 \times x^6 = x^{7 \times \square} \times x^6 = x^{\square + 6} = x^{\square}$

(2) $(y^3)^2 \times (y^5)^4 = y^{3 \times \square} \times y^{\square \times 4} = y^{\square + \square} = y^{\square}$

(3) $(a^2)^5 \times (a^3)^3$　　　　　답

(4) $(x^3)^2 \times (y^4)^3 \times x^7$　　　　　답

(5) $(a^5)^4 \times (b^3)^5 \times (a^8)^2$　　　　　답

3 다음 $\square$ 안에 공통으로 들어가는 수를 구하여라.

(1) $3^4 \times 3^{\square} = 3^9$ ➡ $3^{4 + \square} = 3^9$

답

(2) $a^5 \times a^{\square} \times a = a^{10}$ ➡ $a^{5 + \square + 1} = a^{10}$

답

(3) $(x^{\square})^3 = x^{15}$ ➡ $x^{\square \times 3} = x^{15}$

답

(4) $(y^2)^{\square} \times y^7 = y^{13}$ ➡ $y^{2 \times \square + 7} = y^{13}$

답

(5) $(b^{\square})^3 \times (b^4)^2 = b^{26}$ ➡ $b^{\square \times 3 + 8} = b^{26}$

답

풍쌤의 point

m, n이 자연수일 때,

지수끼리의 곱

$(a^m)^n = a^{mn}$ ➡ 지수끼리 곱한다.

10 지수법칙 (3)

핵심개념

$a \neq 0$이고 m, n이 자연수일 때

1. $m > n$이면 $a^m \div a^n = a^{m-n}$

   예 $2^6 \div 2^2 = \dfrac{2 \times 2 \times 2 \times 2 \times 2 \times 2}{2 \times 2} = 2^{6-2} = 2^4$

2. $m = n$이면 $a^m \div a^n = 1$

   예 $2^3 \div 2^3 = \dfrac{2 \times 2 \times 2}{2 \times 2 \times 2} = 1$

3. $m < n$이면 $a^m \div a^n = \dfrac{1}{a^{n-m}}$

   예 $2^2 \div 2^6 = \dfrac{2 \times 2}{2 \times 2 \times 2 \times 2 \times 2 \times 2} = \dfrac{1}{2^{6-2}} = \dfrac{1}{2^4}$

▶학습 날짜　　월　　일　　▶걸린 시간　　분 / **목표 시간** 20분

▌정답과 해설 7쪽

1 다음을 완성하여라.

(1) $3^5 = 3 \times 3 \times 3 \times 3 \times 3$이므로 3을 $\square$번 곱한 것이다.

(2) $3^3 = 3 \times 3 \times 3$이므로 3을 $\square$번 곱한 것이다.

(3) $3^5 \div 3^3 = \dfrac{3 \times 3 \times 3 \times 3 \times 3}{3 \times 3 \times 3} = 3 \times 3$이므로 3을 $5 - 3 = \square$(번) 곱한 것이다.

→ $3^5 \div 3^3 = 3^{\square - \square} = 3^\square$

(4) $3^3 \div 3^3 = \dfrac{3 \times 3 \times 3}{3 \times 3 \times 3} = \square$

(5) $3^3 \div 3^5 = \dfrac{3 \times 3 \times 3}{3 \times 3 \times 3 \times 3 \times 3} = \dfrac{1}{3 \times 3} = \dfrac{1}{3^2}$

→ $3^3 \div 3^5 = \dfrac{1}{3^{\square - \square}} = \dfrac{1}{3^\square}$

2 다음을 완성하여라.

(1) $5^6 \div 5^2 = 5^{\square - \square} = 5^\square$

(2) $a^5 \div a^5 = \square$

(3) $x^4 \div x^7 = \dfrac{1}{x^{\square - \square}} = \dfrac{1}{x^\square}$

3 다음 식을 간단히 하여라.

(1) $7^8 \div 7^3$　　답 _____

(2) $a^2 \div a^5$　　답 _____

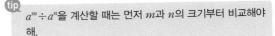 $a^m \div a^n$을 계산할 때는 먼저 m과 n의 크기부터 비교해야 해.

(3) $b^6 \div b^6$　　답 _____

(4) $x^{10} \div x^4$　　답 _____

(5) $9^6 \div 9^6$　　답 _____

(6) $y^5 \div y^{12}$　　답 _____

4 다음 식을 간단히 하여라.

(tip) 나눗셈이 2개 이상일 때, 반드시 앞에서부터 순서대로 계산해야 해.

(1) $2^{12} \div 2^4 \div 2^6$ 답 _____

(2) $a^8 \div a^3 \div a^2$ 답 _____

(3) $b^9 \div b^7 \div b^2$ 답 _____

(4) $x^{10} \div x^5 \div x^7$ 답 _____

5 다음 식을 간단히 하여라.

(1) $(3^7)^3 \div (3^2)^8$ 답 _____

(2) $(a^4)^6 \div (a^8)^3$ 답 _____

(3) $(x^2)^9 \div (x^6)^5$ 답 _____

(4) $(y^5)^2 \div (y^3)^3 \div (y^2)^4$ 답 _____

6 다음 ☐ 안에 공통으로 들어가는 수를 구하여라.

(1) $5^{\square} \div 5^4 = 5^3$ ➡ $5^{\square-4} = 5^3$ 답 _____

(2) $a^8 \div a^{\square} = 1$ 답 _____

(3) $x^5 \div x^{\square} = \dfrac{1}{x^3}$ ➡ $\dfrac{1}{x^{\square-5}} = \dfrac{1}{x^3}$ 답 _____

(4) $(y^{\square})^4 \div y^6 = y^{10}$ ➡ $y^{\square \times 4 - 6} = y^{10}$ 답 _____

(5) $(b^{\square})^3 \div b^9 = 1$ ➡ $b^{\square \times 3} \div b^9 = 1$ 답 _____

풍쌤의 point

$a \neq 0$이고 m, n이 자연수일 때,

지수끼리의 차

$$a^m \div a^n = \begin{cases} m > n \text{이면 } a^{m-n} \rightarrow \text{지수끼리 뺀다.} \\ m = n \text{이면 } 1 \\ m < n \text{이면 } \dfrac{1}{a^{n-m}} \end{cases}$$

← 뒤의 지수가 크면 분모로 내린다.

11 지수법칙 (4)

핵심개념

n이 자연수일 때

1. $(ab)^n = a^n b^n$

예 $(3y)^3 = 3y \times 3y \times 3y = (3 \times 3 \times 3) \times (y \times y \times y) = 3^3 y^3 = 27y^3$

2. $\left(\dfrac{a}{b}\right)^n = \dfrac{a^n}{b^n}$ (단, $b \neq 0$)

예 $\left(\dfrac{x}{3}\right)^4 = \dfrac{x}{3} \times \dfrac{x}{3} \times \dfrac{x}{3} \times \dfrac{x}{3} = \dfrac{x \times x \times x \times x}{3 \times 3 \times 3 \times 3} = \dfrac{x^4}{3^4} = \dfrac{x^4}{81}$

▶학습 날짜　　월　　일　　▶걸린 시간　　분 / **목표 시간** 20분

▮ 정답과 해설 7쪽

1 다음을 완성하여라.

(1) $(3 \times 5)^3$은 (3×5)를 $\square$번 곱한 것이다.

(2) $(3 \times 5)^3 = (3 \times 5) \times (3 \times 5) \times (3 \times 5)$
　　$= 3 \times 3 \times 3 \times 5 \times 5 \times 5$
이므로 3을 $\square$번, 5를 $\square$번 곱한 것이다.

(3) $(3 \times 5)^3 = 3^{\square} \times 5^{\square}$

2 다음을 완성하여라.

(1) $\left(\dfrac{3}{5}\right)^3$은 $\dfrac{3}{5}$을 $\square$번 곱한 것이다.

(2) $\left(\dfrac{3}{5}\right)^3 = \dfrac{3}{5} \times \dfrac{3}{5} \times \dfrac{3}{5} = \dfrac{3 \times 3 \times 3}{5 \times 5 \times 5}$이므로 3을 $\square$번 곱한 수를 5를 $\square$번 곱한 수로 나눈 것이다.

(3) $\left(\dfrac{3}{5}\right)^3 = \dfrac{3^{\square}}{5^{\square}}$

3 다음 식을 간단히 하여라.

(1) $(ab)^5 = a^{\square} b^{\square}$

(2) $(2a)^3 = 2^{\square} a^{\square} = \square a^{\square}$

(3) $(-xyz)^4 = (-1)^{\square} x^{\square} y^{\square} z^{\square} = x^{\square} y^{\square} z^{\square}$

tip $-a = (-1) \times a$임을 주의해!

4 다음 식을 간단히 하여라.

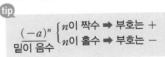

tip $(-a)^n$ 밑이 음수 $\begin{cases} n이\ 짝수 \Rightarrow 부호는\ + \\ n이\ 홀수 \Rightarrow 부호는\ - \end{cases}$

(1) $(x^2 y^3)^4 = x^{2 \times \square} y^{\square \times \square} = x^{\square} y^{\square}$

(2) $(3a^2)^3$　　　　답 _____

(3) $(a^3 b)^5$　　　　답 _____

(4) $(-2x^5 y^3)^3$　　　　답 _____

5 다음 식을 간단히 하여라.

(1) $\left(\dfrac{a}{b}\right)^4 = \dfrac{a^{\square}}{b^{\square}}$

(2) $\left(\dfrac{x^4}{3}\right)^3 = \dfrac{x^{4 \times \square}}{3^{\square}} = \dfrac{x^{\square}}{\square}$

(3) $\left(\dfrac{a}{b^2}\right)^6$ **답** _____

(4) $\left(\dfrac{x^2}{y^3}\right)^5 = \dfrac{x^{2 \times \square}}{y^{\square \times \square}} = \dfrac{x^{\square}}{y^{\square}}$

(5) $\left(-\dfrac{a^3}{b^4}\right)^7$ **답** _____

(6) $\left(\dfrac{2x^4}{y^2}\right)^5$ **답** _____

tip 수의 거듭제곱도 빠뜨리면 안 돼~

(7) $\left(-\dfrac{x^6}{5y^7}\right)^2$ **답** _____

---

6 다음 $\square$ 안에 공통으로 들어가는 수를 구하여라.

(1) $(a^{\square}b^5)^4 = a^{12}b^{20}$ ➡ $a^{\square \times 4}b^{5 \times 4} = a^{12}b^{20}$

       답 _____

(2) $(x^2y^7)^{\square} = x^{10}y^{35}$ ➡ $x^{2 \times \square}y^{7 \times \square} = x^{10}y^{35}$

       답 _____

(3) $\left(\dfrac{7}{a^3}\right)^{\square} = \dfrac{49}{a^6}$ ➡ $\dfrac{7^{\square}}{a^{3 \times \square}} = \dfrac{49}{a^6}$

       답 _____

(4) $\left(\dfrac{x^4}{y^{\square}}\right)^3 = \dfrac{x^{12}}{y^{24}}$ ➡ $\dfrac{x^{4 \times 3}}{y^{\square \times 3}} = \dfrac{x^{12}}{y^{24}}$

       답 _____

(5) $\left(\dfrac{3y^{\square}}{2x^2}\right)^2 = \dfrac{9y^{10}}{4x^4}$ ➡ $\dfrac{3^2 y^{\square \times 2}}{2^2 x^{2 \times 2}} = \dfrac{9y^{10}}{4x^4}$

       답 _____

> **풍쌤의 point**
>
> n이 자연수일 때,
> $(ab)^n = a^n b^n$
> $\left(\dfrac{a}{b}\right)^n = \dfrac{a^n}{b^n}$ (단, $b \neq 0$)

08-11 · 스스로 점검 문제

▶학습 날짜　　　월　　　일　　▶걸린 시간　　　분 / **목표 시간** 20분

1 ☐☐ ○ 지수법칙 (1) 1~3

$2^{4+a} = $ ☐ $\times 2^a$일 때, ☐ 안에 알맞은 수를 구하여라.

2 ☐☐ ○ 지수법칙 (1) 1~3

$3^3 + 3^3 + 3^3 = 3^n$일 때, 자연수 n의 값은?

① 3　　　　② 4　　　　③ 6

④ 8　　　　⑤ 9

3 ☐☐ ○ 지수법칙 (2) 1~3

$\{(x^5)^4\}^6 = x^n$일 때, 자연수 n의 값을 구하여라.

4 ☐☐ ○ 지수법칙 (2) 2

$a^4 \times (b^3)^3 \times a \times b^3 = a^x b^y$일 때, 자연수 x, y에 대하여 $x+y$의 값은?

① 13　　　　② 15　　　　③ 17

④ 19　　　　⑤ 21

5 ☐☐ ○ 지수법칙 (1)~(3)

$a^{12} \times a^8 \div (a^3)^6$을 간단히 하면?

① a^2　　　　② a　　　　③ 1

④ $\dfrac{1}{a}$　　　　⑤ $\dfrac{1}{a^2}$

6 ☐☐ ○ 지수법칙 (1)~(4)

다음 중 옳은 것은?

① $x^2 \times x^5 = x^{10}$　　　　② $(x^4)^7 = x^{11}$

③ $x^3 \div x^8 = x^5$　　　　④ $(x^2 y^5)^6 = x^{12} y^{30}$

⑤ $\left(-\dfrac{3x^3}{y^2}\right)^4 = \dfrac{3x^{12}}{y^8}$

7 ☐☐ ○ 지수법칙 (1)~(4)

다음 중 ☐ 안에 들어갈 수가 가장 큰 것은?

① $x^{\square} \times x^6 = x^9$　　　　② $(x^8)^{\square} = x^{40}$

③ $x^{15} \div x^{\square} = x^7$　　　　④ $(2x^3 y^4)^{\square} = 32x^{15} y^{20}$

⑤ $\left(\dfrac{x^{\square}}{y^7}\right)^3 = \dfrac{x^{12}}{y^{21}}$

8 ☐☐ ○ 지수법칙 (4) 6

$\left(-\dfrac{x^4}{3y^a}\right)^b = -\dfrac{x^c}{27y^{15}}$일 때, 자연수 a, b, c에 대하여 $a+b+c$의 값을 구하여라.

12. 단항식의 곱셈

핵심개념

단항식의 곱셈은 다음과 같은 방법으로 계산한다.

1. 계수는 계수끼리, 문자는 문자끼리 곱한다.
2. 거듭제곱이 있으면 지수법칙을 이용하여 먼저 괄호부터 푼다.
3. 같은 문자끼리의 곱셈은 지수법칙을 이용하여 간단히 한다.

참고 부호, 수, 문자 순서로 계산한다.

예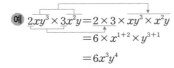
$$2xy^3 \times 3x^2y = 2 \times 3 \times xy^3 \times x^2y$$
$$= 6 \times x^{1+2} \times y^{3+1}$$
$$= 6x^3y^4$$

▶ 학습 날짜 　월　　일　▶ 걸린 시간　　분 / **목표 시간** 20분

---

1 다음을 완성하여라.

(1) $4a \times 3b = 4 \times a \times 3 \times b$
$$= 4 \times 3 \times \boxed{} \times b$$
$$= \boxed{}$$

(2) $(2x)^2 \times 5xy = 2^2 \times \boxed{} \times 5xy$
$$= \boxed{} \times 5 \times \boxed{} \times x \times y$$
$$= \boxed{}$$

> **tip** 문자끼리의 곱셈은 지수법칙을 이용해.

2 다음 식을 간단히 하여라.

(1) $5a \times 7b$　　답 _____

(2) $8a \times (-6b)$　　답 _____

(3) $(-2x) \times (-9y)$　　답 _____

(4) $3x \times 5y \times (-2x)$　　답 _____

3 다음 식을 간단히 하여라.

(1) $7x^2 \times 3x^4$　　답 _____

(2) $2a^3 \times (-6a^2)$　　답 _____

(3) $6xy \times 3y^2$　　답 _____

(4) $(-15ab^3) \times 2a^2b^2$　　답 _____

(5) $\dfrac{1}{3}x^4y \times (-6x^2y^3)$　　답 _____

(6) $8a^2b^5 \times \dfrac{1}{4}a^6b^7$　　답 _____

4 다음 식을 간단히 하여라.

(1) $(2x)^3 \times 5y$ 답 _____

(2) $(-3x)^2 \times (-x^3 y^2)$ 답 _____

(3) $2a^3 \times (-4ab)^2$ 답 _____

(4) $\dfrac{1}{3} a^2 b \times (3ab^3)^2$ 답 _____

(5) $(xy)^2 \times (2x^3 y)^3$ 답 _____

(6) $(-ab^2)^2 \times (-2a^3 b^3)^2$

답 _____

(7) $\left(-\dfrac{1}{4} x\right)^2 \times (2x^2 y^3)^5$ 답 _____

(8) $(6a^3 b^4)^2 \times \left(\dfrac{1}{2} a^4 b\right)^3$ 답 _____

5 다음 식을 간단히 하여라.

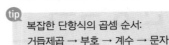
복잡한 단항식의 곱셈 순서:
거듭제곱 → 부호 → 계수 → 문자

(1) $(ab)^2 \times (-a^2) \times ab^2$

답 _____

(2) $2xy^2 \times (-3x) \times 4y^3$ 답 _____

(3) $\dfrac{5}{4} x^3 y \times x^5 y^2 \times (-2x^2 y^4)^3$

답 _____

(4) $(3a^2 b^2)^4 \times (-5a^7 b^3) \times \left(\dfrac{2}{9} a^4 b\right)^2$

답 _____

풍쌤의 **point**

계수는 계수끼리, 문자는 문자끼리 곱한다.

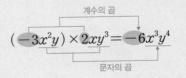

13. 단항식의 나눗셈

핵심개념

단항식의 나눗셈은 다음과 같은 방법으로 계산한다.

[방법 1] 단항식의 계수가 모두 정수인 경우

나눗셈을 **분수 꼴**로 고친 후 계산한다.

$$\rightarrow A \div B = \frac{A}{B}$$

예 $4ab \div 2a = \frac{4ab}{2a} = 2b$

[방법 2] 나누는 식이 분수 꼴인 경우

나눗셈을 **역수의 곱셈**으로 고친 후 계산한다.

$$\rightarrow A \div B = A \times \frac{1}{B}$$

예 $4ab \div \frac{a}{2} = 4ab \times \frac{2}{a} = 8b$

▶학습 날짜　　월　　일　　▶걸린 시간　　분 / **목표 시간** 20분

---

1 다음을 완성하여라.

(1) $20ab \div 4a = \dfrac{20ab}{\boxed{}}$

$\qquad = \dfrac{20}{\boxed{}} \times \dfrac{ab}{\boxed{}} = \boxed{}$

(2) $4xy^2 \div \dfrac{y}{2} = 4xy^2 \times \dfrac{2}{\boxed{}}$

$\qquad = 4 \times \boxed{} \times xy^2 \times \dfrac{1}{\boxed{}}$

$\qquad = \boxed{}$

> **tip** 나누는 식이 분수 꼴인 경우에는 이 방법을 이용하는 것이 편리해.

2 다음 식을 간단히 하여라.

(1) $21a^2 \div 3a$ 　　답 _____

(2) $8x^2y^3 \div 2xy$ 　　답 _____

(3) $15ab^3 \div (-3ab^2)$ 　　답 _____

(4) $6x^2y \div \dfrac{2}{3}y$ 　　답 _____

(5) $3a^5b^5 \div \dfrac{3}{2}a^3b^7$ 　　답 _____

(6) $6x^7y^4 \div \left(-\dfrac{3}{4}x^3y^2\right)$ 　　답 _____

(7) $-\dfrac{2}{5}x^8y^3 \div \left(-\dfrac{x^6}{10y^2}\right)$ 　　답 _____

3 다음 식을 간단히 하여라.

(1) $(-x^3y)^2 \div 4x$ 　　답 _____

(2) $12a^5b^2 \div (6a^3b)^2$ 　　답 _____

(3) $(xy)^3 \div (-3x^2y)^2$ 　　답 _____

(4) $(-a^4b^3)^4 \div (a^2b^5)^2$ 　　답 _____

(5) $(3xy^2)^3 \div \left(-\dfrac{9}{2}x^4y^2\right)$ 　　답 _____

(6) $4a^8b^5 \div \left(-\dfrac{1}{3}a^3\right)^2$ 　　답 _____

(7) $\left(-\dfrac{3}{4}x^2y^4\right)^2 \div \dfrac{9}{8}x^3y^5$ 　　답 _____

(8) $\left(-\dfrac{2}{3}x^7y^2\right)^3 \div \left(-\dfrac{1}{6}x^8y\right)^2$ 　　답 _____

4 다음 식을 간단히 하여라.

(1) $8x^2y^2 \div 2x^2y \div x^2$ 　　답 _____

(2) $(-6ab)^2 \div 9a^2 \div 2b$ 　　답 _____

(3) $2x^2y^5 \div (3y^2)^2 \div \dfrac{1}{6}x$ 　　답 _____

(4) $(-4a^3b^4)^2 \div \left(-\dfrac{1}{2}ab^2\right)^3 \div 8a^2b$ 　　답 _____

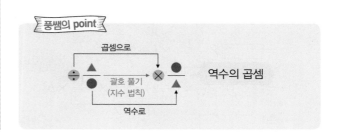

풍쌤의 point

곱셈으로

$\div$ ▲ ━━━ $\times$ ● 　　역수의 곱셈
● 　괄호 풀기　 ▲
　　(지수 법칙)

역수로

14. 단항식의 곱셈, 나눗셈의 혼합 계산

핵심개념 단항식의 곱셈과 나눗셈의 혼합 계산은 다음과 같은 순서로 계산한다.
❶ 괄호가 있는 거듭제곱은 지수법칙을 이용하여 괄호를 푼다.
❷ 나눗셈은 분수 꼴로 바꾸거나 역수의 곱셈으로 고쳐 계산한다.
❸ 부호를 결정한 후 계수는 계수끼리, 문자는 문자끼리 계산한다.

참고 단항식의 곱셈과 나눗셈이 포함된 식에서는 앞에서부터 차례대로 계산한다.

▶학습 날짜 월 일 ▶걸린 시간 분 / **목표 시간** 20분

1 다음을 완성하여라.

(1) $3x^3 \times 2x \div 6x^2$

$= 3x^3 \times 2x \times \dfrac{1}{\boxed{}}$

$= 3 \times 2 \times \dfrac{1}{\boxed{}} \times x^3 \times x \times \dfrac{1}{\boxed{}}$

$= \boxed{}$

(2) $8x^2y^3 \div 4xy \times x^2y$

$= 8x^2y^3 \times \dfrac{1}{\boxed{}} \times x^2y$

$= 8 \times \dfrac{1}{\boxed{}} \times x^2y^3 \times \dfrac{1}{\boxed{}} \times x^2y$

$= \boxed{}$

(3) $(-3x^2y^3)^2 \times xy^3 \div \dfrac{1}{4}x^3y^7$

$= \boxed{} \times xy^3 \div \dfrac{\boxed{}}{4}$

$= \boxed{} \times xy^3 \times \dfrac{4}{\boxed{}}$

$= \boxed{} \times 4 \times \boxed{} \times xy^3 \times \dfrac{1}{\boxed{}}$

$= \boxed{}$

(4) $(-6a)^2 \div 3ab \times (-2b^2)$

$= \boxed{} \times \dfrac{1}{\boxed{}} \times (-2b^2)$

$= \boxed{} \times \dfrac{1}{\boxed{}} \times (-2) \times \boxed{} \times \dfrac{1}{\boxed{}} \times b^2$

$= \boxed{}$

2 다음 식을 간단히 하여라.

(1) $2x^4 \times 6x \div 2x^2$ 답

(2) $6a^3 \times 2a \div a^2$ 답

(3) $4x^3 \times (-x) \div 4x^4$ 답

(4) $3a^2 \div 6a \times 2a^3$ 답

(5) $-2x^2 \div 3x^5 \times 12x$ 답

(6) $6a^2 \div (-9ab) \times 3b^2$ 답

3 다음 식을 간단히 하여라.

(1) $4x^2 \times 2xy^2 \div 6xy^2$　답　_____

(2) $12ab^2 \div 4a^2b^2 \times 3ab^2$

　답　_____

(3) $24x^3y \div (-xy) \times 4y^2$

　답　_____

(4) $30a^5b^8 \times \dfrac{4}{5}a^2b^3 \div 8ab^2$

　답　_____

(5) $21x^3y^6 \div \left(-\dfrac{7}{3}x^5y^2\right) \times (-2x^3y)$

　답　_____

(3) $(3a^4b^5)^2 \div (ab^2)^4 \times 5a$　답　_____

(4) $-40x^2y^9 \times (-5x^4y)^2 \div (-2x^3y^2)^3$

　답　_____

(5) $(-2x^3y)^3 \times xy^4 \div \dfrac{1}{3}x^8y^6$

　답　_____

(6) $(-3xy^2)^3 \div \dfrac{3}{4}y^7 \times \left(-\dfrac{1}{2}x^2y\right)^2$

　답　_____

(7) $\dfrac{27}{4}a^{11}b^3 \times \left(\dfrac{ab^2}{3}\right)^2 \div (-3a^3b)^2$

　답　_____

4 다음 식을 간단히 하여라.

(1) $8ab^3 \div (-2ab)^2 \times a^2b$　답　_____

(2) $6ab^2 \times a^3b^8 \div (a^2b)^3$　답　_____

풍쌤의 **point**

단항식의 곱셈, 나눗셈의 혼합 계산

괄호 풀기(지수법칙 이용)

⬇

나눗셈은 역수의 곱셈으로

⬇

계수는 계수끼리,
문자는 문자끼리

12-14 · 스스로 점검 문제

▶학습 날짜   월   일   ▶걸린 시간   분 / **목표 시간** 20분

1 ☐☐ ○ 단항식의 곱셈 3, 단항식의 나눗셈 2

다음 중 옳지 <u>않은</u> 것은?

① $8x^3 \times 2x^4 = 16x^7$

② $6x^2y^3 \times (-4xy) = -24x^3y^4$

③ $24xy^5 \times \dfrac{1}{4}x^2y = 6x^3y^6$

④ $30x^6y^4 \div 6x^3y^2 = 5x^3y^2$

⑤ $-5x^4y^7 \div \left(-\dfrac{5}{7}xy^5\right) = \dfrac{25}{7}x^3y^2$

2 ☐☐ ○ 단항식의 곱셈 4

$(-3a^3b)^3 \times (-a^2b^5)^2$을 간단히 하여라.

3 ☐☐ ○ 단항식의 곱셈 5

$x^2y^5 \times (x^2y)^2 \times \left(\dfrac{x^2}{y}\right)^3 = x^a y^b$일 때, 상수 a, b에 대하여 $a-b$의 값은?

① 2   ② 4   ③ 6

④ 8   ⑤ 10

4 ☐☐ ○ 단항식의 나눗셈 3

$(-2x^3y^4)^2 \div \dfrac{4}{5}x^4y^5 = ax^b y^c$일 때, 상수 a, b, c에 대하여 $a+b+c$의 값을 구하여라.

5 ☐☐ ○ 단항식의 곱셈 4, 단항식의 나눗셈 3

$A = (-4x^3y^5)^2 \times x^4y$, $B = (-3x^7y^9) \div \left(-\dfrac{3}{2}x^2y^2\right)^3$

일 때, $A \div B$를 간단히 하면?

① $9x^5y^9$ ② $18x^7y^8$ ③ $18x^9y^8$

④ $36x^8y^9$ ⑤ $36x^9y^8$

6 ☐☐ ○ 단항식의 나눗셈 4

$(4a^8b^3)^2 \div \dfrac{8}{3}a^4b \div 6a^5b^2$을 간단히 하면?

① $\dfrac{64}{a}$ ② a^2b^7 ③ $64a^3b^7$

④ a^7b^3 ⑤ a^7b^5

7 ☐☐ ○ 단항식의 곱셈, 나눗셈의 혼합 계산 4

$(3x^2y^6)^2 \times \dfrac{1}{4}x^4y^3 \div 9x^3y^7$을 간단히 하면 ax^by^c일 때, 상수 a, b, c에 대하여 abc의 값을 구하여라.

8 ☐☐ ○ 단항식의 곱셈, 나눗셈의 혼합 계산 4

다음 ☐ 안에 알맞은 식은?

$$(-5a^8b^2)^2 \div \boxed{} \times 4a^7b^3 = 20a^{15}b^5$$

① $5a^2b^8$ ② $5a^8b^2$ ③ $10a^8b^2$

④ $10a^{16}b^2$ ⑤ $15a^{16}b^4$

15. 다항식의 덧셈과 뺄셈 (1)

핵심개념
1. **다항식의 덧셈:** 괄호를 풀고 동류항끼리 모아서 간단히 한다.
2. **다항식의 뺄셈:** 빼는 식의 각 항의 부호를 바꾸어 더한다.

▶학습 날짜　월　일　▶걸린 시간　분 / **목표 시간** 10분

▌정답과 해설 11쪽

1 다음을 완성하여라.

(1) $(3x+y)+(x+7y)$
$=3x+y+x+7y$
$=3x+\boxed{}+y+\boxed{}$
$=\boxed{}x+\boxed{}y$

> **tip** 동류항끼리 모아야 해~

(2) $(5a+3b)-(2a-4b)$
$=5a+3b-2a+\boxed{}$
$=5a-\boxed{}+3b+\boxed{}$
$=\boxed{}$

> **tip** 빼는 식의 부호를 바꿔서 더하도록 해~

(3) $2(x+3y)+4(-3x-y)$
$=2x+\boxed{}-12x-\boxed{}$
$=\boxed{}$

> **tip** 다항식의 앞에 상수가 곱해져 있을 때는 분배법칙을 이용해.

2 다음을 계산하여라.

(1) $\quad 4a+5b$
$+)\ \ a-3b$
_____

(2) $\quad -2x+3y$
$+)\ \ 7x-2y$
_____

(3) $\quad 5a+4b$
$-)\ 3a-\ b$
_____

(4) $\quad x-2y$
$-)\ 3x+4y$
_____

3 다음 식을 간단히 하여라.

(1) $(2x-7y)+(5x+3y)$
　　　답 _____

(2) $3(4a-b)+5(a+2b)$
　　　답 _____

(3) $(4x-5y)-(7x+3y)$
　　　답 _____

(4) $(-x+y+5)-(3x-y-2)$
　　　답 _____

(5) $-2(a-3b)+7(2a-5b)$
　　　답 _____

(6) $(4a+5b-2)-2(a+3b+7)$
　　　답 _____

풍쌤의 point

괄호 안의 부호를 그대로
$$A+(B-C)=A+B-C$$

부호 주의
$$A-(B-C)=A-B+C$$
괄호 안의 부호를 반대로

16 여러 가지 괄호가 있는 다항식의 덧셈, 뺄셈

핵심개념

여러 가지 괄호가 섞여 있는 다항식의 덧셈과 뺄셈은

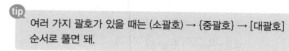

소괄호 ( ) ➔ 중괄호 { } ➔ 대괄호 [ ]

의 순서로 괄호를 푼 후 간단히 한다.

▶ **학습 날짜**   월   일   ▶ **걸린 시간**   분 / **목표 시간** 20분

1 $3x+2y-\{7x-(x-4y)\}$에 대하여 다음을 완성하여라.

> tip
> 괄호를 풀 때는 항상 괄호 앞의 부호에 주의!

(1) { } 안의 식을 간단히 하면

$$7x-(x-4y)=7x-\boxed{}+\boxed{}$$
$$=\boxed{}$$

(2) (1)을 이용하여 주어진 식을 간단히 하면

$$3x+2y-\{7x-(x-4y)\}$$
$$=3x+2y-(\boxed{}) \quad \text{(1)을 이용}$$
$$=3x+2y-\boxed{}x-\boxed{}y$$
$$=\boxed{}$$

2 $4x-[5x+3y-\{8y-(2x-y)\}]$에 대하여 다음을 완성하여라.

(1) { } 안의 식을 간단히 하면

$$8y-(2x-y)=8y-\boxed{}+\boxed{}$$
$$=\boxed{}$$

(2) (1)을 이용하여 [ ] 안의 식을 간단히 하면

$$5x+3y-\{8y-(2x-y)\}$$
$$=5x+3y-(\boxed{}) \quad \text{(1)을 이용}$$
$$=5x+3y+\boxed{}x-\boxed{}y$$
$$=\boxed{}$$

(3) (2)를 이용하여 주어진 식을 간단히 하면

$$4x-[5x+3y-\{8y-(2x-y)\}]$$
$$=4x-(\boxed{}) \quad \text{(2)를 이용}$$
$$=4x-\boxed{}x+\boxed{}y$$
$$=\boxed{}$$

3 다음 식을 간단히 하여라.

> tip
> 여러 가지 괄호가 있을 때는 (소괄호) → {중괄호} → [대괄호] 순서로 풀면 돼.

(1) $4a-\{5b-(a-6b)\}$ 답 _____

(2) $-6y-\{3x-(4x+y)\}$ 답 _____

(3) $x-\{2x+10y-(x-5y)\}$ 답 _____

(4) $-9b-\{3a-(2a-5b)+7b\}$ 답 _____

(5) $10x-3y-\{6x-(7y+3)\}$ 답 _____

(6) $4a-b-\{8b-(3a+6b)\}$ 답 _____

4 다음 식을 간단히 하여라.

(1) $5x-[2y-\{x-(4x-3y)\}]$

답 _____

(2) $8y-[3x-\{-2y-(7x-6y)\}]$

답 _____

(3) $a+2b-[10b-\{5a-(3a-b)\}+b]$

답 _____

(4) $6a-5b-[-4a-\{3b-(a-7b)\}-b]$

답 _____

(5) $3x-10-[x-2y-\{4x-(3y-7)\}+5]$

답 _____

(6) $4x-7y-[11y-8-\{2x-9y-(-x+3)\}]$

답 _____

5 다음 등식을 만족시키는 상수 a, b의 값을 각각 구하여라.

(1) $10x-\{x+3y-(2x-5y)\}=ax+by$

답 _____

(2) $3x-7y-\{4x-y-(9x+5y)\}=ax+by$

답 _____

(3) $y-[3x+y-\{6x-(x-8y)\}]=ax+by$

답 _____

(4) $-2y-[4x-\{y-(5x+6y)+7x\}]=ax+by$

답 _____

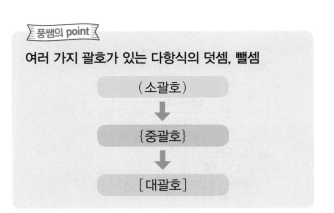

풍쌤의 point

여러 가지 괄호가 있는 다항식의 덧셈, 뺄셈

(소괄호)

↓

{중괄호}

↓

[대괄호]

17. 다항식의 덧셈과 뺄셈 (2)

핵심개념 계수가 분수 꼴인 다항식은 **분모의 최소공배수로 통분**한 후 계산한다.

예 $\dfrac{x-y}{3}-\dfrac{2x+y}{2}=\dfrac{2(x-y)-3(2x+y)}{6}$ ← 분모 3과 2의 최소공배수 6으로 통분

$=\dfrac{2x-2y-6x-3y}{6}$ ← 분자의 괄호 풀기

$=\dfrac{-4x-5y}{6}=-\dfrac{2}{3}x-\dfrac{5}{6}y$ ← 동류항끼리 계산

▶ 학습 날짜   월   일   ▶ 걸린 시간   분 / **목표 시간** 20분

---

1 다음을 완성하여라.

 계수가 분수일 때는 분모의 최소공배수로 통분하도록 해.

(1) $\left(\dfrac{1}{2}x+\dfrac{3}{5}y\right)+\left(\dfrac{1}{3}x-\dfrac{3}{4}y\right)$

$=\dfrac{1}{2}x+\boxed{}x+\dfrac{3}{5}y-\dfrac{3}{4}y$

$=\dfrac{3+\boxed{}}{6}x+\dfrac{12-\boxed{}}{20}y$

$=\boxed{}x-\boxed{}y$

(2) $\dfrac{1}{3}(x-2y)+\dfrac{1}{9}(-3x-y)$

$=\dfrac{\boxed{}(x-2y)+(-3x-y)}{9}$

$=\dfrac{3x-\boxed{}-3x-y}{9}$

$=\boxed{}y$

(3) $\dfrac{2a-b}{3}+\dfrac{a+3b}{4}$

$=\dfrac{\boxed{}(2a-b)+\boxed{}(a+3b)}{12}$

$=\dfrac{\boxed{}-4b+3a+\boxed{}}{12}$

$=\dfrac{\boxed{}a+\boxed{}b}{12}$

$=\boxed{}a+\boxed{}b$

2 다음 식을 간단히 하여라.

(1) $\left(\dfrac{2}{3}x+\dfrac{3}{5}y\right)+\left(\dfrac{4}{3}x-\dfrac{2}{5}y\right)$

답 _____

(2) $\left(\dfrac{5}{4}x-\dfrac{1}{3}y\right)-\left(\dfrac{3}{4}x+\dfrac{2}{3}y\right)$

답 _____

3 다음 식을 간단히 하여라.

(1) $\left(\dfrac{1}{2}x+\dfrac{1}{4}y\right)+\left(\dfrac{2}{3}x-\dfrac{1}{2}y\right)$

답 _____

(2) $\left(\dfrac{2}{3}a-\dfrac{1}{2}b\right)+\left(\dfrac{1}{3}a-\dfrac{3}{4}b\right)$

답 _____

(3) $\left(\dfrac{3}{4}x-\dfrac{2}{7}y\right)-\left(\dfrac{3}{8}x-\dfrac{5}{14}y\right)$

답 _____

(4) $\left(\dfrac{5}{6}a-\dfrac{8}{15}b\right)-\left(\dfrac{7}{10}a+\dfrac{4}{9}b\right)$

답 _____

4 다음 식을 간단히 하여라.

(1) $\dfrac{2a-5b}{3}+\dfrac{3a+b}{2}$ 답 _____

(2) $\dfrac{5x-y}{4}+\dfrac{x+7y}{6}$ 답 _____

(3) $\dfrac{9a-b}{10}-\dfrac{4a-7b}{15}$ 답 _____

(4) $\dfrac{5x-11y}{12}-\dfrac{3x-9y}{8}$ 답 _____

5 다음 식을 간단히 하여라.

(1) $\dfrac{1}{2}(6a+4b)+\dfrac{1}{4}(8a-12b)$

답 _____

(2) $9\left(\dfrac{4}{3}x+\dfrac{2}{9}y\right)-20\left(\dfrac{3}{4}x-\dfrac{3}{5}y\right)$

답 _____

(3) $\dfrac{3}{4}\left(8a-\dfrac{4}{5}b\right)+\dfrac{3}{5}\left(10a+\dfrac{2}{3}b\right)$

답 _____

(4) $12\left(\dfrac{3}{20}x-\dfrac{5}{8}y\right)-3\left(\dfrac{7}{15}x-\dfrac{5}{6}y\right)$

답 _____

6 다음 ☐ 안에 알맞은 식을 구하여라.

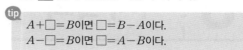

tip $A+\square=B$이면 $\square=B-A$이다.
$A-\square=B$이면 $\square=A-B$이다.

(1) $3a+b+\boxed{}=-a-b$

① 식 세우기

$\boxed{}=$ _____

② 식 구하기

$\boxed{}=$ _____

(2) $\left(3x-\dfrac{1}{2}y\right)-\left(\boxed{}\right)=\dfrac{3}{2}x-\dfrac{1}{4}y$

① 식 세우기

$\boxed{}=$ _____

② 식 구하기

$\boxed{}=$ _____

(3) $\dfrac{2x-5y}{9}+\left(\boxed{}\right)=\dfrac{7x-y}{12}$

① 식 세우기

$\boxed{}=$ _____

② 식 구하기

$\boxed{}=$ _____

18. 이차식의 덧셈과 뺄셈

핵심개념

1. **이차식**: 항 중에서 차수가 가장 큰 항의 차수가 2인 다항식
2. **이차식의 덧셈과 뺄셈**: 괄호를 풀고 동류항끼리 모아서 간단히 한다.

예 $x^2 - 3x + 4 - (2x^2 + 5x - 1)$
$= x^2 - 3x + 4 - 2x^2 - 5x + 1$
부호 주의!
$= \underline{x^2 - 2x^2} \ \underline{-3x - 5x} \ \underline{+4 + 1}$
　이차항　　일차항　　상수항
동류항끼리 간단히 하기
$= -x^2 - 8x + 5$

▶학습 날짜　　월　　일　　▶걸린 시간　　분 / **목표 시간** 20분

1 다음을 완성하여라.

(1) 다항식 $2x^2 + x + 7$은 3개의 항 $\boxed{}$, $\boxed{}$, $\boxed{}$ 의 합으로 이루어져 있다.

(2) 차수가 가장 큰 항은 $\boxed{}$이고, 그 차수는 $\boxed{}$ 이다.

(3) $2x^2 + x + 7$은 x에 대한 _____이다.

2 다음 다항식이 이차식이면 ○표, 이차식이 아니면 ×표 를 하여라.

tip 식을 정리한 후 이차식인지 판별!

(1) $x^2 + 2x - 1$ 　　　(　　　)

(2) $2x - 3$ 　　　(　　　)

(3) $5x + 2y - 7$ 　　　(　　　)

(4) $1 - 5y + 3y^2$ 　　　(　　　)

(5) $x^2 - (4x + x^2)$ 　　　(　　　)

(6) $x^3 + 3x^2 - x^3 - 2$ 　　　(　　　)

3 다음을 완성하여라.

(1) $(x^2 + 7x) - (2x^2 + 4x - 2)$
$= x^2 + 7x - 2x^2 - \boxed{} + 2$
$= x^2 - 2x^2 + 7x - \boxed{} + 2$
$= \boxed{}$

(2) $(2x^2 + 3x + 1) + (5x^2 - 2x + 3)$
$= 2x^2 + 3x + 1 + \boxed{} - 2x + 3$
$= 2x^2 + \boxed{} + 3x - 2x + 1 + \boxed{}$
$= \boxed{}$

(3) $(2x^2 - x + 5) - (x^2 - 4x - 3)$
$= 2x^2 - x + 5 - x^2 + \boxed{} + 3$
$= 2x^2 - x^2 - x + \boxed{} + 5 + 3$
$= \boxed{}$

4 다음을 계산하여라.

(1)
$$3x^2-2x-8$$
$$+\underline{)\ x^2+4x-3}$$

(2)
$$a^2+3a-4$$
$$+\underline{)2a^2-\ a}$$

(3)
$$5x^2+3x-2$$
$$-\underline{)2x^2-2x-1}$$

(4)
$$-\ a^2-\ a-1$$
$$-\underline{)-3a^2+2a+5}$$

5 다음 식을 간단히 하여라.

(1) $(x^2-5x+4)+(2x^2+7x-3)$

답 _____

(2) $(3x^2-x+9)-(x^2+2x-4)$

답 _____

(3) $2(5x^2+2x-1)+3(x^2-6x+4)$

답 _____

(4) $4(2x^2-9x+7)-(6x^2-8x+15)$

답 _____

(5) $\dfrac{2x^2-x+8}{3}+\dfrac{x^2+4x-3}{5}$

답 _____

(6) $\dfrac{7x^2-5x+1}{4}-\dfrac{9x^2+3x-2}{6}$

답 _____

6 다음 ☐ 안에 알맞은 식을 구하여라.

(1) $(2x^2+3x-7)+(\boxed{})=5x^2-2x+1$

답 _____

(2) $(4x^2-5x+3)-(\boxed{})=x^2-6x+8$

답 _____

7 잘못 계산한 식을 보고 바르게 계산한 답을 구하여라.

(1) 어떤 식에서 x^2+3x-4를 빼어야 할 것을 잘못하여 더하였더니 $3x^2-2x+5$가 되었다.

① 어떤 식을 A로 놓고 식 세우기

➜ _____

② 어떤 식 A 구하기 ➜ $A=$_____

③ 바르게 계산한 답 구하기 ➜ _____

(2) $5x^2-x+7$에 어떤 식을 더해야 할 것을 잘못하여 **빼었더니** $2x^2-5x+1$이 되었다.

① 어떤 식을 A로 놓고 식 세우기

➜ _____

② 어떤 식 A 구하기 ➜ $A=$_____

③ 바르게 계산한 답 구하기 ➜ _____

15-18 · 스스로 점검 문제

▶학습 날짜   월   일   ▶걸린 시간   분 / **목표 시간** 20분

1 ☐☐ ↻ 다항식의 덧셈과 뺄셈 (1) 3

$3(2x-y+5)-(5x+7y-2)$를 간단히 하면?

① $-3x+6y+3$ ② $-3x-8y+7$

③ $x+4y+13$ ④ $x-10y+17$

⑤ $3x+8y-7$

2 ☐☐ ↻ 여러 가지 괄호가 있는 다항식의 덧셈, 뺄셈 4

$2a-3b-[5a-\{7b-(4a-9b)\}]$를 간단히 하면?

① $-7a+8b$ ② $-7a+13b$

③ $7a-8b$ ④ $7a-13b$

⑤ $8a+13b$

3 ☐☐ ↻ 다항식의 덧셈과 뺄셈 (2) 4

$\dfrac{3x-5y}{2}+\dfrac{4x-y}{5}=Ax+By$일 때, 상수 A, B에 대하여 $A-B$의 값을 구하여라.

4 ☐☐ ↻ 이차식의 덧셈과 뺄셈 2

다음 중 x에 대한 이차식인 것을 모두 고르면? (정답 2개)

① $2x-y+3$ ② $2x^2-2(x^2-1)$

③ $4-x^2$ ④ x^3-3x^2+1

⑤ $2x^3+x^2-3x-2x^3$

5 ☐☐ ↻ 이차식의 덧셈과 뺄셈 5

$2(3x^2-4x+1)-3(x^2-2x+5)$를 간단히 하였을 때, x^2의 계수와 상수항의 합은?

① -10 ② -7 ③ -3

④ 7 ⑤ 10

6 ☐☐ ↻ 이차식의 덧셈과 뺄셈 5

$\dfrac{x^2-2x-3}{4}+\dfrac{x^2-2x+5}{3}=\dfrac{ax^2+bx+c}{12}$일 때, 상수 a, b, c에 대하여 $a+b+c$의 값은?

① 4 ② 8 ③ 10

④ 12 ⑤ 14

7 ☐☐ ↻ 이차식의 덧셈과 뺄셈 6

다음 ☐ 안에 알맞은 식을 구하여라.

$$(3x-y+4)+(\boxed{})=7x-2y+5$$

8 ☐☐ ↻ 이차식의 덧셈과 뺄셈 7

어떤 식에서 $2x^2-x+5$를 빼어야 할 것을 잘못하여 더하였더니 $5x^2-3x+1$이 되었다. 이때 바르게 계산한 답을 구하여라.

19. 단항식과 다항식의 곱셈

핵심개념
1. **단항식과 다항식의 곱셈**: 분배법칙을 이용하여 단항식을 다항식의 각 항에 곱한다.
2. **전개**: 단항식과 다항식의 곱을 괄호를 풀어 하나의 다항식으로 나타내는 것
3. **전개식**: 전개하여 얻은 다항식

▶학습 날짜　　　월　　　일　　▶걸린 시간　　　분 / **목표 시간** 20분

▌정답과 해설 15~16쪽

1 다음을 완성하여라.

(1) $3a(2a+b)$

$= 3a \times \boxed{} + 3a \times \boxed{}$

$= \boxed{}$

(2) $(3x-5y) \times (-4x)$

$= 3x \times (\boxed{}) - 5y \times (\boxed{})$

$= \boxed{}$

> **tip** 부호가 있는 단항식을 곱할 때는 부호까지 포함해서 분배법칙을 이용!

(3) $\dfrac{2}{3}a(9a-12b)$

$= \dfrac{2}{3}a \times (\boxed{}) - \dfrac{2}{3}a \times (\boxed{})$

$= \boxed{}$

2 다음 식을 전개하여라.

(1) $2a(5a+3)$　　　답 ＿＿＿＿＿

(2) $4x(2x-y)$　　　답 ＿＿＿＿＿

(3) $-3a(4a+6b)$　　答 ＿＿＿＿＿

(4) $-5y(x-8y)$　　　답 ＿＿＿＿＿

3 다음 식을 전개하여라.

(1) $(7a+2b) \times 3a$　　　답 ＿＿＿＿＿

(2) $(3x-8y) \times 6x$　　　답 ＿＿＿＿＿

(3) $(10a+b) \times (-4a)$　　　답 ＿＿＿＿＿

(4) $(5x-4y) \times (-2y)$　　　답 ＿＿＿＿＿

4 다음 식을 전개하여라.

(1) $\dfrac{2}{5}x(15x+10y)$　　　답 ＿＿＿＿＿

(2) $\dfrac{3}{4}b(12a-8b)$　　　답 ＿＿＿＿＿

(3) $-\dfrac{1}{3}a(21a+12b)$　　　답 ＿＿＿＿＿

(4) $-\dfrac{7}{10}y(6x-20y)$　　　답 ＿＿＿＿＿

5 다음 식을 전개하여라.

(1) $(2x+4y) \times \dfrac{1}{2}x$ 　답

(2) $(12a+30b) \times \dfrac{1}{6}a$ 　답

(3) $(27x-45y) \times \dfrac{2}{9}x$ 　답

(4) $(24a-16b) \times \left(-\dfrac{3}{8}b\right)$

　답

6 다음 식을 전개하여라.

(1) $3a(2a-b+1)$ 　답

(2) $-5b(7a-3b+4)$ 　답

(3) $-\dfrac{3}{4}a(16a-20b+8)$

　답

(4) $(x-4y+5) \times (-6y)$

　답

(5) $(8x+3y-2) \times 4xy$

　답

(6) $(-9x+12y-6) \times \left(-\dfrac{2}{3}xy\right)$

　답

7 다음 식을 간단히 하여라.

(1) $a(4a+b)+3a(2a-5b)$

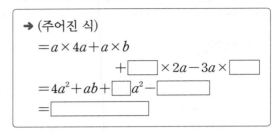
➡ (주어진 식)
$= a \times 4a + a \times b$
$\qquad\qquad + \boxed{} \times 2a - 3a \times \boxed{}$
$= 4a^2 + ab + \boxed{}a^2 - \boxed{}$
$= \boxed{}$

(2) $2x(7x-3y)-5x(6x-2y)$

　답

(3) $4b(2a-8b)+8b(5a+b)$

　답

(4) $2a(5a+b)-\dfrac{1}{2}b(4a+6b)$

　답

(5) $\dfrac{2}{3}x(9x+15y)-12y\left(\dfrac{3}{4}x-\dfrac{5}{6}y\right)$

　답

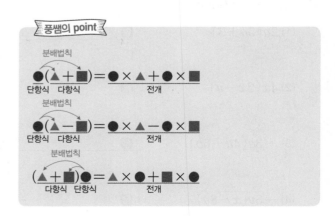

20. 다항식과 단항식의 나눗셈

핵심개념

다항식과 단항식의 나눗셈은 다음과 같은 방법으로 계산한다.

[방법 1] 모든 항의 계수가 정수인 경우

분수 꼴로 바꾼 후 분자의 각 항을 분모로 나눈다.

$$(A+B) \div C = \frac{A+B}{C} = \frac{A}{C} + \frac{B}{C}$$

참고 분자인 다항식을 분모인 단항식으로 나눌 때는 분자의 각 항을 빠짐없이 모두 분모로 나눈다.

[방법 2] 계수가 분수인 항이 있는 경우

다항식에 단항식의 역수를 곱하여 전개한다.

$$(A+B) \div C = (A+B) \times \frac{1}{C} = A \times \frac{1}{C} + B \times \frac{1}{C}$$

▶학습 날짜　　월　　일　　▶걸린 시간　　분 / **목표 시간** 20분

▌정답과 해설 16쪽

1 다음을 완성하여라.

(1) $(3a^2 + 6ab) \div 3a$

$= \dfrac{3a^2 + 6ab}{\boxed{}} = \dfrac{3a^2}{\boxed{}} + \dfrac{6ab}{3a} = \boxed{}$

(2) $(12x^2 - 9x) \div (-3x)$

$= \dfrac{12x^2 - 9x}{\boxed{}} = \dfrac{12x^2}{-3x} - \dfrac{9x}{\boxed{}}$

$= -4x + \boxed{}$

(3) $(8x^2 - 4xy) \div \dfrac{2}{3}x$

$= (8x^2 - 4xy) \times \boxed{}$

$= 8x^2 \times \boxed{} - 4xy \times \boxed{}$

$= \boxed{}$

tip 나누는 식이 분수 꼴인 경우에는 역수를 곱하는 방법을 이용하는 것이 편리해.

(4) $(20ab - 35b^2) \div \left(-\dfrac{5}{4}b\right)$

$= (20ab - 35b^2) \times \left(\boxed{}\right)$

$= 20ab \times \left(\boxed{}\right) - 35b^2 \times \left(\boxed{}\right)$

$= \boxed{}$

2 다음 식을 간단히 하여라.

(1) $(10a^2 + 6a) \div 2a$　　답 _____

(2) $(12a^2 - 4ab) \div 4a$　　답 _____

(3) $(20xy + 25y) \div (-5y)$

답 _____

(4) $(15x^2y - 12xy) \div (-3xy)$

답 _____

(5) $(9x^2 - 6xy + 12x) \div 3x$

답 _____

(6) $(6a^3b + 18ab^2 + 10ab) \div (-2ab)$

답 _____

3 다음 식을 간단히 하여라.

(1) $(20a^2+8a) \div \frac{4}{3}a$ 답 _____

(2) $(18ab+30b^2) \div \frac{6}{7}b$ 답 _____

(3) $(16ab-6a) \div \left(-\frac{2}{5}a\right)$

                     답 _____

(4) $(40ab^2-24b^2) \div \left(-\frac{8}{3}b\right)$

                     답 _____

(5) $(15x^2y-10xy^2) \div \left(-\frac{5}{6}xy\right)$

                     답 _____

(6) $(36x^2y-27xy+9y) \div \frac{9}{5}y$

                     답 _____

(7) $(45x^2y^2-20xy^2+15xy) \div \left(-\frac{5}{3}xy\right)$

                     답 _____

4 다음 식을 간단히 하여라.

(1) $\frac{3ab^2-6a}{3a} + \frac{4ab^2+12b}{2b}$

➡ (주어진 식)

$$= \frac{3ab^2}{3a} - \frac{6a}{3a} + \frac{4ab^2}{2b} + \boxed{\frac{12b}{}}$$

$$= b^2 - 2 + 2ab + \boxed{}$$

$$= \boxed{}$$

(2) $\frac{6a^2b+4ab}{2ab} + \frac{9a^2-12ab}{3a}$

                     답 _____

(3) $(4x^2y+8xy) \div 4x + (9xy^2-6xy) \div (-3y)$

                     답 _____

(4) $(5y-20xy^2) \div \left(-\frac{5}{4}y\right) - (3xy-12x) \div \frac{3}{2}x$

                     답 _____

풍쌤의 **point**

$$(\bullet + \blacktriangle) \div \blacksquare = \frac{\bullet + \blacktriangle}{\blacksquare}$$

$$= \frac{\bullet}{\blacksquare} + \frac{\blacktriangle}{\blacksquare}$$

$$(\bullet + \blacktriangle) \div \blacksquare = (\bullet + \blacktriangle) \times \frac{1}{\blacksquare}$$ 분배법칙

$$= \frac{\bullet}{\blacksquare} + \frac{\blacktriangle}{\blacksquare}$$

21 사칙연산의 혼합 계산

핵심개념 | 사칙연산이 혼합된 식은 다음과 같은 순서로 계산한다.
❶ 지수법칙을 이용하여 거듭제곱을 계산한다.
❷ 괄호는 (소괄호) → {중괄호} → [대괄호]의 순서로 푼다.
❸ 분배법칙을 이용하여 곱셈, 나눗셈을 계산한다.
❹ 동류항끼리 덧셈과 뺄셈을 하여 식을 간단히 한다.

▶ 학습 날짜　　월　　일　　▶ 걸린 시간　　분 / **목표 시간** 20분

▌정답과 해설 16~17쪽

1 다음을 완성하여라.

(1) $2(ab+4a)+(b-3)\times 2a$

$=2ab+8a+\square\,ab-\square$

$=\square\,ab+\square\,a$

(2) $(4x^2+8xy)\div 2x-2y(-x-1)$

$=\dfrac{4x^2+8xy}{\square}+\square\,xy+2y$

$=\dfrac{4x^2}{2x}+\dfrac{8xy}{\square}+\square\,xy+2y$

$=2x+\square\,y+\square\,xy+2y$

$=\boxed{}$

(3) $2x(5x-y)+(12x^3y-8x^2)\div\left(-\dfrac{2}{3}x\right)^2$

$=2x(5x-y)+(12x^3y-8x^2)\div\square$

$=2x(5x-y)+(12x^3y-8x^2)\times\square$

$=\square\times 5x-2x\times\square$

$\qquad +12x^3y\times\square-8x^2\times\square$

$=\square\,x^2-\square\,xy+\square\,xy-\square$

$=\boxed{}$

tip 거듭제곱 → 곱셈, 나눗셈 → 덧셈, 뺄셈의 순서로 계산!

2 다음 식을 간단히 하여라.

(1) $(10x^2y^2-6xy^2)\div 2xy\times 3x^2$

답 _____

(2) $\dfrac{12x^2y+20xy}{4x}-5y(2x-1)$

답 _____

(3) $3b(4-5a^2)+(9a^2b^3-27b^3)\div 3b^2$

답 _____

(4) $4x(2x-y)+(15x^3y-9x^2y^2)\div(-3xy)$

답 _____

(5) $5xy(3x+2y)-(16x^2y^2-8xy^3)\div\dfrac{4}{3}y$

답 _____

3 다음 식을 간단히 하여라.

(1) $(6y^2-9xy)\div 3y\times(-2x)^3$

답 _____

(2) $3xy(5x-1)-(12x^2y^3-4xy^3)\div(2y)^2$

답 _____

(3) $(81x^6-27x^5)\div(-3x)^3+(2x-3)\times(4x)^2$

답 _____

(4) $(24x^3y-16x^2y)\div\left(-\dfrac{2}{3}x\right)^2-5y(x-3)$

답 _____

4 다음 식을 간단히 하여라.

(1) $4x(5x-3)$
$\qquad -\left\{(2x^3y-7x^2y)\div\left(-\dfrac{1}{3}xy\right)-9x\right\}$

답 _____

(2) $(24x^2y^3-16xy^3)\div(-2y)^3$
$\qquad -\left\{(3x)^2-5x(x-3)+5x\right\}$

답 _____

5 다음 ☐ 안에 알맞은 식을 구하여라.

(1) $\left(\boxed{}\right)\times 4xy\div\left(-\dfrac{3}{2}x\right)=32x^2y-24xy^2$

① 식 세우기

$\boxed{}$

$=$ _____

tip $\boxed{}\times A\div B=C \rightarrow \boxed{}=C\times B\div A$

② ☐ 안에 알맞은 식 구하기

$\boxed{}=$ _____

(2) $(20xy^2-5xy)\div(-5y)-\left(\boxed{}\right)$
$\qquad\qquad =3x(4y-1)+8x$

① 식 세우기

$\boxed{}$

$=$ _____

tip $A\div B-\boxed{}=C \rightarrow \boxed{}=A\div B-C$

② ☐ 안에 알맞은 식 구하기

$\boxed{}=$ _____

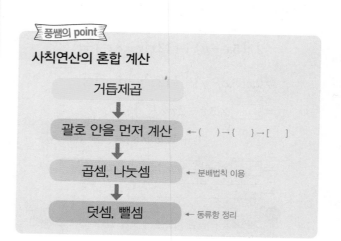

풍쌤의 point

사칙연산의 혼합 계산

거듭제곱
↓
괄호 안을 먼저 계산 ← ( ) → { } → [ ]
↓
곱셈, 나눗셈 ← 분배법칙 이용
↓
덧셈, 뺄셈 ← 동류항 정리

19-21 · 스스로 점검 문제

▶학습 날짜　　　월　　　일　　▶걸린 시간　　　분 / **목표 시간** 20분

1 ☐☐ ↺ 단항식과 다항식의 곱셈 2

$-3x(2x-5y)=ax^2+bxy$일 때, 상수 a, b에 대하여 $a+b$의 값을 구하여라.

2 ☐☐ ↺ 단항식과 다항식의 곱셈 6

$(4x^2-6xy+10y^2)\times\left(-\dfrac{5}{2}xy\right)$를 간단히 하면?

① $2x^3y+3x^2y^2+5y^2$

② $-10x^3y-15x^2y^2-25xy^3$

③ $-10x^3y+15x^2y^2-25xy^3$

④ $10x^3y+15x^2y^2+25xy^3$

⑤ $10x^3y+15x^2y^2-25xy^3$

3 ☐☐ ↺ 단항식과 다항식의 곱셈 2~6

다음 중 식을 간단히 하였을 때, x의 계수가 가장 큰 것은?

① $2x(3x-1)$

② $-\dfrac{2}{3}x(6x-9)$

③ $(x^2-5x+4)\times(-4x)$

④ $5x(8y+6)$

⑤ $-5x(2x+7y-3)$

4 ☐☐ ↺ 단항식과 다항식의 곱셈 7

$7x(3x-2y)-8x\left(\dfrac{3}{2}x-\dfrac{5}{4}y\right)$를 간단히 한 식에서 xy의 계수는?

① -9　　　　② -4　　　　③ 4

④ 9　　　　⑤ 13

5 ☐☐ ↺ 단항식과 다항식의 곱셈 7

다음 식을 간단히 하면?

$$2xy(x-5)-5x(3xy-2y)$$

① $-13x^2y-20xy$　　　② $-13x^2y$

③ $13x^2y-20xy$　　　④ $13x^2y$

⑤ $13x^2y+20xy$

6 ☐☐ ↺ 다항식과 단항식의 나눗셈 2, 3

다음 중 옳지 <u>않은</u> 것은?

① $(9x^2-12x)\div 3x=3x-4$

② $(6x^2y-8xy)\div(-2y)=-3x^2+4x$

③ $(10x^2y+15xy^2)\div 5xy=2x+3y$

④ $(4xy-16y^2)\div\dfrac{4}{5}y=5x-20y$

⑤ $(-24x^3y+16xy^2)\div\left(-\dfrac{8}{3}xy\right)=9x^2-2y$

7 ▢▢ ○ 다항식과 단항식의 나눗셈 3

$\left(6x^2y^2-21x^2y+3xy^2\right)\div\left(-\dfrac{3}{4}xy\right)$를 간단히 하였을 때,

x의 계수와 y의 계수의 합은?

① -28 ② -24 ③ 24

④ 28 ⑤ 32

8 ▢▢ ○ 다항식과 단항식의 나눗셈 4

다음 식을 간단히 하면?

$$\frac{10x^3-4x^2}{2x}-\frac{2xy+10x^3y}{2xy}$$

① $-2x-1$ ② $-2x+1$

③ $2x+1$ ④ $-10x^2-3x$

⑤ $-10x^2$

9 ▢▢ ○ 사칙연산의 혼합 계산 2

$2x(5x-10)+(24x^3y-16x^2y)\div(-8xy)$를 간단히

하면?

① $7x^2-3x$ ② $7x^2-10x$

③ $7x^2-18x$ ④ $13x^2-3x$

⑤ $13x^2-18x$

10 ▢▢ ○ 사칙연산의 혼합 계산 2

다음 중 옳지 않은 것은?

① $-x(x+3y+2)=-x^2-3xy-2x$

② $a(a-3)-a^2(a+1)=-a^3+3a$

③ $x-\{4x-(3x-y)\}=-y$

④ $2x(-x+y)-y(2x-y)=-2x^2+y^2$

⑤ $(4a-2a^2)\div2a-(6a^2-a)\div(-a)=5a+1$

11 ▢▢ ○ 사칙연산의 혼합 계산 3

$(8x^3-12x^2y)\div(2x)^2-\dfrac{15xy+18y^2}{-3y}=ax+by$일 때,

상수 a, b에 대하여 $a+b$의 값은?

① -10 ② -4 ③ 4

④ 10 ⑤ 12

12 ▢▢ ○ 사칙연산의 혼합 계산 5

다음 중 ▢ 안에 알맞은 식은?

$$\left(\boxed{}\right)\div(-3xy)\times\frac{9}{2}x=18x^2-27xy$$

① $-12x^2y-8xy^2$ ② $-12x^2y+18xy^2$

③ $12x^2y-18xy^2$ ④ $12x^2y+18xy^2$

⑤ $18x^2y-12xy^2$

일차부등식과 연립일차방정식

학습주제	쪽수
01 부등식, 부등호의 표현	54
02 부등식의 해	55
03 부등식의 성질	56
01-03 스스로 점검 문제	58
04 부등식의 해와 수직선	59
05 일차부등식	60
06 일차부등식의 풀이	61
07 복잡한 일차부등식의 풀이	63
04-07 스스로 점검 문제	65
08 일차부등식의 활용 (1)	66
09 일차부등식의 활용 (2) – 속력, 농도	69
08-09 스스로 점검 문제	71
10 미지수가 2개인 일차방정식	72
11 미지수가 2개인 일차방정식의 해	73

학습주제	쪽수
12 미지수가 2개인 연립일차방정식과 그 해	76
10-12 스스로 점검 문제	78
13 연립방정식의 풀이 – 가감법	79
14 연립방정식의 풀이 – 대입법	81
13-14 스스로 점검 문제	83
15 복잡한 연립방정식의 풀이 – 괄호	84
16 복잡한 연립방정식의 풀이 – 분수, 소수	85
17 $A=B=C$ 꼴의 방정식의 풀이	87
18 해가 특수한 연립방정식의 풀이	88
15-18 스스로 점검 문제	90
19 연립방정식의 활용 (1) – 수, 나이, 길이	91
20 연립방정식의 활용 (2) – 거리, 속력, 시간	94
21 연립방정식의 활용 (3) – 농도	96
19-21 스스로 점검 문제	98

01 부등식, 부등호의 표현

핵심개념

1. **부등식**: 부등호 $>$, $<$, $\geq$, $\leq$를 사용하여 수 또는 식 사이의 대소 관계를 나타낸 식
2. **부등식의 표현**

$a>b$	$a<b$	$a\geq b$	$a\leq b$
• a는 b보다 크다. • a는 b 초과이다.	• a는 b보다 작다. • a는 b 미만이다.	• a는 b보다 크거나 같다. • a는 b 이상이다. • a는 b보다 작지 않다.	• a는 b보다 작거나 같다. • a는 b 이하이다. • a는 b보다 크지 않다.

▶ 학습 날짜　　월　　일　　▶ 걸린 시간　　분 / **목표 시간** 10분

▌정답과 해설 19쪽

1 다음을 완성하여라.

(1) $x-1>3$은 부등호를 사용하여 대소 관계를 나타낸 식(이므로, 이 아니므로) 부등식(이다, 이 아니다).

(2) $2x+3=5$는 부등호를 사용하여 대소 관계를 나타낸 식(이므로, 이 아니므로) 부등식(이다, 이 아니다).

(3) $7<10$은 부등호를 사용하여 대소 관계를 나타낸 식(이므로, 이 아니므로) 부등식(이다, 이 아니다).

2 다음 중 부등식인 것에는 ○표, 부등식이 아닌 것에는 ×표를 하여라.

(1) $x+1>6$ 　　　　(　　)

(2) $x-2=2-x$ 　　　　(　　)

(3) $4x-4(x+3)<0$ 　　　　(　　)

(4) $3-9<0$ 　　　　(　　)

(5) $x+4<-7-2x$ 　　　　(　　)

(6) $-5+x$ 　　　　(　　)

3 다음은 문장을 부등식으로 나타낸 것이다. ◯ 안에 알맞은 부등호를 써넣어라.

(1) x는 9 미만이다. → x ◯ 9

(2) x는 15보다 크다. → x ◯ 15

(3) x는 7 이상이다. → x ◯ 7

(4) x는 10보다 크지 않다. → x ◯ 10

4 다음 문장을 부등식으로 나타내어라.

(1) 한 권에 x원인 공책 4권의 가격은 1000원 초과이다. **답** _____

(2) x에 1을 더한 것의 3배는 x의 2배보다 작지 않다. **답** _____

(3) 무게가 10 kg인 상자에 한 통에 5 kg인 수박 x통을 담으면 전체 무게가 80 kg 이하이다. **답** _____

풍쌤의 point

a는 b보다 크거나 같다.

→ $a \geq b$

02 부등식의 해

핵심개념

1. **부등식의 해**: 미지수가 x인 부등식을 참이 되게 하는 x의 값
2. **부등식을 푼다**: 부등식의 해를 구하는 것

▶학습 날짜　　　월　　　일　　▶걸린 시간　　　분 / **목표 시간** 10분

∥ 정답과 해설 19쪽

1 x의 값이 -2, -1, 0, 1, 2일 때, 다음 부등식의 해를 구하는 과정을 완성하여라.

(1) $3x+1<-2$

x	좌변	부등호	우변	참, 거짓
-2	$3\times(-2)+1=-5$	$<$	-2	참
-1			-2	
0			-2	
1			-2	
2			-2	

➡ 부등식의 해는 ☐이다.

(2) $2x-1>-1$

x	좌변	부등호	우변	참, 거짓
-2	$2\times(-2)-1=-5$	$<$	-1	거짓
-1			-1	
0			-1	
1			-1	
2			-1	

➡ 부등식의 해는 ☐, ☐이다.

(3) $4x-5\leq-1$

x	좌변	부등호	우변	참, 거짓
-2	$4\times(-2)-5=-13$	$<$	-1	참
-1			-1	
0			-1	
1			-1	
2			-1	

➡ 부등식의 해는 -2, ☐, ☐, ☐이다.

2 다음 부등식 중 $x=3$일 때 참인 것에는 ○표, 거짓인 것에는 ×표를 하여라.

> **tip** $x=3$을 부등식에 대입해 봐.

(1) $2x+3<9$ 　　　　　　(　)

(2) $x-4<4-x$ 　　　　　(　)

(3) $3x>x-2$ 　　　　　　(　)

(4) $5x-3<-3x+3$ 　　　(　)

3 다음 부등식 중 [ ] 안의 수가 해인 것에는 ○표, 해가 아닌 것에는 ×표를 하여라.

(1) $5x-1<3$ 　[0] 　　　　(　)

(2) $-x+4\geq2x+1$ 　[-1] 　(　)

(3) $4x+3>-5$ 　[1] 　　　(　)

(4) $2x+3\geq-3(x+2)$ 　[-2] 　(　)

> **풍쌤의 point**
>
> $3x-2>9$
> 　좌변　　우변
> 　└─ 양변 ─┘
>
> ➡ (좌변)>(우변): 참인 부등식
> 　(좌변)≤(우변): 거짓인 부등식

03 ⚬ 부등식의 성질

핵심개념

1. 부등식의 양변에 같은 수를 더하거나 빼어도 부등호의 방향은 바뀌지 않는다.
   → $a>b$이면 $a+c>b+c$, $a-c>b-c$

2. 부등식의 양변에 같은 양수를 곱하거나 나누어도 부등호의 방향은 바뀌지 않는다.
   → $a>b$, $c>0$이면 $ac>bc$, $\dfrac{a}{c}>\dfrac{b}{c}$

   주의 0으로 나누는 경우는 생각하지 않는다.

3. 부등식의 양변에 같은 음수를 곱하거나 나누면 부등호의 방향이 바뀐다.
   → $a>b$, $c<0$이면 $ac<bc$, $\dfrac{a}{c}<\dfrac{b}{c}$

   참고 부등호 '$<$'를 '$\leq$'로 바꾸어도 부등식의 성질은 성립한다.

▶학습 날짜　　월　　일　　▶걸린 시간　　분 / **목표 시간** 20분

---

1 부등식 $2<5$에 대하여 다음 ◯ 안에 알맞은 부등호를 써넣고, 이용된 부등식의 성질을 〈보기〉에서 찾아 기호를 써라.

> **보기**
>
> ㄱ. $a>b$이면 $a+c>b+c$, $a-c>b-c$
> ㄴ. $a>b$, $c>0$이면 $ac>bc$, $\dfrac{a}{c}>\dfrac{b}{c}$
> ㄷ. $a>b$, $c<0$이면 $ac<bc$, $\dfrac{a}{c}<\dfrac{b}{c}$

(1) $2-3 \bigcirc 5-3$, 성질: _____

(2) $2+1 \bigcirc 5+1$, 성질: _____

(3) $2\times3 \bigcirc 5\times3$, 성질: _____

(4) $2\div7 \bigcirc 5\div7$, 성질: _____

(5) $2\times(-9) \bigcirc 5\times(-9)$, 성질: _____

(6) $2\div(-10) \bigcirc 5\div(-10)$, 성질: _____

2 다음 ☐ 안에는 알맞은 수를, ◯ 안에는 알맞은 부등호를 써넣어라.

(1) $a>b$ —— 부등식의 양변에 ☐을 더하면 —— $a+1 \bigcirc b+1$

(2) $a>b$ —— 부등식의 양변에서 ☐를 빼면 —— $a-4 \bigcirc b-4$

(3) $a>b$ —— 부등식의 양변에 ☐를 곱하면 —— $2a \bigcirc 2b$

(4) $a>b$ —— 부등식의 양변을 ☐로 나누면 —— $-\dfrac{a}{8} \bigcirc -\dfrac{b}{8}$

3 $a<b$일 때, 다음 ◯ 안에 알맞은 부등호를 써넣어라.

(1) $a+6 \bigcirc b+6$

(2) $a-2 \bigcirc b-2$

(3) $-7a \bigcirc -7b$

(4) $\dfrac{a}{3} \bigcirc \dfrac{b}{3}$

4 $a>b$일 때, 다음 ◯ 안에 알맞은 부등호를 써넣어라.

(1) $2a-1$ ◯ $2b-1$

> ➜ $a>b$의 양변에 2를 곱하면 $2a$ ◯ $2b$
> 다시 양변에서 1을 빼면
> $2a-1$ ◯ $2b-1$

(2) $5a+3$ ◯ $5b+3$

(3) $\dfrac{a}{4}-\dfrac{1}{2}$ ◯ $\dfrac{b}{4}-\dfrac{1}{2}$

(4) $-\dfrac{a}{3}+7$ ◯ $-\dfrac{b}{3}+7$

(5) $-4-a$ ◯ $-4-b$

5 다음 ◯ 안에 알맞은 부등호를 써넣어라.

(1) $-5a+3<-5b+3$이면 a ◯ b이다.

> ➜ $-5a+3<-5b+3$의 양변에서 3을 빼면
> $-5a$ ◯ $-5b$
> 다시 양변을 -5로 나누면 a ◯ b

(2) $\dfrac{a}{9}-1>\dfrac{b}{9}-1$이면 a ◯ b이다.

(3) $-\dfrac{4}{3}a+\dfrac{2}{3}<-\dfrac{4}{3}b+\dfrac{2}{3}$이면 a ◯ b이다.

(4) $2-a>2-b$이면 a ◯ b이다.

(5) $2a-5<2b-5$이면 a ◯ b이다.

6 $-1\leq x\leq 2$일 때, 다음 식의 값의 범위를 구하여라.

(1) $x+2$

> ➜ $-1\leq x\leq 2$의 각 변에 2를 더하면
> $-1+2$ ◯ $x+2$ ◯ $2+2$
> ∴ ☐ $\leq x+2\leq$ ☐

(2) $2x$ 　　　　　답 _____

(3) $3x+1$ 　　　　답 _____

(4) $5-x$

> ➜ $-1\leq x\leq 2$의 각 변에 -1을 곱하면
> $-2\leq -x\leq$ ☐
> 다시 각 변에 5를 더하면
> ☐ $\leq 5-x\leq$ ☐

(5) $-3x-4$ 　　　답 _____

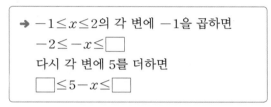

풍쌤의 point

$a<b$이면 $\begin{bmatrix} a+c<b+c \\ a-c<b-c \end{bmatrix}$ 부등호의 방향이 그대로

$a<b,\ c>0$이면 $\begin{bmatrix} ac<bc \\ \dfrac{a}{c}<\dfrac{b}{c} \end{bmatrix}$

$a<b,\ c<0$이면 $\begin{bmatrix} ac>bc \\ \dfrac{a}{c}>\dfrac{b}{c} \end{bmatrix}$ 부등호의 방향이 바뀐다.

01-03 · 스스로 점검 문제

▶학습 날짜   월   일   ▶걸린 시간   분 / 목표 시간 20분

1 ☐☐ ⟳ 부등식, 부등호의 표현 2

다음 〈보기〉 중 부등식을 모두 골라라.

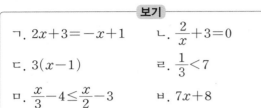

보기

ㄱ. $2x+3=-x+1$ ㄴ. $\dfrac{2}{x}+3=0$

ㄷ. $3(x-1)$ ㄹ. $\dfrac{1}{3}<7$

ㅁ. $\dfrac{x}{3}-4\leq\dfrac{x}{2}-3$ ㅂ. $7x+8$

2 ☐☐ ⟳ 부등식, 부등호의 표현 4

다음 중 문장을 부등식으로 바르게 나타낸 것은?

① 한 개에 x원 하는 펜 10개의 가격은 9000원 이상이다.
  ➡ $10x>9000$

② x에 7을 더한 수의 4배는 16보다 작거나 같다.
  ➡ $4x+7\leq16$

③ x와 -7의 합은 11 초과이다. ➡ $x+7>11$

④ x에서 5를 뺀 수는 x의 3배 미만이다.
  ➡ $x-5>3x$

⑤ x를 4배한 후 5를 더하면 9보다 크지 않다.
  ➡ $4x+5\leq9$

3 ☐☐ ⟳ 부등식의 해 1, 2

다음 중 부등식 $3x-10<5$의 해가 <u>아닌</u> 것은?

① 1   ② 2   ③ 3

④ 4   ⑤ 5

4 ☐☐ ⟳ 부등식의 해 3

다음 중 [ ] 안의 수가 주어진 부등식의 해가 <u>아닌</u> 것을 모두 고르면? (정답 2개)

① $1-x<0$ [2]

② $2x-1<-3$ [2]

③ $3(x-2)\leq7$ [4]

④ $2x-3>10$ [6]

⑤ $-x-12<1$ [-5]

5 ☐☐ ⟳ 부등식의 해 1~3

x의 값이 $-1, 0, 1, 2, 3$일 때, 부등식 $x+5>-2x+10$의 해의 개수를 구하여라.

6 ☐☐ ⟳ 부등식의 성질 3, 4

$a>b$일 때, 다음 ◯ 안에 들어갈 부등호의 방향이 <u>다른</u> 하나는?

① $a+3 \bigcirc b+3$ ② $4a-1 \bigcirc 4b-1$

③ $-a+5 \bigcirc -b+5$ ④ $-3+\dfrac{a}{2} \bigcirc -3+\dfrac{b}{2}$

⑤ $\dfrac{a}{5} \bigcirc \dfrac{b}{5}$

7 ☐☐ ⟳ 부등식의 성질 5

$2a-7<2b-7$일 때, 다음 중 옳지 <u>않은</u> 것은?

① $a<b$ ② $-a>-b$

③ $3a<3b$ ④ $5-2a<5-2b$

⑤ $1+\dfrac{a}{2}<1+\dfrac{b}{2}$

8 ☐☐ ⟳ 부등식의 성질 6

$-1<x\leq2$일 때, $A=2-3x$의 값의 범위는?

① $-4<A\leq5$ ② $-4\leq A<5$

③ $-4\leq A\leq0$ ④ $-1\leq A<4$

⑤ $-1<A\leq4$

04 부등식의 해와 수직선

핵심개념

부등식의 해를 수직선 위에 나타내기

x가 어떤 수보다 → ① 크면(크거나 같으면) 그 수의 **오른쪽** 방향으로 화살표
② 작으면(작거나 같으면) 그 수의 **왼쪽** 방향으로 화살표

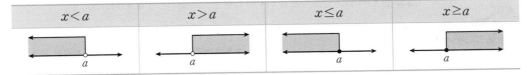

참고 부등식의 해를 수직선 위에 나타낼 때
① 경계의 값이 해에 포함되면 (≥, ≤) → ●로 표시
② 경계의 값이 해에 포함되지 않으면 (>, <) → ○로 표시

▶**학습 날짜**　　월　　일　　▶**걸린 시간**　　분 / **목표 시간** 10분

∎ 정답과 해설 20쪽

1 다음 부등식의 해를 수직선 위에 나타내어라.

(1) $x > 2$ →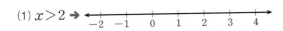

(2) $x \leq -1$ →

(3) $x < -3$ →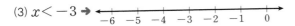

(4) $x \leq 0$ →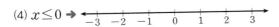

(5) $x \leq 4$ →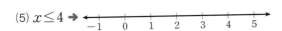

(6) $x \geq -5$ →

2 다음 수직선 위에 나타낸 x의 값의 범위를 부등식으로 나타내어라.

(1)  답

(2)  답

(3)  답

(4)  답

(5)  답

05 일차부등식

정답과 해설 20쪽

핵심개념

일차부등식: 부등식의 모든 항을 좌변으로 이항하여 정리한 식이

(일차식)<0, (일차식)>0, (일차식)≤0, (일차식)≥0

중에서 어느 하나의 꼴로 나타나는 부등식

참고 한 변에 있는 항을 부호를 바꾸어 다른 변으로 옮기는 것을 이항이라고 한다.

▶학습 날짜　　월　　일　▶걸린 시간　　분 / **목표 시간** 10분

---

1 다음을 완성하여라.

(1) $x+1>0$은 (일차식)>0 꼴이다.

　➡ 일차부등식(이다, 이 아니다).

(2) $2x-1<3$

　➡ 부등식의 우변에 있는 ☐을 좌변으로 이항

　　하여 정리하면 $2x-☐<0$

　➡ 일차부등식(이다, 이 아니다).

(3) $3x+4≥3x$

　➡ 부등식의 우변에 있는 ☐를 좌변으로 이

　　항하여 정리하면 ☐≥0

　➡ 일차부등식(이다, 이 아니다).

(4) $x(x-1)≤x-1$

　➡ 부등식의 우변에 있는 모든 항을 좌변으로

　　이항하여 정리하면 ☐≤0

　➡ 일차부등식(이다, 이 아니다).

(5) $x^2-5x>x^2-8$

　➡ 부등식의 우변에 있는 모든 항을 좌변으로

　　이항하여 정리하면 ☐>0

　➡ 일차부등식(이다, 이 아니다).

---

2 다음 부등식의 모든 항을 좌변으로 이항하여 간단히 하고, 일차부등식인 것에는 ○표, 일차부등식이 아닌 것에는 ×표를 하여라.

(1) $x-4>1$　➡ _____ (　　)

(2) $x(x+1)≤2x$　➡ _____ (　　)

(3) $2x+2≥2x+1$　➡ _____ (　　)

(4) $3x-1<2x+1$　➡ _____ (　　)

(5) $5-2x<7-2x$　➡ _____ (　　)

(6) $x(2x+1)≥2x^2+1$

　➡ _____ (　　)

풍쌤의 point

$3x+5>6$

　　　6을 좌변으로 이항

$3x+5-6>0$

$\underline{3x-1}>0$　　일차부등식
일차식

06 일차부등식의 풀이

핵심개념

일차부등식의 해를 구하는 방법

❶ x항은 좌변으로, 상수항은 우변으로 이항한다.

❷ $ax<b$, $ax>b$, $ax\le b$, $ax\ge b$ 중 하나의 꼴로 나타낸다.

❸ x의 계수 a로 양변을 나누어 주어진 부등식을

$$x<(수),\ x>(수),\ x\le(수),\ x\ge(수)$$

중에서 어느 하나의 꼴로 고쳐서 해를 구한다.

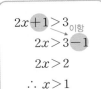

▶학습 날짜　　월　　일　　▶걸린 시간　　분 / **목표 시간 20분**

▌정답과 해설 20~21쪽

1 주어진 일차부등식을 풀어서 그 해를 수직선 위에 나타내는 다음 과정을 완성하여라.

(1) $2x+14\ge-3x+4$

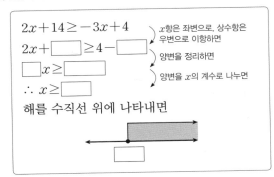

$2x+14\ge-3x+4$　　x항은 좌변으로, 상수항은 우변으로 이항하면

$2x+\boxed{}\ge4-\boxed{}$　　양변을 정리하면

$\boxed{}x\ge\boxed{}$　　양변을 x의 계수로 나누면

$\therefore\ x\ge\boxed{}$

해를 수직선 위에 나타내면

$\boxed{}$

(2) $x+12>4x+3$

$x+12>4x+3$　　x항은 좌변으로, 상수항은 우변으로 이항하면

$x-\boxed{}>3-\boxed{}$　　양변을 정리하면

$\boxed{}x>\boxed{}$　　양변을 x의 계수로 나누면

$\therefore\ x<\boxed{}$

해를 수직선 위에 나타내면

$\boxed{}$

2 다음 일차부등식의 해를 구하고, 그 해를 수직선 위에 나타내어라.

(1) $\dfrac{x}{4}>0$

➡ 해: _____

(2) $4x-3\le-9$

➡ 해: _____

(3) $-x+1\le-3x-5$

➡ 해: _____

(4) $x-9>-x-3$

➡ 해: _____

(5) $-3x+4\le-x-1$

➡ 해: _____

3 $a>0$일 때, x에 대한 다음 일차부등식을 풀어라.

(1) $ax-2<3$

→ $ax-2<3$에서
$ax<$ □ 이므로 양변을 a로 나눈다.
이때 a는 (양수, 음수)이므로 부등호의 방향은 (바뀐다, 바뀌지 않는다).
∴ x ◯ $\dfrac{5}{a}$

(2) $ax<-3$　　답

(3) $ax+1\geq4$　　답

(4) $-6+ax>-2$　　답

(5) $2-ax\leq5$　　답

4 $a<0$일 때, x에 대한 다음 일차부등식을 풀어라.

(1) $ax+1>5$

→ $ax+1>5$에서
$ax>$ □ 이므로 양변을 a로 나눈다.
이때 a는 (양수, 음수)이므로 부등호의 방향은 (바뀐다, 바뀌지 않는다).
∴ x ◯ $\dfrac{4}{a}$

(2) $ax>5$　　답

(3) $ax-3\leq-2$　　답

(4) $-1+ax<3$　　답

(5) $3-ax\geq8$　　답

5 다음을 만족시키는 상수 a의 값을 구하여라.

(1) $ax-1<2$의 해가 $x<1$이다.

→ $ax-1<2$에서 $ax<$ □
이 부등식의 해가 $x<1$이므로
a는 (양수, 음수)이고 해는 $x<\dfrac{□}{a}$이다.
따라서 $\dfrac{□}{a}=1$이므로 $a=$ □

(2) $ax>2$의 해가 $x>1$이다.
답

(3) $ax+3<-1$의 해가 $x<-2$이다.
답

(4) $ax-1\geq-3$의 해가 $x\leq1$이다.
답

(5) $2+ax\leq1$의 해가 $x\geq1$이다.
답

tip 부등호의 방향이 바뀌는 경우 x의 계수의 부호는 음수임을 잊지마~

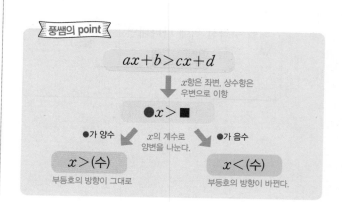

풍쌤의 point

$$ax+b>cx+d$$

x항은 좌변, 상수항은 우변으로 이항

$$●x>■$$

●가 양수　　　x의 계수로 양변을 나눈다.　　　●가 음수

$x>(수)$　　　　　$x<(수)$

부등호의 방향이 그대로　　　부등호의 방향이 바뀐다.

07 복잡한 일차부등식의 풀이

핵심개념
1. 괄호가 있는 일차부등식: 분배법칙을 이용하여 괄호를 풀고 식을 간단히 정리한다.
2. 계수가 분수인 일차부등식: 양변에 분모의 최소공배수를 곱하여 계수를 정수로 고친다.
3. 계수가 소수인 일차부등식: 양변에 10의 거듭제곱을 곱하여 계수를 정수로 고친다.

▶학습 날짜　　월　　일　　▶걸린 시간　　분 / **목표 시간** 20분

▌정답과 해설 21~22쪽

1 괄호가 있는 일차부등식을 푸는 다음 과정을 완성하여라.

(1) $2x > 2-3(x+4)$

괄호를 풀면

$2x > 2-3x- \boxed{}$ ⟩ x항은 좌변으로, 상수항은 우변으로 이항하여 정리한다.

$\boxed{}x > \boxed{}$

⟩ 양변을 x의 계수로 나눈다.

$\therefore \ x > \boxed{}$

(2) $2(x-2) > -4(3-2x)$

괄호를 풀면

$2x - \boxed{} > -12+ \boxed{}x$ ⟩ x항은 좌변으로, 상수항은 우변으로 이항하여 정리한다.

$\boxed{}x > \boxed{}$

⟩ 양변을 x의 계수로 나눈다.

$\therefore \ x < \boxed{}$

(3) $-2(x-3) \le 3(x-3)$

괄호를 풀면

$-2x+ \boxed{} \le 3x- \boxed{}$ ⟩ x항은 좌변으로, 상수항은 우변으로 이항하여 정리한다.

$\boxed{}x \le \boxed{}$

⟩ 양변을 x의 계수로 나눈다.

$\therefore \ x \ge \boxed{}$

2 다음 일차부등식의 해를 구하여라.

(1) $x < -5(x-1)$ 　답 _____

(2) $4x-7 > 2(x-3)$ 　답 _____

(3) $4(x-3)+8 \le 1-x$ 　답 _____

(4) $5-2(2x+1) > 3(x-6)$

답 _____

(5) $1-(4+8x) \ge -2(x-1)+5$

답 _____

(6) $-3x-4(x+3) > -6(x+1)$

답 _____

3 계수가 분수인 일차부등식을 푸는 다음 과정을 완성하여라.

(1) $\dfrac{1}{2}x - \dfrac{1}{3} > \dfrac{2}{3}x + \dfrac{1}{6}$

> $\dfrac{1}{2}x - \dfrac{1}{3} > \dfrac{2}{3}x + \dfrac{1}{6}$의 양변에 $\boxed{}$을 곱하면
>
> $3x - \boxed{} > \boxed{}x + 1$
>
> $-x > \boxed{}$
>
> $\therefore x < \boxed{}$

(2) $\dfrac{5x+3}{4} < \dfrac{x-3}{2}$

> $\dfrac{5x+3}{4} < \dfrac{x-3}{2}$의 양변에 $\boxed{}$를 곱하면
>
> $5x + 3 < \boxed{}(x-3)$ ↘ 괄호를 풀면
>
> $5x + 3 < 2x - \boxed{}$
>
> $3x < \boxed{}$
>
> $\therefore x < \boxed{}$

4 다음 일차부등식의 해를 구하여라.

(1) $\dfrac{1}{2}x - 1 < \dfrac{1}{3}x + 1$ 　답 ＿＿＿＿＿＿＿

(2) $\dfrac{1}{2}x + \dfrac{2}{3} \leq \dfrac{2}{5}x - \dfrac{7}{3}$ 　답 ＿＿＿＿＿＿＿

(3) $\dfrac{x}{2} - \dfrac{x-3}{5} > 1$ 　답 ＿＿＿＿＿＿＿

(4) $\dfrac{x-1}{2} < \dfrac{x+6}{3}$ 　답 ＿＿＿＿＿＿＿

(5) $\dfrac{x}{2} + \dfrac{x+1}{4} \leq \dfrac{7}{4}$ 　답 ＿＿＿＿＿＿＿

5 계수가 소수인 일차부등식을 푸는 다음 과정을 완성하여라.

(1) $0.5x + 0.7 > 0.8x - 0.5$

> $0.5x + 0.7 > 0.8x - 0.5$의 양변에 $\boxed{}$을 곱하면
>
> $5x + \boxed{} > \boxed{}x - 5$
>
> $\boxed{}x > \boxed{}$
>
> $\therefore x < \boxed{}$

(2) $0.2(x-4) < \dfrac{1}{2}x - 2$

> $0.2(x-4) < \dfrac{1}{2}x - 2$의 양변에 $\boxed{}$을 곱하면
>
> $\boxed{}(x-4) < 5x - \boxed{}$ ↘ 괄호를 풀면
>
> $2x - \boxed{} < 5x - \boxed{}$
>
> $\boxed{}x < \boxed{}$
>
> $\therefore x > \boxed{}$

6 다음 일차부등식의 해를 구하여라.

(1) $0.2x - 1 > 0.1x + 0.5$ 　답 ＿＿＿＿＿＿＿

(2) $0.09x - 0.03 < 0.02x - 0.1$ 　답 ＿＿＿＿＿＿＿

(3) $\dfrac{1}{2}x - 5 \leq 0.7(x-2)$ 　답 ＿＿＿＿＿＿＿

(4) $0.3x - 0.2\left(x - \dfrac{3}{2}\right) < 1$ 　답 ＿＿＿＿＿＿＿

(5) $\dfrac{x}{2} - 0.4(x-1) < 1$ 　답 ＿＿＿＿＿＿＿

1 ☐☐ ○ 일차부등식 1, 2

다음 중 일차부등식이 <u>아닌</u> 것은?

① $0.2x+0.4>x-1.2$

② $x-1<4$

③ $3x-2\geq3(x-1)$

④ $2x-3\leq5x+6$

⑤ $x^2+2x-4<x(x-1)$

2 ☐☐ ○ 일차부등식의 풀이 1, 2

일차부등식 $3x-4\geq6x-15$를 만족시키는 자연수 x의 개수는?

① 1개   ② 2개   ③ 3개

④ 4개   ⑤ 5개

3 ☐☐ ○ 일차부등식의 풀이 5

일차부등식 $3x+2\leq2a+x$의 해가 $x\leq4$일 때, 상수 a의 값을 구하여라.

4 ☐☐ ○ 일차부등식의 풀이 5

일차부등식 $ax-1\geq x+3$의 해가 $x\leq-1$일 때, 상수 a의 값은?

① -3 ② -2 ③ -1

④ 2 ⑤ 3

5 ☐☐ ○ 복잡한 일차부등식의 풀이 1, 2

일차부등식 $4(x+1)<-2(x-5)$를 풀면?

① $x<-1$ ② $x>-1$ ③ $x<1$

④ $x>1$ ⑤ $x\leq1$

6 ☐☐ ○ 복잡한 일차부등식의 풀이 1~4

다음 일차부등식 중 그 해를 수직선 위에 나타내었을 때, 오른쪽 그림과 같은 것은?

① $x+3>2$ ② $5x<3x-2$

③ $-\dfrac{x}{2}\leq-2$ ④ $3x-5\geq4(x-1)$

⑤ $5x-3\geq3x-5$

7 ☐☐ ○ 복잡한 일차부등식의 풀이 3, 4

일차부등식 $\dfrac{x}{2}-1\geq\dfrac{2x-3}{5}$을 만족시키는 가장 작은 정수 x의 값을 구하여라.

8 ☐☐ ○ 복잡한 일차부등식의 풀이 6

일차부등식 $\dfrac{3}{5}x-0.3<0.7x+\dfrac{1}{2}$을 만족시키는 x의 값의 범위가 $x>a$일 때, 상수 a의 값을 구하여라.

08 · 일차부등식의 활용 (1)

핵심개념 일차부등식의 활용 문제는 다음 순서로 푼다.
❶ **미지수 정하기**: 구하려는 값을 미지수 x로 놓는다.
❷ **부등식 세우기**: 문제의 뜻에 맞게 x에 대한 일차부등식을 세운다.
❸ **부등식 풀기**: 부등식을 풀어 x의 값의 범위를 구한다.
❹ **확인하기**: 구한 해가 문제의 뜻에 맞는지 확인한다.

▶ **학습 날짜** 월 일 ▶ **걸린 시간** 분 / **목표 시간** 25분

---

1 어떤 정수를 3배하여 2를 빼면 28보다 크다. 이와 같은 정수 중 가장 작은 수를 구하는 다음 과정을 완성하여라.

❶ 미지수 정하기
  어떤 정수를 x라 하자.

❷ 부등식 세우기
  x를 3배하여 2를 빼면 28보다 크므로 부등식을 세우면 $\boxed{} > 28$ …… ㉠

❸ 부등식 풀기
  ㉠에서 $\boxed{}x > \boxed{}$ ∴ $x > \boxed{}$

❹ 답 구하기
  가장 작은 정수는 $\boxed{}$이다.

2 연속하는 세 자연수의 합이 45보다 클 때, 합이 가장 작은 세 자연수 중 가장 작은 자연수를 구하여라.

tip 가장 작은 자연수를 x로 놓으면 연속하는 세 자연수는 $x, x+1, x+2$이다.

❶ 미지수 정하기: _____

❷ 부등식 세우기: _____

❸ 부등식 풀기: _____

❹ 답 구하기: 합이 가장 작은 세 자연수 중 가장 작은 자연수는 _____이다.

3 밑변의 길이가 8 cm인 삼각형의 넓이가 100 cm² 이상일 때, 삼각형의 높이는 몇 cm 이상인지 구하는 다음 과정을 완성하여라.

❶ 미지수 정하기
  삼각형의 높이를 x cm라 하자.

❷ 부등식 세우기
  삼각형의 넓이가 100 cm² 이상이므로 부등식을 세우면 $\boxed{}$ …… ㉠

❸ 부등식 풀기
  ㉠에서 $\boxed{}x \geq \boxed{}$ ∴ $x \geq \boxed{}$

❹ 답 구하기
  삼각형의 높이는 $\boxed{}$ cm 이상이다.

4 가로의 길이가 10 cm인 직사각형의 둘레의 길이가 38 cm 이상일 때, 세로의 길이는 몇 cm 이상인지 구하여라.

❶ 미지수 정하기: _____

❷ 부등식 세우기: _____

❸ 부등식 풀기: _____

❹ 답 구하기: 세로의 길이는 _____ cm 이상이다.

5 한 개에 500원인 초콜릿을 2000원짜리 상자에 담아서 사는데 **총 금액이 4500원 이하**가 되게 하려고 한다. 초콜릿을 최대 몇 개까지 살 수 있는지 구하여라.

❶ 미지수 정하기: 초콜릿을 x개 산다고 하자.

❷ 부등식 세우기

초콜릿 x개의 가격은 $\boxed{} \times x$ (원)이므로 부등식을 세우면

(초콜릿 x개의 가격) + ($\boxed{}$의 가격) $\bigcirc$ 4500

➡ $\boxed{} x + \boxed{} \leq 4500$

❸ 부등식 풀기: _____

❹ 답 구하기: 초콜릿은 최대 _____개까지 살 수 있다.

6 한 개에 1000원인 볼펜을 1500원짜리 상자에 포장하여 **전체 가격이 25000원 이하**가 되게 하려고 한다. 이때 볼펜은 최대 몇 개까지 살 수 있는지 구하여라.

❶ 미지수 정하기: _____

❷ 부등식 세우기: _____

❸ 부등식 풀기: _____

❹ 답 구하기: 볼펜은 최대 _____개까지 살 수 있다.

7 한 개에 1500원인 빵과 한 개에 1200원인 음료수를 **합하여 10개**를 사려고 한다. **전체 가격이 14500원 이하**가 되게 하려면 빵은 최대 몇 개까지 살 수 있는지 구하여라.

❶ 미지수 정하기: 빵을 x개 산다고 하자.

❷ 부등식 세우기

빵과 음료수의 가격을 표로 나타내면

	빵	음료수
개수(개)	x	
가격(원)	$1500x$	

부등식을 세우면

(빵의 가격) + (음료수의 가격) $\bigcirc$ 14500

➡ _____

❸ 부등식 풀기: _____

❹ 답 구하기: 빵은 최대 _____개까지 살 수 있다.

8 **500원짜리 초콜릿과 300원짜리 사탕을 합하여 모두 20개**를 사려고 한다. **금액을 9000원 이하**로 하려면 초콜릿은 최대 몇 개까지 살 수 있는지 구하여라.

❶ 미지수 정하기: _____

❷ 부등식 세우기

초콜릿과 사탕의 가격을 표로 나타내면

	초콜릿	사탕
개수(개)	x	
가격(원)		

부등식을 세우면

_____

❸ 부등식 풀기: _____

❹ 답 구하기: 초콜릿은 최대 _____개까지 살 수 있다.

9 현재 형은 15000원, 동생은 30000원이 은행에 예금되어 있다. 다음 달부터 매월 형은 5000원씩, 동생은 3000원씩 예금한다면 형의 예금액이 동생의 예금액보다 많아지는 것은 몇 개월 후부터인지 구하여라.

❶ 미지수 정하기: x개월 후부터 많아진다고 하자.

❷ 부등식 세우기

형과 동생의 예금액을 표로 나타내면

	형	동생
현재 예금액(원)	15000	
x개월 후 예금액(원)	$15000+5000x$	

부등식을 세우면

_____

❸ 부등식 풀기: _____

❹ 답 구하기: 형의 예금액이 동생의 예금액보다 많아지는 것은 _____개월 후부터이다.

10 현재 은노는 30000원, 은서는 40000원이 각자의 통장에 예금되어 있다. 다음 달부터 매달 은노는 1500원씩, 은서는 1000원씩 예금한다면 은노의 예금액이 은서의 예금액보다 많아지는 것은 몇 개월 후부터인지 구하여라.

❶ 미지수 정하기: _____

❷ 부등식 세우기

은노와 은서의 예금액을 표로 나타내면

	은노	은서
현재 예금액(원)		
x개월 후 예금액(원)		

부등식을 세우면

_____

❸ 부등식 풀기: _____

❹ 답 구하기: 은노의 예금액이 은서의 예금액보다 많아지는 것은 _____개월 후부터이다.

11 동네 문구점에서 1000원에 판매하는 공책을 할인마트에서는 500원에 판매하고 있다. 할인마트에 다녀오려면 왕복 2500원의 교통비가 든다고 할 때, 공책을 몇 권 이상 사는 경우 할인마트에서 사는 것이 유리한지 구하여라.

❶ 미지수 정하기: x권 이상을 살 때 유리하다고 하자.

tip 유리하다는 것은 가격이 더 싸다는 의미야!

❷ 부등식 세우기

공책을 살 때 드는 비용을 표로 나타내면

	문구점	할인마트
개수(권)	x	x
가격(원)	$1000x$	$500x+\boxed{}$

부등식을 세우면

_____

❸ 부등식 풀기: _____

❹ 답 구하기: _____권 이상 사는 경우 할인마트에서 사는 것이 유리하다.

12 집 근처의 가게에서 한 개에 1000원인 물건이 할인마트에서는 700원이라고 한다. 할인마트에 다녀오는데 드는 교통비가 왕복 2400원일 때, 이 물건을 몇 개 이상 사는 경우 할인마트에서 사는 것이 유리한지 구하여라.

❶ 미지수 정하기: _____

❷ 부등식 세우기

물건을 살 때 드는 비용을 표로 나타내면

	집 근처 가게	할인마트
개수(개)		
가격(원)		

부등식을 세우면

_____

❸ 부등식 풀기: _____

❹ 답 구하기: _____개 이상 사는 경우 할인마트에서 사는 것이 유리하다.

09 · 일차부등식의 활용 (2)─속력,농도

핵심개념

1. 거리, 속력, 시간에 관한 문제

(1) $(거리) = (속력) \times (시간)$

(2) $(속력) = \dfrac{(거리)}{(시간)}$

(3) $(시간) = \dfrac{(거리)}{(속력)}$

2. 농도에 대한 문제

(1) $(소금물의 농도) = \dfrac{(소금의 양)}{(소금물의 양)} \times 100 \ (\%)$

(2) $(소금의 양) = \dfrac{(농도)}{100} \times (소금물의 양)$

▶학습 날짜　　월　　일　▶걸린 시간　　분 / **목표 시간** 20분

▌정답과 해설 23쪽

---

1 A 지점에서 8 km 떨어진 B 지점까지 가는데 처음에는 **시속 3 km로 걷다가** 도중에 **시속 6 km로 뛰어서 2시간 이내에** 도착하려고 한다. 걸어간 거리는 최대 몇 km인지 구하여라.

❶ 미지수 정하기

　걸어간 거리를 x km라 하자.

❷ 부등식 세우기

　걸린 시간을 표로 나타내면

	걸어갈 때	뛰어갈 때
거리(km)	x	$8-x$
속력(km/시)	3	
걸린 시간(시간)	$\dfrac{x}{3}$	

　부등식을 세우면

　(걸어갈 때 걸린 시간)＋

　　　　　　　(뛰어갈 때 걸린 시간) ◯ 2

　➜ ＿＿＿＿＿＿＿＿＿＿＿＿

❸ 부등식 풀기: ＿＿＿＿＿＿＿＿

❹ 답 구하기: 걸어간 거리는 최대 ＿＿＿＿ km 이다.

---

2 등산을 하는데 올라갈 때는 시속 2 km로, 내려올 때는 같은 길을 시속 4 km로 걸어서 4시간 이내로 등산을 마치려고 한다. 최대 몇 km까지 올라갔다가 내려오면 되는지 구하여라.

❶ 미지수 정하기

　x km까지 올라갔다가 내려온다고 하자.

❷ 부등식 세우기

　걸린 시간을 표로 나타내면

	올라갈 때	내려올 때
거리(km)	x	
속력(km/시)		
걸린 시간(시간)		

　부등식을 세우면

　(올라갈 때 걸린 시간)＋

　　　　　　　(내려올 때 걸린 시간) ◯ 4

　➜ ＿＿＿＿＿＿＿＿＿＿＿＿

❸ 부등식 풀기: ＿＿＿＿＿＿＿＿

❹ 답 구하기: 최대 ＿＿＿＿ km까지 올라갔다가 내려오면 된다.

3 지혜가 역에서 기차를 기다리는데 출발 시각까지 1시간의 여유가 있어서 상점에서 물건을 사오려고 한다. 물건을 사는 데 30분이 걸리고, 시속 4 km로 걷는다면 역에서 최대 몇 km 떨어진 상점까지 갔다 올 수 있는지 구하여라.

❶ 미지수 정하기: 상점까지의 거리를 x km라 하자.

❷ 부등식 세우기: 걸린 시간을 표로 나타내면

	갈 때	물건 살 때	올 때
거리(km)	x		x
속력(km/시)			
시간(시간)		$\dfrac{1}{2}$	

부등식을 세우면

$$\left(\begin{array}{c}갈\ 때 \\ 걸린\ 시간\end{array}\right)+\left(\begin{array}{c}물건\ 살\ 때 \\ 걸린\ 시간\end{array}\right)+\left(\begin{array}{c}올\ 때 \\ 걸린\ 시간\end{array}\right)\bigcirc 1$$

➡ _____

❸ 부등식 풀기: _____

❹ 답 구하기: 역에서 최대 _____ km 떨어진 상점까지 갔다 올 수 있다.

4 5 %의 소금물 400 g에 8 %의 소금물을 섞어서 6 % 이상의 소금물을 만들려고 한다. 8 %의 소금물을 몇 g 이상 섞어야 하는지 구하여라.

❶ 미지수 정하기: 8 %의 소금물을 x g 섞어야 한다고 하자.

❷ 부등식 세우기: 섞기 전후의 소금의 양을 표로 나타내면

	섞기 전		섞은 후
농도	5 %	8 %	6 % 이상
소금물의 양(g)	400	x	
소금의 양(g)	$\dfrac{5}{100}\times 400$		

부등식을 세우면

$$\dfrac{(섞은\ 소금물의\ 소금의\ 양)}{(섞은\ 소금물의\ 양)}\times 100$$
$$\bigcirc\ (섞은\ 소금물의\ 농도)$$

➡ _____

❸ 부등식 풀기: _____

❹ 답 구하기: 8 %의 소금물을 _____ g 이상 섞어야 한다.

5 4 %의 소금물에 10 %의 소금물 200 g을 섞어서 7 % 이하의 소금물을 만들려고 한다. 4 %의 소금물은 몇 g 이상 섞어야 하는지 구하여라.

❶ 미지수 정하기: _____

❷ 부등식 세우기: 섞기 전후의 소금의 양을 표로 나타내면

	섞기 전		섞은 후
농도			
소금물의 양(g)			
소금의 양(g)			

부등식을 세우면

_____

❸ 부등식 풀기: _____

❹ 답 구하기: 4 %의 소금물을 _____ g 이상 섞어야 한다.

6 10 %의 소금물 600 g에 물을 넣어 농도가 5 % 이하의 소금물을 만들려고 한다. 최소 몇 g의 물을 넣어야 하는지 구하여라.

❶ 미지수 정하기: _____

❷ 부등식 세우기: 물을 넣기 전후의 소금의 양을 표로 나타내면

	물을 넣기 전		물을 넣은 후
	소금물	물	
농도	10 %		
소금물의 양(g)	600	x	
소금의 양(g)			

부등식을 세우면

_____

❸ 부등식 풀기: _____

❹ 답 구하기: 최소 물을 _____ g 넣어야 한다.

08-09 · 스스로 점검 문제

▶ 학습 날짜　　월　　일　　▶ 걸린 시간　　분 / 목표 시간 20분

1 ☐☐ ↻ 일차부등식의 활용 ⑴ 1

어떤 정수의 5배에서 3을 뺀 수는 어떤 정수의 2배에 6을 더한 수보다 작을 때, 이를 만족시키는 가장 큰 정수를 구하여라.

2 ☐☐ ↻ 일차부등식의 활용 ⑴ 3

가로의 길이가 10 cm인 직사각형의 넓이가 100 cm² 이상이 되려면 세로의 길이는 최소 몇 cm이어야 하는가?

① 8 cm　　　② 9 cm　　　③ 10 cm
④ 11 cm　　　⑤ 12 cm

3 ☐☐ ↻ 일차부등식의 활용 ⑴ 1~4

채훈이가 세 번의 수학 시험에서 각각 83점, 93점, 91점을 얻었다. 네 번째 시험까지 합해서 평균 점수가 90점 이상이 되었을 때, 채훈이가 네 번째 시험에서 받은 점수는 몇 점 이상인지 구하여라.

4 ☐☐ ↻ 일차부등식의 활용 ⑴ 7, 8

한 송이에 900원인 장미와 한 송이에 500원인 국화를 합하여 10송이를 사려고 한다. 전체의 값이 7500원을 넘지 않도록 할 때, 장미는 최대 몇 송이까지 살 수 있는가?

① 4송이　　　② 5송이　　　③ 6송이
④ 7송이　　　⑤ 8송이

5 ☐☐ ↻ 일차부등식의 활용 ⑴ 9, 10

현재 형의 예금액은 10000원, 동생의 예금액은 5000원이다. 앞으로 매월 형은 600원씩, 동생은 1000원씩 예금한다면 동생의 예금액이 형의 예금액보다 많아지는 것은 몇 개월 후부터인지 구하여라.

6 ☐☐ ↻ 일차부등식의 활용 ⑴ 11, 12

학교 앞 서점에서 한 권에 9000원인 책이 인터넷 쇼핑몰에서는 8300원이라고 한다. 인터넷 쇼핑몰의 배송료가 3000원이라고 할 때, 같은 책을 몇 권 이상 사야 인터넷 쇼핑몰에서 사는 것이 더 이익인가?

① 3권 이상　　　② 4권 이상　　　③ 5권 이상
④ 6권 이상　　　⑤ 7권 이상

7 ☐☐ ↻ 일차부등식의 활용 ⑵ - 속력, 농도 1

A 지점에서 18 km 떨어진 B 지점까지 가는데 처음에는 시속 5 km로 달리다가 도중에 시속 4 km로 걸어서 4시간 이내에 B 지점에 도착하였다. 이때 시속 5 km로 달린 거리는 최소 몇 km인지 구하여라.

8 ☐☐ ↻ 일차부등식의 활용 ⑵ - 속력, 농도 4

농도가 5 %인 소금물 200 g에 농도가 10 %인 소금물을 섞어서 8 % 이상의 소금물을 만들려고 한다. 10 %의 소금물이 몇 g 이상 필요한지 구하여라.

10. 미지수가 2개인 일차방정식

핵심개념

미지수가 2개인 일차방정식: 미지수가 2개이고 차수가 1인 방정식을 미지수가 2개인 일차방정식이라 하고, 다음과 같이 나타낸다.

$$ax+by+c=0 \,(단, \, a, \, b, \, c는 \, 상수, \, a \neq 0, \, b \neq 0)$$

▶학습 날짜　월　일　▶걸린 시간　분 / **목표 시간** 10분

∎ 정답과 해설 24쪽

1 다음 식이 미지수가 2개인 일차방정식인지 아닌지를 판별하여라. **tip** 미지수와 차수 조건을 모두 확인해야 해!

(1) $3x+2y-1$

➡ 등호가 없으므로 방정식(이다, 이 아니다).

(2) $4x+2y+3=0$

➡ 미지수가 ☐개, 차수가 ☐인 방정식이므로 미지수가 2개인 일차방정식(이다, 이 아니다).

(3) $x+y^2-2=0$

➡ 미지수가 ☐개, 차수가 ☐인 방정식이므로 미지수가 2개인 일차방정식(이다, 이 아니다).

(4) $xy+4=0$

➡ 미지수가 ☐개, 차수가 ☐인 방정식이므로 미지수가 2개인 일차방정식(이다, 이 아니다).

(5) $\dfrac{1}{x}+\dfrac{1}{y}=0$

➡ 미지수 x, y가 ＿＿＿에 있으므로 일차방정식(이다, 이 아니다).

(6) $x^2+3x+2=0$

➡ 미지수가 ☐개, 차수가 ☐인 방정식이므로 미지수가 2개인 일차방정식(이다, 이 아니다).

2 다음 중 미지수가 2개인 일차방정식인 것에는 ○표, 아닌 것에는 ×표를 하여라.

(1) $x^2+x+2y=x^2+y-1$ 　　(　　)

➡ 모든 항을 좌변으로 이항하여 정리하면

☐ $=0$

➡ 미지수가 ☐개, 차수가 ☐인 방정식이므로 미지수가 2개인 일차방정식(이다, 이 아니다).

(2) $2x-1=2$ 　　(　　)

(3) $\dfrac{1}{2}x+\dfrac{4}{3}=\dfrac{1}{2}y-\dfrac{1}{3}$ 　　(　　)

(4) $x-3y+1$ 　　(　　)

(5) $x^2+y-3=x^2-2x+1$ 　　(　　)

(6) $xy-x=2$ 　　(　　)

풍쌤의 point

미지수가 2개인 일차방정식

미지수가 2개이고 차수가 1인 일차방정식

$ax+by+c=0$ (단, a, b, c는 상수, $a \neq 0$, $b \neq 0$)

11 미지수가 2개인 일차방정식의 해

핵심개념 | **미지수가 2개인 일차방정식의 해**: 미지수가 2개인 일차방정식을 참이 되게 하는 x, y의 값 또는 그 순서쌍 (x, y)를 그 일차방정식의 해 또는 근이라 하고, 일차방정식의 해를 모두 구하는 것을 방정식을 푼다고 한다.

▶학습 날짜　　월　　일　　▶걸린 시간　　분 / **목표 시간** 20분

▌정답과 해설 24~25쪽

1 다음 순서쌍 (x, y)가 일차방정식 $2x+y=8$의 해인 것에는 ○표, 해가 아닌 것에는 ×표를 하여라.

tip 주어진 해를 방정식에 대입해서 참이 되는지 확인해 봐.

(1) $(1, 6)$　　　　　　　　(　　　)

→ $x=\boxed{}$, $y=\boxed{}$을 $2x+y=8$에 대입 하면 (참, 거짓)이 되므로 $(1, 6)$은 일 차방정식 $2x+y=8$의 (해이다, 해가 아니다).

(2) $(2, 5)$　　　　　　　　(　　　)

(3) $(0, 8)$　　　　　　　　(　　　)

(4) $(3, -1)$　　　　　　　(　　　)

(5) $(-1, 10)$　　　　　　　(　　　)

(6) $(-2, 4)$　　　　　　　(　　　)

(7) $(4, 0)$　　　　　　　　(　　　)

(8) $\left(\dfrac{1}{2}, 7\right)$　　　　　　(　　　)

2 다음 일차방정식 중 순서쌍 $(2, -1)$을 해로 갖는 것에는 ○표, 해로 갖지 않는 것에는 ×표를 하여라.

(1) $2x-y=3$　　　　　　　(　　　)

→ $x=\boxed{}$, $y=\boxed{}$을 $2x-y=3$에 대입 하면 (참, 거짓)이 되므로 $(2, -1)$은 일차방정식 $2x-y=3$의 (해이다, 해가 아니다).

(2) $x+y+1=0$　　　　　　(　　　)

(3) $2x-y=5$　　　　　　　(　　　)

(4) $x-y=-3$　　　　　　　(　　　)

(5) $x-2y=4$　　　　　　　(　　　)

(6) $3x+2y=8$　　　　　　(　　　)

(7) $6x+5y=7$　　　　　　(　　　)

(8) $\dfrac{x}{8}-\dfrac{y}{4}=\dfrac{1}{2}$　　　　　(　　　)

3 x, y의 값이 자연수일 때, 일차방정식 $y=-2x+5$의 해를 구하는 다음 과정을 완성하여라.

$\rightarrow$ x의 값이 자연수이므로 $x=1, 2, 3, \cdots$을 $y=-2x+5$에 대입하면

x	1	2	3
y	3		

이때 y의 값도 자연수이므로 구하는 해는 $(1, \boxed{})$, $(\boxed{}, \boxed{})$이다.

4 x, y의 값이 자연수일 때, 다음 일차방정식에 대하여 표를 완성하고, 해와 해의 개수를 각각 구하여라.

(1) $y=4-x$

x	1	2	3	4
y	3			

① 해: _____

② 해의 개수: _____

(2) $y=15-3x$

x	1	2	3	4	5
y	12				

① 해: _____

② 해의 개수: _____

(3) $y=-2x+9$

x	1	2	3	4	5
y	7				

① 해: _____

② 해의 개수: _____

5 x, y의 값이 자연수일 때, 다음 일차방정식의 해를 구하여라.

tip
$ax+by+c=0$ 꼴은 x 또는 y에 대하여 푼 다음 한 값을 대입하여 나머지 값을 구하면 편해.

(1) $x+2y=8$

$\rightarrow$ $x+2y=8$에서 $x=-2y+8$

y의 값이 자연수이므로 $y=1, 2, 3, \cdots$을 대입하면

x				
y	1	2	3	4

이때 x의 값도 자연수이므로 구하는 해는 _____이다.

(2) $4x+y-10=0$ 답 _____

(3) $x+3y-13=0$ 답 _____

(4) $3x+2y=15$ 답 _____

(5) $2x+3y=12$ 답 _____

(6) $x+\dfrac{1}{2}y=4$ 답 _____

6 다음 문장을 미지수가 2개인 일차방정식으로 나타내고, 그 일차방정식의 해를 구하여라.

_{tip} '적어도 하나씩'이라는 조건이 있으면 해가 자연수가 된다는 의미야.

(1) 300원짜리 사탕 x개와 400원짜리 초콜릿 y개를 구입하고 지불한 금액이 2100원이다. (단, 사탕과 초콜릿을 적어도 한 개씩은 구입한다.)

① 식: $300x+400y=2100$
→ 간단히 나타내면 $3x+\boxed{}y=\boxed{}$
② 해: _____

(2) 동물원에 사자 x마리와 호랑이 y마리가 합하여 5마리가 있다. (단, 사자와 호랑이는 적어도 한 마리씩은 있다.)

① 식: $\boxed{}=5$
② 해: _____

(3) 100원짜리 동전 x개와 500원짜리 동전 y개를 모았더니 3000원이 되었다. (단, 100원짜리와 500원짜리 동전은 적어도 한 개씩은 있다.)

① 식: $\boxed{}=3000$
→ 간단히 나타내면 $\boxed{}=30$
② 해: _____

(4) 농구 시합에서 한 선수가 2점 슛 x골, 3점 슛 y골을 성공시켜 총 15점을 득점하였다. (단, 2점 슛과 3점 슛을 적어도 한 골씩은 성공시켰다.)

① 식: $\boxed{}=15$
② 해: _____

(5) 닭 x마리와 강아지 y마리의 다리가 모두 24개이다. (단, 닭과 강아지가 적어도 한 마리씩은 있다.)

① 식: $\boxed{}=24$
→ 간단히 나타내면 $\boxed{}=12$
② 해: _____

7 일차방정식과 그 한 해가 다음과 같을 때, 상수 a의 값을 구하여라.

(1) $x+ay=5$, $(1, 2)$

→ $x+ay=5$에 $x=\boxed{}$, $y=\boxed{}$를 대입하면
$\boxed{}+a\times\boxed{}=5$ ∴ $a=\boxed{}$

(2) $2x+3y=a$, $(1, -4)$

답 _____

(3) $3x-ay=6$, $(5, 3)$

답 _____

(4) $ax-5y=-8$, $(-2, 6)$

답 _____

(5) $x+2y-10=0$, $(4, a)$

답 _____

_{풍쌤의 **point**}

1. 미지수가 2개인 일차방정식의 해
미지수가 2개인 일차방정식을 참이 되게 하는 x, y의 값 또는 그 순서쌍 (x, y)

2. 일차방정식을 푼다
일차방정식의 해를 모두 구하는 것

12 미지수가 2개인 연립일차방정식과 그 해

핵심개념

1. **미지수가 2개인 연립일차방정식:** 미지수가 2개인 두 일차방정식을 한 쌍으로 묶어서 나타낸 것

2. **미지수가 2개인 연립일차방정식의 해:** 두 일차방정식을 동시에 만족하는 x, y의 값 또는 그 순서쌍 (x, y)

▶학습 날짜　　　월　　　일　　▶걸린 시간　　　　분 / **목표 시간** 20분

---

1 x, y의 값이 자연수일 때, 연립방정식
$\begin{cases} x+y=5 & \cdots ㉠ \\ 3x+y=11 & \cdots ㉡ \end{cases}$ 의 해를 구하는 다음 과정을 완성하여라.

(1) ㉠에서 $x=1, 2, 3, \cdots$을 대입하면

x	1	2	3	4	5
y	4				

➔ ㉠의 해: _____

(2) ㉡에서 $x=1, 2, 3, \cdots$을 대입하면

x	1	2	3	4
y	8			

➔ ㉡의 해: _____

(3) ㉠, ㉡의 공통인 해는 _____이다.

(4) 연립방정식의 해는 _____이다.

---

2 x, y의 값이 자연수일 때, 다음 연립방정식의 해를 구하여라.

(1) $\begin{cases} x+y=6 & \cdots ㉠ \\ 2x+y=8 & \cdots ㉡ \end{cases}$ **답** _____

㉠
x	1	2	3	4	5
y	5				

㉡
x	1	2	3	4
y	6			

(2) $\begin{cases} 2x+y=10 & \cdots ㉠ \\ x+3y=10 & \cdots ㉡ \end{cases}$ **답** _____

㉠
x	1	2	3	4	5
y					

㉡
x				
y	1	2	3	4

(3) $\begin{cases} x+2y=5 & \cdots ㉠ \\ 3x+4y=13 & \cdots ㉡ \end{cases}$ **답** _____

㉠
x			
y	1	2	3

㉡
x	1	2	3	4
y				

3 다음 연립방정식 중 순서쌍 $(3, 1)$을 해로 갖는 것에는 ○표, 해로 갖지 않는 것에는 ×표를 하여라.

(1) $\begin{cases} x+y=4 & \cdots\ \text{㉠} \\ x-y=2 & \cdots\ \text{㉡} \end{cases}$　　　（　　　）

➡ ㉠에 $x=\square$, $y=\square$을 대입하면
（참, 거짓）
㉡에 $x=\square$, $y=\square$을 대입하면
（참, 거짓）
따라서 $(3, 1)$은 주어진 연립방정식의
（해이다, 해가 아니다）.

(2) $\begin{cases} x+2y=5 & \cdots\ \text{㉠} \\ 2x+3y=9 & \cdots\ \text{㉡} \end{cases}$　　　（　　　）

(3) $\begin{cases} 2x+y=4 & \cdots\ \text{㉠} \\ x+y=4 & \cdots\ \text{㉡} \end{cases}$　　　（　　　）

(4) $\begin{cases} 3x+2y=8 & \cdots\ \text{㉠} \\ y=x+1 & \cdots\ \text{㉡} \end{cases}$　　　（　　　）

(5) $\begin{cases} 4x-5y=7 & \cdots\ \text{㉠} \\ 5x+2y=17 & \cdots\ \text{㉡} \end{cases}$　　　（　　　）

(3) $\begin{cases} x+y=a \\ 2x-by=-3 \end{cases}$, $(-2, 1)$

답 _____

(4) $\begin{cases} ax-3y=6 \\ 2x+by=4 \end{cases}$, $(3, -1)$

답 _____

tip a의 값을 먼저 구해 봐!

(5) $\begin{cases} 2x+y=4 \\ x+by=7 \end{cases}$, $(a, 2)$

답 _____

(6) $\begin{cases} x+2y=5 \\ x+y=b \end{cases}$, $(3, a)$

답 _____

4 연립방정식과 그 해가 다음과 같을 때, 상수 a, b의 값을 각각 구하여라.

(1) $\begin{cases} x+ay=-1 & \cdots\ \text{㉠} \\ 2x-3y=b & \cdots\ \text{㉡} \end{cases}$, $(5, 3)$

➡ ㉠에 $x=\square$, $y=\square$을 대입하면
$\square+a\times\square=-1$　∴ $a=\square$
㉡에 $x=\square$, $y=\square$을 대입하면
$2\times\square-3\times\square=b$　∴ $b=\square$

(2) $\begin{cases} 2x-ay=10 \\ bx+6y=-8 \end{cases}$, $(2, -3)$

답 _____

📢 풍쌤의 point

1. 미지수가 2개인 연립일차방정식
　미지수가 2개인 두 일차방정식을 한 쌍으로 묶어서 나타낸 것

2. 미지수가 2개인 연립일차방정식의 해
　두 일차방정식을 동시에 만족하는 x, y의 값 또는 그 순서쌍 (x, y)

10-12· 스스로 점검 문제

▶학습 날짜   월   일   ▶걸린 시간   분 / 목표 시간 20분

---

1 ☐☐ ○ 미지수가 2개인 일차방정식 1, 2

다음 〈보기〉 중 미지수가 2개인 일차방정식인 것의 개수는?

보기

ㄱ. $2x-y$ ㄴ. $4x+7=0$

ㄷ. $3x-5y=1$ ㄹ. $x^2-2x=0$

ㅁ. $xy=10$ ㅂ. $y=-6x+5$

① 2   ② 3   ③ 4

④ 5   ⑤ 6

2 ☐☐ ○ 미지수가 2개인 일차방정식의 해 1

다음 중 일차방정식 $2x-y-2=0$의 해가 <u>아닌</u> 것을 모두 고르면? (정답 2개)

① $(-3, -8)$ ② $(-4, -1)$

③ $\left(\dfrac{1}{2}, -1\right)$ ④ $\left(\dfrac{3}{4}, -\dfrac{1}{2}\right)$

⑤ $\left(\dfrac{3}{2}, \dfrac{1}{3}\right)$

3 ☐☐ ○ 미지수가 2개인 일차방정식의 해 3~5

x, y의 값이 자연수일 때, 일차방정식 $3x+5y=70$의 해의 개수는?

① 2   ② 3   ③ 4

④ 5   ⑤ 6

4 ☐☐ ○ 미지수가 2개인 일차방정식의 해 7

두 순서쌍 $(a, 1)$, $(-5, b)$가 모두 일차방정식 $x+2y+9=0$의 해일 때, $a+b$의 값은?

① -13 ② -9 ③ -7

④ 9   ⑤ 13

5 ☐☐ ○ 미지수가 2개인 연립일차방정식과 그 해 3

다음 연립방정식 중 $x=-2, y=1$을 해로 갖는 것은?

① $\begin{cases} 5x-2y=-12 \\ 4x-3y=-10 \end{cases}$ ② $\begin{cases} -x+3y=10 \\ 5x+2y=8 \end{cases}$

③ $\begin{cases} x=-2y \\ 3y-x=5 \end{cases}$ ④ $\begin{cases} 2x+y=-3 \\ 3x-2y=14 \end{cases}$

⑤ $\begin{cases} x-3y=1 \\ 2x-5y=-9 \end{cases}$

6 ☐☐ ○ 미지수가 2개인 연립일차방정식과 그 해 3

다음 〈보기〉의 일차방정식 중 두 식을 짝지어 만든 연립방정식의 해가 $(-1, 1)$인 것은?

보기

ㄱ. $-5x-3y=8$

ㄴ. $4x+5y=1$

ㄷ. $-2x+y-3=0$

ㄹ. $3x=-2y+1$

① ㄱ과 ㄴ   ② ㄴ과 ㄷ   ③ ㄱ과 ㄷ

④ ㄴ과 ㄹ   ⑤ ㄷ과 ㄹ

7 ☐☐ ○ 미지수가 2개인 연립일차방정식과 그 해 4

연립방정식 $\begin{cases} ax+3y=1 \\ x-by=4 \end{cases}$의 해가 $(2, -1)$일 때, 상수 a, b의 합 $a+b$의 값은?

① -4 ② -2 ③ 0

④ 2   ⑤ 4

13 · 연립방정식의 풀이─가감법

핵심개념

1. **소거**: 미지수가 2개인 연립방정식의 두 일차방정식에서 한 미지수를 없애는 것
2. **가감법**: 연립방정식의 두 일차방정식을 변끼리 더하거나 빼어서 한 미지수를 소거하여 연립방정식을 푸는 방법으로 다음 순서로 푼다.
   ❶ 적당한 수를 곱하여 소거하려는 미지수의 계수의 절댓값을 같게 한다.
   ❷ 두 식을 더하거나 빼어서 한 미지수를 소거한 후 나머지 미지수의 값을 구한다.
   ❸ ❷에서 구한 미지수의 값을 두 일차방정식 중 간단한 것에 대입하여 다른 미지수의 값을 구한다.

▶ **학습 날짜**　　월　　일　　▶ **걸린 시간**　　분 / **목표 시간** 20분

▌정답과 해설 27쪽

1 다음 연립방정식을 가감법으로 푸는 과정을 완성하여라.

(1) $\begin{cases} x+y=2 & \cdots \ ㉠ \\ -x+3y=-10 & \cdots \ ㉡ \end{cases}$

> ❶ 계수의 절댓값이 같은 미지수: _____
> ❷ x를 소거하기 위해 ㉠과 ㉡을 변끼리 (더하, 빼)면
> $$\begin{array}{r} x+\ y=2 \\ \boxed{\ }\ )-x+3y=-10 \\ \hline \boxed{\ }\ y=\boxed{\ } \qquad \therefore\ y=\boxed{\ } \end{array}$$
> ❸ $y=\boxed{\ }$ 를 ㉠에 대입하면
> $x+(\boxed{\ })=2 \qquad \therefore\ x=\boxed{\ }$

tip 절댓값이 같고 계수의 부호가 다르면 ➡ 변끼리 더할 것!

(2) $\begin{cases} 5x-2y=9 & \cdots \ ㉠ \\ 2x-y=4 & \cdots \ ㉡ \end{cases}$

> ❶ 소거할 미지수: y
> ❷ y를 소거하기 위해 ㉠과 ㉡×$\boxed{\ }$ 를 변끼리 (더하, 빼)면
> $$\begin{array}{r} 5x-2y=9 \\ \boxed{\ }\ )4x-2y=\boxed{\ } \\ \hline x\ \ \ =\boxed{\ } \end{array}$$
> ❸ $x=\boxed{\ }$ 을 ㉡에 대입하면
> $2\times\boxed{\ }-y=\boxed{\ } \qquad \therefore\ y=\boxed{\ }$

tip 절댓값이 같고 계수의 부호도 같으면 ➡ 변끼리 뺄 것!

2 다음 연립방정식에서 [ ] 안의 문자를 소거하려고 할 때, 가장 편리한 식을 구하여라.

(1) $\begin{cases} x+2y=7 & \cdots \ ㉠ \\ -x+y=2 & \cdots \ ㉡ \end{cases}$, $[x]$

　　　답 _____

(2) $\begin{cases} 3x-y=2 & \cdots \ ㉠ \\ x-y=-4 & \cdots \ ㉡ \end{cases}$, $[y]$

　　　답 _____

(3) $\begin{cases} 2x-y=2 & \cdots \ ㉠ \\ 2x+3y=-6 & \cdots \ ㉡ \end{cases}$, $[x]$

　　　답 _____

(4) $\begin{cases} 3x+4y=-1 & \cdots \ ㉠ \\ 5x-4y=9 & \cdots \ ㉡ \end{cases}$, $[y]$

　　　답 _____

3 다음 연립방정식에서 [ ] 안의 문자를 소거하려고 할 때, 가장 편리한 식을 구하여라.

(1) $\begin{cases} 2x-5y=-6 & \cdots \ \text{㉠} \\ 3x-4y=12 & \cdots \ \text{㉡} \end{cases}$, $[x]$

→ x의 계수의 절댓값을 같게 하기 위해
㉠×3, ㉡×☐를 한 다음 변끼리
_____ 다.
즉, ㉠×3☐ ㉡×☐

(2) $\begin{cases} x-3y=-5 & \cdots \ \text{㉠} \\ -5x+y=11 & \cdots \ \text{㉡} \end{cases}$, $[y]$

답 _____

(3) $\begin{cases} 4x-7y=5 & \cdots \ \text{㉠} \\ -2x+5y=-1 & \cdots \ \text{㉡} \end{cases}$, $[x]$

답 _____

(4) $\begin{cases} 4x+5y=9 & \cdots \ \text{㉠} \\ -3x+7y=4 & \cdots \ \text{㉡} \end{cases}$, $[x]$

답 _____

(5) $\begin{cases} 8x-5y=-2 & \cdots \ \text{㉠} \\ 3x-4y=-5 & \cdots \ \text{㉡} \end{cases}$, $[y]$

답 _____

4 다음을 만족시키는 상수 a의 값을 구하여라.

(1) 연립방정식 $\begin{cases} 2x+y=3 & \cdots \ \text{㉠} \\ 3x-2y=8 & \cdots \ \text{㉡} \end{cases}$ 에서

y를 소거하였더니 $ax=14$가 되었다.

답 _____

(2) 연립방정식 $\begin{cases} 2x-5y=14 \cdots \ \text{㉠} \\ 4x+3y=11 \cdots \ \text{㉡} \end{cases}$ 에서

x를 소거하였더니 $ay=17$이 되었다.

답 _____

5 다음 연립방정식을 가감법을 이용하여 풀어라.

(1) $\begin{cases} x+3y=-5 \\ x-y=3 \end{cases}$

답 _____

(2) $\begin{cases} x+y=4 \\ 2x-y=-1 \end{cases}$

답 _____

(3) $\begin{cases} x+y=3 \\ 2x+3y=7 \end{cases}$

답 _____

(4) $\begin{cases} 2x+3y=-1 \\ x-2y=10 \end{cases}$

답 _____

(5) $\begin{cases} 3x+4y=1 \\ 2x-3y=-5 \end{cases}$

답 _____

풍쌤의 point

1. 소거
미지수가 2개인 연립방정식의 두 일차방정식에서 한 미지수를 없애는 것

2. 가감법
연립방정식의 두 일차방정식을 변끼리 더하거나 빼어서 한 미지수를 소거하여 연립방정식을 푸는 방법

14. 연립방정식의 풀이─대입법

핵심개념

대입법: 연립방정식의 한 일차방정식을 다른 일차방정식에 대입하여 연립방정식을 푸는 방법으로 다음 순서로 푼다.

❶ 한 일차방정식을 한 미지수에 대하여 푼다.

❷ ❶의 식을 나머지 일차방정식에 대입하여 미지수의 값을 구한다.

❸ ❷에서 구한 미지수의 값을 ❶의 식에 대입하여 다른 미지수의 값을 구한다.

참고 미지수가 x, y인 연립방정식을 대입법을 이용하여 풀 때는 한 일차방정식을 $x=(y$에 대한 식) 또는 $y=(x$에 대한 식)으로 변형한 후 다른 일차방정식에 대입한다.

▶ 학습 날짜   월   일   ▶ 걸린 시간   분 / **목표 시간** 20분

▮ 정답과 해설 27~28쪽

1 다음 연립방정식을 대입법으로 푸는 과정을 완성하여라.

(1) $\begin{cases} y=x-2 & \cdots ㉠ \\ x+2y=8 & \cdots ㉡ \end{cases}$

❶ 한 미지수에 대하여 푼 식: ㉠

❷ □을 □에 대입하면

$x+2(\boxed{})=8$

$\boxed{}x=12$

∴ $x=\boxed{}$

❸ $x=\boxed{}$를 ㉠에 대입하면

$y=\boxed{}-2=\boxed{}$

tip 두 일차방정식 중 한 일차방정식을 한 미지수에 대하여 풀 때 '$x=\sim$', '$y=\sim$'의 꼴 중 고치기 쉬운 쪽으로 변형하면 돼.

(2) $\begin{cases} x+y=3 & \cdots ㉠ \\ -3x+2y=1 & \cdots ㉡ \end{cases}$

❶ ㉠을 x에 대하여 풀면

$x=\boxed{}$ ⋯ ㉢

❷ ㉢을 ㉡에 대입하면

$-3(\boxed{})+2y=1$

$\boxed{}y=10$ ∴ $y=\boxed{}$

❸ $y=\boxed{}$를 ㉢에 대입하면 $x=\boxed{}$

2 다음 연립방정식을 대입법을 이용하여 풀어라.

(1) $\begin{cases} x=3y+1 \\ -x+2y=5 \end{cases}$ **답** _____

(2) $\begin{cases} y=x-3 \\ 5x-3y=1 \end{cases}$ **답** _____

(3) $\begin{cases} x=y-3 \\ x=4y-6 \end{cases}$ **답** _____

(4) $\begin{cases} y=3x-7 \\ 2x-5y=9 \end{cases}$ **답** _____

3 다음은 연립방정식을 대입법을 이용하여 푸는 과정이다. 옳은 것에는 ○표, 옳지 않은 것에는 ×표를 하여라.

(1) $\begin{cases} x-3y=-1 & \cdots ㉠ \\ 3x+2y=13 & \cdots ㉡ \end{cases}$ 에서 ㉠을 y에 대하여 풀면 $x=3y-1$이다. ( )

(2) $\begin{cases} x+y=11 & \cdots ㉠ \\ 3x-2y=7 & \cdots ㉡ \end{cases}$ 에서 ㉠을 y에 대하여 풀어서 ㉡에 대입한 식은 $3x-2(11-x)=7$ 이다. ( )

(3) $\begin{cases} x-2y=6 & \cdots ㉠ \\ 4x+3y=10 & \cdots ㉡ \end{cases}$ 에서 ㉠을 x에 대하여 풀어서 ㉡에 대입한 식은 $4(2y+6)+3y=10$이다. ( )

4 다음을 만족시키는 상수 a의 값을 구하여라.

(1) 연립방정식 $\begin{cases} x=2y & \cdots ㉠ \\ 5x+3y=26 & \cdots ㉡ \end{cases}$ 에서 ㉠을 ㉡에 대입하여 x를 소거하였더니 $ay=26$이 되었다.

답 _____

(2) 연립방정식 $\begin{cases} 2x-y=5 & \cdots ㉠ \\ 3x+4y=2 & \cdots ㉡ \end{cases}$ 에서 ㉠을 y에 대하여 풀어 ㉡에 대입하여 y를 소거하였더니 $ax=22$가 되었다.

답 _____

(3) 연립방정식 $\begin{cases} x+2y=-3 & \cdots ㉠ \\ 2x-3y=-41 & \cdots ㉡ \end{cases}$ 에서 ㉠을 x에 대하여 풀어 ㉡에 대입하여 x를 소거하였더니 $ay=-35$가 되었다.

답 _____

5 다음 연립방정식을 대입법을 이용하여 풀어라.

(1) $\begin{cases} x+y=3 \\ -3x+2y=1 \end{cases}$ 답 _____

(2) $\begin{cases} 2x=4-3y \\ 2x+5y=14 \end{cases}$ 답 _____

(3) $\begin{cases} 3x+2y=9 \\ x-y=-2 \end{cases}$ 답 _____

(4) $\begin{cases} 3x-4y=9 \\ 2x-y=1 \end{cases}$ 답 _____

(5) $\begin{cases} 3x-4y=20 \\ x+6y=14 \end{cases}$ 답 _____

풍쌤의 point

대입법
연립방정식의 한 일차방정식을 다른 일차방정식에 대입하여 연립방정식을 푸는 방법

13-14 · 스스로 점검 문제

▶학습 날짜   월   일   ▶걸린 시간   분 / **목표 시간** 20분

1 ☐☐ ↻ 연립방정식의 풀이 – 가감법 3

연립방정식 $\begin{cases} 2x-3y=6 & \cdots ㉠ \\ x-2y=1 & \cdots ㉡ \end{cases}$ 을 가감법을 이용하여 풀

려고 한다. 다음 중 x를 소거하기 위하여 필요한 식은?

① ㉠+㉡×2   ② ㉠−㉡×2

③ ㉠×2+㉡×3   ④ ㉠×2−㉡×3

⑤ ㉠−㉡×6

2 ☐☐ ↻ 연립방정식의 풀이 – 가감법 5

연립방정식 $\begin{cases} x-2y=4 \\ 2x+y=3 \end{cases}$ 의 해가 (a, b)일 때, $2a-b$의 값

은?

① 5   ② 6   ③ 7

④ 8   ⑤ 9

3 ☐☐ ↻ 연립방정식의 풀이 – 가감법 5

연립방정식 $\begin{cases} ax+by=4 \\ bx-ay=-7 \end{cases}$ 의 해가 $x=3, y=2$일 때, 상수

a, b의 곱 ab의 값을 구하여라.

4 ☐☐ ↻ 연립방정식의 풀이 – 가감법 5

연립방정식 $\begin{cases} x+3y=5 \\ 2x-3y=4 \end{cases}$ 의 해가 일차방정식

$x-3y=k$의 해일 때, 상수 k의 값을 구하여라.

5 ☐☐ ↻ 연립방정식의 풀이 – 대입법 2

두 일차방정식 $x=5-2y$, $3x-5y=4$를 모두 만족시키

는 x, y에 대하여 $x-3y$의 값은?

① −2   ② −1   ③ 0

④ 1   ⑤ 2

6 ☐☐ ↻ 연립방정식의 풀이 – 대입법 4

연립방정식 $\begin{cases} 3x-y=2 & \cdots ㉠ \\ 4x+3y=3 & \cdots ㉡ \end{cases}$ 에서 ㉠을 y에 대하여 풀

어 ㉡에 대입하였더니 $ax=b$가 되었다. 이때 상수 a, b의

값은?

① $a=3, b=-2$ ② $a=3, b=6$

③ $a=5, b=-3$ ④ $a=13, b=9$

⑤ $a=13, b=13$

7 ☐☐ ↻ 연립방정식의 풀이 – 대입법 5

연립방정식 $\begin{cases} 4x+5y=23 \\ x-3y=-7 \end{cases}$ 의 해가 (a, b)일 때, ab의 값을

구하여라.

8 ☐☐ ↻ 연립방정식의 풀이 – 대입법 2~5

연립방정식 $\begin{cases} x=y+1 \\ 4x-3y=-4 \end{cases}$ 의 해가 일차방정식

$3x-2y=k$를 만족시킬 때, 상수 k의 값을 구하여라.

15 복잡한 연립방정식의 풀이−괄호

핵심개념 | **괄호가 있는 연립방정식의 풀이**
분배법칙을 이용하여 괄호를 먼저 풀고 식을 간단히 정리한 후 연립방정식을 푼다.

▶학습 날짜   월   일   ▶걸린 시간   분 / **목표 시간** 10분

▌정답과 해설 29쪽

1 다음 연립방정식의 해를 구하는 과정을 완성하여라.

(1) $\begin{cases} x+3y=6 & \cdots ⊙ \\ 3x-2(x-y)=5 & \cdots ⓛ \end{cases}$

❶ ⓛ을 간단히 하면
$3x-2x+\boxed{}y=5$
∴ $x+\boxed{}y=5$ $\cdots ⓒ$

❷ ⊙$\boxed{}$ⓒ을 하면 $y=\boxed{}$

❸ $y=\boxed{}$을 ⊙에 대입하면
$x+\boxed{}=6$ ∴ $x=\boxed{}$

(2) $\begin{cases} 3x+2(y-3)=-1 & \cdots ⊙ \\ 3(x-y)+2y=2 & \cdots ⓛ \end{cases}$

❶ ⊙, ⓛ을 간단히 하면
⊙에서 $3x+2y-\boxed{}=-1$
∴ $3x+2y=\boxed{}$ $\cdots ⓒ$
ⓛ에서 $3x-\boxed{}y+2y=2$
∴ $3x-y=2$ $\cdots ⓔ$

❷ ⓒ−ⓔ을 하면
$\boxed{}y=3$ ∴ $y=\boxed{}$

❸ $y=\boxed{}$을 ⓒ에 대입하면
$3x+\boxed{}=\boxed{}$ ∴ $x=\boxed{}$

2 다음 연립방정식을 풀어라.

(1) $\begin{cases} 2(x-y)+3y=8 \\ x+y=3 \end{cases}$ **답** _____

(2) $\begin{cases} x+3y-11=0 \\ 3(x-y)+2y=13 \end{cases}$ **답** _____

(3) $\begin{cases} 2x-(x+y)=3 \\ 3x+4(x-y)=3 \end{cases}$ **답** _____

〰 풍쌤의 **point** 〰

괄호가 있는 연립방정식
분배법칙을 이용하여 괄호를 먼저 풀고 식을 간단히 정리한 후 연립방정식을 푼다.

16 복잡한 연립방정식의 풀이 – 분수, 소수

핵심개념

1. **계수가 분수인 연립방정식의 풀이:** 양변에 분모의 최소공배수를 곱하여 계수를 정수로 고친 후 연립방정식을 푼다.

2. **계수가 소수인 연립방정식의 풀이:** 양변에 10의 거듭제곱, 즉 10, 100, 1000, …을 곱하여 계수를 정수로 고친 후 연립방정식을 푼다.

▶학습 날짜　　　월　　　일　　▶걸린 시간　　　분 / **목표 시간** 25분

▌정답과 해설 29~30쪽

---

1 다음 연립방정식의 해를 구하는 과정을 완성하여라.

(1) $\begin{cases} \dfrac{x}{2} - y = -1 & \cdots ㉠ \\ \dfrac{x}{3} - \dfrac{y}{2} = \dfrac{1}{6} & \cdots ㉡ \end{cases}$

❶ ㉠, ㉡의 계수를 정수로 만들면

㉠ × $\boxed{}$ ➡ $x - \boxed{}y = -2$　　$\cdots ㉢$

㉡ × $\boxed{}$ ➡ $\boxed{}x - 3y = 1$　　$\cdots ㉣$

❷ ㉢ × 2 − ㉣을 하면

$\boxed{} = -5$　　∴ $y = \boxed{}$

❸ $y = \boxed{}$ 를 ㉢에 대입하면

$x - \boxed{} = -2$　　∴ $x = \boxed{}$

(2) $\begin{cases} 0.1x - 0.1y = 1 & \cdots ㉠ \\ 0.04x - 0.01y = -0.05 & \cdots ㉡ \end{cases}$

❶ ㉠, ㉡의 계수를 정수로 만들면

㉠ × $\boxed{}$ ➡ $\boxed{} = 10$　　$\cdots ㉢$

㉡ × $\boxed{}$ ➡ $\boxed{} = -5$　　$\cdots ㉣$

❷ ㉢ − ㉣을 하면

$\boxed{}x = 15$　　∴ $x = \boxed{}$

❸ $x = \boxed{}$ 를 ㉢에 대입하면

$\boxed{} - y = 10$　　∴ $y = \boxed{}$

---

2 다음 연립방정식의 두 일차방정식 ㉠, ㉡에 각각 가장 작은 자연수를 곱하여 계수를 정수로 만들어라.

(1) $\begin{cases} \dfrac{x}{3} - \dfrac{y}{2} = 2 & \cdots ㉠ \\ \dfrac{2}{3}x - \dfrac{y}{4} = \dfrac{3}{2} & \cdots ㉡ \end{cases}$

➡ $\begin{cases} ㉠ × \boxed{} : \underline{} \\ ㉡ × \boxed{} : \underline{} \end{cases}$

(2) $\begin{cases} 0.5x - 0.3y = 0.9 & \cdots ㉠ \\ \dfrac{x}{9} + \dfrac{y}{3} = 1 & \cdots ㉡ \end{cases}$

➡ $\begin{cases} ㉠ × \boxed{} : \underline{} \\ ㉡ × \boxed{} : \underline{} \end{cases}$

(3) $\begin{cases} \dfrac{x}{5} - \dfrac{y}{4} = -1 & \cdots ㉠ \\ 0.01x - 0.03y = -0.26 & \cdots ㉡ \end{cases}$

➡ $\begin{cases} ㉠ × \boxed{} : \underline{} \\ ㉡ × \boxed{} : \underline{} \end{cases}$

3 다음 연립방정식을 풀어라.

(1) $\begin{cases} 2x+y=5 \\ \dfrac{1}{2}x+\dfrac{1}{6}y=\dfrac{2}{3} \end{cases}$ 답 _____

(2) $\begin{cases} \dfrac{x}{2}-y=-1 \\ \dfrac{x}{8}+\dfrac{y}{2}=2 \end{cases}$ 답 _____

(3) $\begin{cases} 2x+y=-1 \\ \dfrac{x+1}{2}-\dfrac{y}{3}=2 \end{cases}$ 답 _____

(4) $\begin{cases} 0.3x+0.2y=1.2 \\ 6x+3y=13 \end{cases}$ 답 _____

(5) $\begin{cases} 0.5x-0.3y=-0.8 \\ 0.3x+0.2y=1.8 \end{cases}$ 답 _____

(6) $\begin{cases} 0.18x-0.04y=0.1 \\ 1.1x-0.2y=0.7 \end{cases}$ 답 _____

4 다음 연립방정식을 풀어라.

(1) $\begin{cases} 0.4x+0.1y=0.5 \\ \dfrac{x}{3}-\dfrac{7}{12}y=-\dfrac{1}{4} \end{cases}$ 답 _____

(2) $\begin{cases} 0.3x-0.4y=-1.1 \\ \dfrac{x}{5}+\dfrac{y}{2}=0.8 \end{cases}$ 답 _____

(3) $\begin{cases} \dfrac{x}{2}-0.6y=1.3 \\ 0.3x+\dfrac{y}{5}=0.5 \end{cases}$ 답 _____

tip 먼저 계수를 정수로 고친 다음 괄호를 푸는 것이 편리해!

(4) $\begin{cases} 0.3(x+y)-0.1y=1.9 \\ \dfrac{2}{3}x+\dfrac{3}{5}y=5 \end{cases}$ 답 _____

풍쌤의 point

1. 계수가 분수인 연립방정식
   양변에 분모의 최소공배수를 곱하여 계수를 정수로 고친 후 연립방정식을 푼다.

2. 계수가 소수인 연립방정식
   양변에 10의 거듭제곱, 즉 10, 100, 1000, … 을 곱하여 계수를 정수로 고친 후 연립방정식을 푼다.

17 $A=B=C$ 꼴의 방정식의 풀이

핵심개념 $A=B=C$ 꼴의 방정식의 풀이: 다음 세 연립방정식 중 하나로 바꾸어서 푼다.

$$\begin{cases} A=B \\ B=C \end{cases} \text{또는} \begin{cases} A=B \\ A=C \end{cases} \text{또는} \begin{cases} A=C \\ B=C \end{cases}$$

이때 가장 간단한 것을 택하도록 한다.

▶학습 날짜   월   일   ▶걸린 시간   분 / **목표 시간** 15분

▌정답과 해설 30쪽

1 방정식 $2x+y=3x-y=5$에 대하여 다음을 완성하여라.

(1) 두 식씩 묶어 세 연립방정식으로 나타내어라.

① $\begin{cases} \boxed{}=3x-y \\ 3x-y=5 \end{cases}$ ← $\begin{cases} A=B \\ B=C \end{cases}$

② $\begin{cases} 2x+y=3x-y \\ 2x+y=\boxed{} \end{cases}$ ← $\begin{cases} A=B \\ A=C \end{cases}$

③ $\begin{cases} 2x+y=5 \\ \boxed{}=5 \end{cases}$ ← $\begin{cases} A=C \\ B=C \end{cases}$

(2) (1)의 세 연립방정식의 해는 모두 (같다, 다르다).

2 다음 $A=B=C$ 꼴의 방정식을 주어진 연립방정식으로 나타내어라.

(1) $3x-2y+9=2x+3y=4x+8y-12$

$\begin{cases} A=B \\ B=C \end{cases}$ → $\begin{cases} \boxed{}=\boxed{} \\ \boxed{}=\boxed{} \end{cases}$

(2) $2x+3=x-y-1=-x+3y+7$

$\begin{cases} A=B \\ A=C \end{cases}$ → $\begin{cases} \boxed{}=\boxed{} \\ \boxed{}=\boxed{} \end{cases}$

(3) $-8x+2y=-7x+y=-12$

$\begin{cases} A=C \\ B=C \end{cases}$ → $\begin{cases} \boxed{}=\boxed{} \\ \boxed{}=\boxed{} \end{cases}$

3 다음 방정식을 풀어라.

 방정식 $A=B=C$에서 C가 상수이면 $\begin{cases} A=C \\ B=C \end{cases}$로 바꾸어서 푸는 것이 가장 편리해!

(1) $5x+3y=-3x-y=6$

답 _____

(2) $3x+2y-5=2x-y-6=-1$

답 _____

(3) $4x-3y+9=5x+7y-12=3x+2y$

답 _____

(4) $\dfrac{x+y}{2}=\dfrac{2x+3y}{3}=-1$

답 _____

18 해가 특수한 연립방정식의 풀이

▶학습 날짜　　월　　일　▶걸린 시간　　분 / **목표 시간** 20분

---

1 다음을 완성하여라.

(1) 아래 연립방정식을 두 방정식의 x의 계수가 같아지도록 변형하여라.

① $\begin{cases} x+y=-1 & \cdots ㉠ \\ 3x+3y=-3 \end{cases}$

$\xrightarrow{㉠\times \boxed{}}$ $\begin{cases} \boxed{} \\ 3x+3y=-3 \end{cases}$

② $\begin{cases} 3x-5y=1 & \cdots ㉠ \\ 9x-15y=3 \end{cases}$

$\xrightarrow{㉠\times \boxed{}}$ $\begin{cases} \boxed{} \\ 9x-15y=3 \end{cases}$

③ $\begin{cases} -x+4y=2 & \cdots ㉠ \\ 2x-8y=4 \end{cases}$

$\xrightarrow{㉠\times \boxed{}}$ $\begin{cases} \boxed{} \\ 2x-8y=4 \end{cases}$

④ $\begin{cases} -9x+3y=10 & \cdots ㉠ \\ 3x-y=4 & \cdots ㉡ \end{cases}$

$\xrightarrow{㉡\times \boxed{}}$ $\begin{cases} -9x+3y=10 \\ \boxed{} \end{cases}$

(2) 두 방정식이 **일치하는** 연립방정식은
_____이다.

(3) 두 방정식이 **상수항만 다른** 연립방정식은
_____이다.

(4) 연립방정식 ①, ②의 해는 (무수히 많고, 없고),
연립방정식 ③, ④의 해는 (무수히 많다, 없다).

2 다음 연립방정식을 풀어라.

(1) $\begin{cases} 3x+2y=3 \\ 6x+4y=6 \end{cases}$　　　답 _____

(2) $\begin{cases} -2x+6y=6 \\ 8x-24y=24 \end{cases}$　　　답 _____

(3) $\begin{cases} 2x-y=3 \\ 4x-2y=6 \end{cases}$　　　답 _____

(4) $\begin{cases} 3x+y=5 \\ 6x+2y=7 \end{cases}$　　　답 _____

3 다음 연립방정식의 해가 무수히 많을 때, 상수 a, b의 값을 각각 구하여라.

(1) $\begin{cases} 3x+2y=a & \cdots \text{㉠} \\ 9x+by=12 & \cdots \text{㉡} \end{cases}$

> ➡ ㉠$\times 3$을 하면 $\begin{cases} 9x+6y=\boxed{} \\ 9x+by=12 \end{cases}$
>
> ➡ 해가 무수히 많으려면 미지수의 계수와 상수항이 각각 같아야 하므로
>
> $6=\boxed{}$, $\boxed{}=12$
>
> $\therefore a=\boxed{}$, $b=\boxed{}$

(2) $\begin{cases} 2x+ay=1 \\ 6x-3y=b \end{cases}$ 답 _____

(3) $\begin{cases} ax+4y=-2 \\ x-2y=b \end{cases}$ 답 _____

(4) $\begin{cases} x+2y=a \\ -2x-by=6 \end{cases}$ 답 _____

4 다음 연립방정식의 해가 없을 때, 상수 a의 값 또는 조건을 구하여라.

(1) $\begin{cases} 4x-3y=1 & \cdots \text{㉠} \\ 16x-12y=a & \cdots \text{㉡} \end{cases}$

> ➡ ㉠$\times 4$를 하면 $\begin{cases} 16x-12y=\boxed{} \\ 16x-12y=a \end{cases}$
>
> ➡ 해가 없으려면 미지수의 계수는 각각 같고 상수항은 달라야 하므로 $a\neq\boxed{}$

(2) $\begin{cases} 5x+2y=a \\ 10x+4y=16 \end{cases}$ 답 _____

(3) $\begin{cases} 4x+ay=8 \\ -2x+3y=4 \end{cases}$ 답 _____

(4) $\begin{cases} 2x-ay=-2 \\ x-2y=2 \end{cases}$ 답 _____

5 다음 연립방정식의 해가 없을 때, 상수 a, b의 조건 또는 값을 각각 구하여라.

(1) $\begin{cases} 2x-y=a \\ 2x-y=b \end{cases}$ 답 _____

(2) $\begin{cases} x-y=2 \\ 2x+ay=b \end{cases}$ 답 _____

(3) $\begin{cases} 3x+y=-a \\ bx-2y=10 \end{cases}$ 답 _____

풍쌤의 point

1. 해가 무수히 많은 연립방정식
두 방정식을 적당히 변형하였을 때, 미지수의 계수와 상수항이 각각 같다.

2. 해가 없는 연립방정식
두 방정식을 적당히 변형하였을 때, 미지수의 계수는 각각 같고, 상수항은 다르다.

15-18 · 스스로 점검 문제

▶학습 날짜   월   일   ▶걸린 시간   분 / **목표 시간** 20분

1 ☐☐ ↻ 복잡한 연립방정식의 풀이 – 괄호 2

연립방정식 $\begin{cases} x-2(3x-2y)=11 \\ x=3y \end{cases}$ 의 해는?

① $x=-6,\ y=-2$ ② $x=-3,\ y=-1$

③ $x=3,\ y=1$ ④ $x=6,\ y=2$

⑤ $x=9,\ y=3$

2 ☐☐ ↻ 복잡한 연립방정식의 풀이 – 분수, 소수 3, 4

연립방정식 $\begin{cases} 0.2x-0.3y=0.1 \\ \dfrac{1}{2}x+\dfrac{1}{3}y=\dfrac{4}{3} \end{cases}$ 의 해를 $x=a,\ y=b$라고

할 때, $a+b$의 값은?

① 3   ② 1   ③ -1

④ -3 ⑤ -4

3 ☐☐ ↻ 복잡한 연립방정식의 풀이 – 분수, 소수 3, 4

연립방정식 $\begin{cases} \dfrac{x}{2}-\dfrac{y}{3}=-\dfrac{1}{6} \\ 0.5x+0.5y=1.5 \end{cases}$ 의 해가 일차방정식

$kx-4y+3=0$을 만족시킬 때, 상수 k의 값을 구하여라.

4 ☐☐ ↻ $A=B=C$ 꼴의 방정식의 풀이 3

방정식 $5x-3y=2(x-y)=3x-y+2$의 해가

$x=a,\ y=b$일 때, $4ab$의 값은?

① -12 ② -3 ③ 2

④ 3   ⑤ 12

5 ☐☐ ↻ $A=B=C$ 꼴의 방정식의 풀이 3

방정식 $\dfrac{x-y}{3}=\dfrac{x}{2}=\dfrac{y-5}{4}$의 해를 구하여라.

6 ☐☐ ↻ 해가 특수한 연립방정식의 풀이 2

다음 연립방정식 중 해가 무수히 많은 것은?

① $\begin{cases} x+y=5 \\ x-y=5 \end{cases}$ ② $\begin{cases} x+y=4 \\ x+y=7 \end{cases}$

③ $\begin{cases} x=2y-3 \\ 2x+3y=5 \end{cases}$ ④ $\begin{cases} 2x+y=1 \\ 6x+3y=3 \end{cases}$

⑤ $\begin{cases} x-3y=2 \\ 2x-3y=4 \end{cases}$

7 ☐☐ ↻ 해가 특수한 연립방정식의 풀이 3

연립방정식 $\begin{cases} 3x+2y=a \\ 6x+by=5-3a \end{cases}$ 의 해가 무수히 많을 때,

상수 $a,\ b$에 대하여 $a+b$의 값을 구하여라.

8 ☐☐ ↻ 해가 특수한 연립방정식의 풀이 4

연립방정식 $\begin{cases} \dfrac{3}{4}x-\dfrac{3}{2}y=1 \\ x+ay=3 \end{cases}$ 의 해가 없을 때, 상수 a의 값을

구하여라.

19 · 연립방정식의 활용 (1)—수, 나이, 길이

핵심개념

연립방정식의 활용 문제 풀이 순서

❶ 미지수 정하기

❷ 연립방정식 세우기

❸ 연립방정식 풀기

❹ 답 구하기

참고 연립방정식의 활용 문제에서 자주 이용되는 식

① 십의 자리의 숫자가 a, 일의 자리의 숫자가 b인 두 자리 자연수: $10a+b$

② (x년 후의 나이)=(현재 나이)$+x$, (y년 전의 나이)=(현재 나이)$-y$

③ (직사각형의 둘레의 길이)$=2\times\{$(가로의 길이)$+$(세로의 길이)$\}$

▶학습 날짜   월   일   ▶걸린 시간   분 / **목표 시간** 25분

▌정답과 해설 32~33쪽

---

1 합이 26이고 차가 2인 두 자연수를 구하여라.

❶ 미지수 정하기

큰 자연수를 x, 작은 자연수를 y라 하자.

❷ 연립방정식 세우기

두 수의 합이 26이므로

☐☐☐☐=26

tip 두 수의 차는 큰 수에서 작은 수를 뺀 값이야.

두 수의 차가 2이므로

☐☐☐☐=2

즉, 연립방정식을 세우면

$\begin{cases} (\text{합에 대한 식}) \\ (\text{차에 대한 식}) \end{cases}$ → $\begin{cases} \\ \end{cases}$

❸ 연립방정식 풀기: _____

❹ 답 구하기

따라서 두 자연수는 _____이다.

---

2 합이 64이고 차가 38인 두 자연수를 구하여라.

❶ 미지수 정하기

큰 자연수를 x, 작은 자연수를 y라 하자.

❷ 연립방정식 세우기

$\begin{cases} (\text{합에 대한 식}) \\ (\text{차에 대한 식}) \end{cases}$ → $\begin{cases} \\ \end{cases}$

❸ 연립방정식 풀기: _____

❹ 답 구하기

따라서 두 자연수는 _____이다.

---

3 합이 32인 두 자연수가 있다. 큰 자연수는 작은 자연수의 5배보다 2만큼 더 클 때, 큰 자연수를 구하여라.

❶ 미지수 정하기: _____

❷ 연립방정식 세우기

$\begin{cases} (\text{합에 대한 식}) \\ (\text{큰 수와 작은 수에 대한 식}) \end{cases}$

→ $\begin{cases} \\ \end{cases}$

❸ 연립방정식 풀기: _____

❹ 답 구하기

따라서 큰 자연수는 _____이다.

4 둘레의 길이가 24 cm이고, 가로의 길이가 세로의 길이보다 4 cm만큼 긴 직사각형이 있다. 이 직사각형의 가로와 세로의 길이를 각각 구하여라.

❶ 미지수 정하기

가로의 길이를 x cm, 세로의 길이를 y cm라 하자.

❷ 연립방정식 세우기

둘레의 길이가 24 cm이므로

$\boxed{} = 24$

가로의 길이가 세로의 길이보다 4 cm만큼 긴 직사각형이므로 $\boxed{} = \boxed{} + 4$

즉, 연립방정식을 세우면

$\begin{cases} (\text{둘레의 길이에 대한 식}) \\ (\text{가로와 세로의 길이에 대한 식}) \end{cases}$

$\rightarrow \begin{cases} \boxed{} \\ \boxed{} \end{cases}$

❸ 연립방정식 풀기: _____

❹ 답 구하기

따라서 가로의 길이는 _____, 세로의 길이는 _____이다.

5 둘레의 길이가 42 cm이고, 가로의 길이가 세로의 길이의 2배보다 3 cm만큼 짧은 직사각형이 있다. 이 직사각형의 넓이를 구하여라.

❶ 미지수 정하기:

_____

❷ 연립방정식 세우기

$\begin{cases} (\text{둘레의 길이에 대한 식}) \\ (\text{가로와 세로의 길이에 대한 식}) \end{cases}$

$\rightarrow \begin{cases} \boxed{} \\ \boxed{} \end{cases}$

❸ 연립방정식 풀기: _____

❹ 답 구하기

따라서 직사각형의 넓이는 _____이다.

6 영지는 선물을 사기 위해 기념품 가게에 들렀다. 한 개에 2500원 하는 열쇠고리와 한 개에 3200원 하는 부채를 합하여 9개 사고 26000원을 내었다. 열쇠고리는 몇 개 샀는지 구하여라.

❶ 미지수 정하기

열쇠고리를 x개, 부채를 y개 샀다고 하자.

❷ 연립방정식 세우기

	열쇠고리	부채	전체
개수(개)	x	y	
가격(원)	2500		

연립방정식을 세우면

$\begin{cases} (\text{개수에 대한 식}) \\ (\text{가격에 대한 식}) \end{cases} \rightarrow \begin{cases} \boxed{} \\ \boxed{} \end{cases}$

❸ 연립방정식 풀기: _____

❹ 답 구하기

따라서 열쇠고리는 _____를 샀다.

7 어느 박물관의 입장료는 성인이 5000원, 청소년이 3000원이다. 성인과 청소년을 합하여 13명이 입장하고 57000원을 내었다. 입장한 청소년은 몇 명인지 구하여라.

❶ 미지수 정하기: _____

❷ 연립방정식 세우기

	성인	청소년	전체
입장 인원(명)			
입장료(원)			

연립방정식을 세우면

$\begin{cases} (\text{입장 인원에 대한 식}) \\ (\text{입장료에 대한 식}) \end{cases}$

$\rightarrow \begin{cases} \boxed{} \\ \boxed{} \end{cases}$

❸ 연립방정식 풀기: _____

❹ 답 구하기

따라서 입장한 청소년은 _____이다.

8 현재 형과 동생의 나이의 합은 30세이고, 3년 후에 형의 나이는 동생 나이의 2배가 된다고 한다. 현재 동생의 나이를 구하여라.

❶ 미지수 정하기

현재 형의 나이를 x세, 동생의 나이를 y세라 하자.

❷ 연립방정식 세우기

	형	동생
현재 나이(세)	x	y
3년 후 나이(세)		

연립방정식을 세우면

$\begin{cases} (\text{현재 나이에 대한 식}) \\ (3년 후 나이에 대한 식) \end{cases}$

→ $\begin{cases} \rule{3cm}{0.4pt} \\ \rule{3cm}{0.4pt} \end{cases}$

❸ 연립방정식 풀기: _____

❹ 답 구하기: 따라서 현재 동생의 나이는 _____이다.

9 현재 어머니와 아들의 나이의 합은 56세이고, 6년 후에는 어머니의 나이가 아들의 나이의 2배보다 8세 많아진다고 한다. 현재 어머니와 아들의 나이를 각각 구하여라.

❶ 미지수 정하기:

_____

❷ 연립방정식 세우기

	어머니	아들
현재 나이(세)		
6년 후 나이(세)		

연립방정식을 세우면

$\begin{cases} (\text{현재 나이에 대한 식}) \\ (6년 후 나이에 대한 식) \end{cases}$

→ $\begin{cases} \rule{3cm}{0.4pt} \\ \rule{3cm}{0.4pt} \end{cases}$

❸ 연립방정식 풀기: _____

❹ 답 구하기: 따라서 현재 어머니의 나이는 _____, 아들의 나이는 _____이다.

10 어떤 두 자리의 자연수의 각 자리의 숫자의 합은 13이고 이 수의 십의 자리의 숫자와 일의 자리의 숫자를 바꾼 수는 처음 수보다 27만큼 크다고 한다. 처음 자연수를 구하여라.

❶ 미지수 정하기: 처음 수의 십의 자리의 숫자를 x, 일의 자리의 숫자를 y라 하자.

❷ 연립방정식 세우기

	십의 자리의 숫자	일의 자리의 숫자	두 자리의 자연수
처음 수	x	y	$10x+y$
바꾼 수			

연립방정식을 세우면

$\begin{cases} (\text{각 자리의 숫자에 대한 식}) \\ (처음 수와 바꾼 수에 대한 식) \end{cases}$

→ $\begin{cases} \rule{3cm}{0.4pt} \\ \rule{3cm}{0.4pt} \end{cases}$

❸ 연립방정식 풀기: _____

❹ 답 구하기: 따라서 처음 자연수는 _____이다.

11 어떤 두 자리의 자연수의 각 자리의 숫자의 합은 12이고, 십의 자리의 숫자와 일의 자리의 숫자를 바꾼 수는 처음 수보다 54만큼 크다고 한다. 처음 자연수를 구하여라.

❶ 미지수 정하기:

_____

❷ 연립방정식 세우기

	십의 자리의 숫자	일의 자리의 숫자	두 자리의 자연수
처음 수			
바꾼 수			

연립방정식을 세우면

$\begin{cases} (\text{각 자리의 숫자에 대한 식}) \\ (처음 수와 바꾼 수에 대한 식) \end{cases}$

→ $\begin{cases} \rule{3cm}{0.4pt} \\ \rule{3cm}{0.4pt} \end{cases}$

❸ 연립방정식 풀기: _____

❹ 답 구하기: 따라서 처음 자연수는 _____이다.

20 · 연립방정식의 활용 (2)−거리, 속력, 시간

핵심개념 | **거리, 속력, 시간에 대한 활용**
다음을 이용하여 연립방정식을 세운 후 연립방정식을 푼다.

(1) (거리)=(속력)×(시간)　　(2) (속력)=$\dfrac{(거리)}{(시간)}$　　(3) (시간)=$\dfrac{(거리)}{(속력)}$

▶**학습 날짜**　　월　　일　　▶**걸린 시간**　　분 / **목표 시간** 20분

1 A 지점에서 10 km 떨어진 B 지점까지 가는 데 처음에는 시속 16 km로 자전거를 타고 가다가 도중에 자전거가 고장 나서 시속 4 km로 걸었더니 총 2시간이 걸렸다. 자전거를 타고 간 거리와 걸어간 거리를 각각 구하여라.

❶ 미지수 정하기

자전거를 타고 간 거리를 x km, 걸어간 거리를 y km라 하자.

❷ 연립방정식 세우기

	자전거 탈 때	걸어갈 때	전체
거리(km)	x	y	10
속력(km/시)	16		
시간(시간)	$\dfrac{x}{16}$		

연립방정식을 세우면

$\begin{cases} (거리에\ 대한\ 식) \\ (시간에\ 대한\ 식) \end{cases}$ → $\begin{cases} \\ \end{cases}$

❸ 연립방정식 풀기: _____

❹ 답 구하기

따라서 자전거를 타고 간 거리는 _____, 걸어간 거리는 _____이다.

2 영준이가 등산을 하는 데 올라갈 때는 시속 3 km로 걷고, 내려올 때는 시속 5 km로 걸어서 총 5시간이 걸렸다. 왕복 거리가 19 km일 때, 올라간 거리를 구하여라.

❶ 미지수 정하기

_____

❷ 연립방정식 세우기

	올라갈 때	내려올 때	전체
거리(km)			19
속력(km/시)			
시간(시간)			

연립방정식을 세우면

$\begin{cases} (거리에\ 대한\ 식) \\ (시간에\ 대한\ 식) \end{cases}$ → $\begin{cases} \\ \end{cases}$

❸ 연립방정식 풀기: _____

❹ 답 구하기

따라서 올라간 거리는 _____이다.

3 등산을 하는 데 올라갈 때는 시속 3 km로 걷고, 내려올 때는 올라갈 때보다 3 km 더 먼 길을 시속 4 km로 걸어서 총 2시간 30분이 걸렸다. 올라간 거리를 구하여라.

❶ 미지수 정하기

올라간 거리를 x km, 내려온 거리를 y km라 하자.

tip 2시간 30분은 $2\frac{1}{2}=\frac{5}{2}$(시간)이야.

❷ 연립방정식 세우기

	올라갈 때	내려올 때	전체
거리(km)			
속력(km/시)			
시간(시간)			

연립방정식을 세우면

$\begin{cases} (거리에\ 대한\ 식) \\ (시간에\ 대한\ 식) \end{cases}$ →

❸ 연립방정식 풀기: _____

❹ 답 구하기

따라서 올라간 거리는 _____이다.

4 원경이는 할머니 댁에 갔다 오는 데 갈 때는 시속 2 km로 걷고, 올 때는 갈 때보다 1 km 더 짧은 길을 시속 3 km로 걸어서 총 1시간 30분이 걸렸다. 올 때 걸은 거리를 구하여라.

❶ 미지수 정하기:

_____

❷ 연립방정식 세우기

	갈 때	올 때	전체
거리(km)			
속력(km/시)			
시간(시간)			

연립방정식을 세우면

$\begin{cases} (거리에\ 대한\ 식) \\ (시간에\ 대한\ 식) \end{cases}$ →

❸ 연립방정식 풀기: _____

❹ 답 구하기

따라서 올 때 걸은 거리는 _____이다.

5 동생이 박물관을 향해 집을 나서고 6분 후에 형도 동생을 따라 집을 나섰다. 동생은 매분 50 m의 속력으로 걷고, 형은 매분 200 m의 속력으로 달릴 때, 동생이 출발한 지 몇 분 후에 두 사람이 만나는지 구하여라.

❶ 미지수 정하기: 동생이 걸은 시간을 x분, 형이 달린 시간을 y분이라 하자.

tip 동생이 걸은 거리와 형이 달린 거리가 같아지면 두 사람이 만나!

❷ 연립방정식 세우기

	동생	형
시간(분)	x	
속력(m/분)	50	
거리(m)	$50x$	

연립방정식을 세우면

$\begin{cases} (시간에\ 대한\ 식) \\ (거리에\ 대한\ 식) \end{cases}$ →

❸ 연립방정식 풀기: _____

❹ 답 구하기: 따라서 동생이 출발한 지 _____ 분 후에 두 사람이 만난다.

6 영미가 공원 입구에서 출발한 지 10분 후에 같은 장소에서 윤우가 출발하였다. 영미는 분속 300 m로 걷고, 윤우는 분속 500 m로 달릴 때, 윤우가 출발한 지 몇 분 후에 두 사람이 만나는지 구하여라.

❶ 미지수 정하기:

_____

❷ 연립방정식 세우기

	영미	윤우
시간(분)		
속력(m/분)		
거리(m)		

연립방정식을 세우면

$\begin{cases} (시간에\ 대한\ 식) \\ (거리에\ 대한\ 식) \end{cases}$ →

❸ 연립방정식 풀기: _____

❹ 답 구하기: 따라서 윤우가 출발한 지 _____ 분 후에 두 사람이 만난다.

21 · 연립방정식의 활용 (3)-농도

핵심개념

농도에 대한 활용

다음을 이용하여 연립방정식을 세운 후 연립방정식을 푼다.

$$(소금물의 농도) = \frac{(소금의 양)}{(소금물의 양)} \times 100(\%)$$

$$(소금의 양) = \frac{(농도)}{100} \times (소금물의 양)$$

참고 소금물에 대한 문제에서 자주 이용되는 식: 두 소금물을 섞을 때
　① (섞기 전 두 소금물의 양의 합)=(섞은 후 소금물의 양)
　② (섞기 전 두 소금물의 소금의 양의 합)=(섞은 후 소금의 양)

▶학습 날짜　　월　　일　　▶걸린 시간　　분 / **목표 시간** 20분

---

1 3 %의 소금물과 8 %의 소금물을 섞어서 6 %의 소금물 200 g을 만들었다. 3 %의 소금물과 8 %의 소금물은 각각 몇 g을 섞었는지 구하여라.

❶ 미지수 정하기

　3 %의 소금물을 x g, 8 %의 소금물을 y g 섞었다고 하자.

❷ 연립방정식 세우기

	섞기 전		섞은 후
농도(%)	3	8	6
소금물의 양(g)	x	y	
소금의 양(g)	$\frac{3}{100}x$		

연립방정식을 세우면

$\begin{cases} (소금물의 양에 대한 식) \\ (소금의 양에 대한 식) \end{cases}$

➡ | | |
　| | |

❸ 연립방정식 풀기: ＿＿＿＿＿＿＿

❹ 답 구하기

　따라서 3 %의 소금물은 ＿＿＿＿, 8 %의 소금물은 ＿＿＿＿을 섞었다.

---

2 8 %의 소금물과 5 %의 소금물을 섞어서 6 %의 소금물 600 g을 만들었다. 8 %의 소금물과 5 %의 소금물은 각각 몇 g을 섞었는지 구하여라.

❶ 미지수 정하기:

　＿＿＿＿＿＿＿＿＿＿＿＿＿＿

❷ 연립방정식 세우기

	섞기 전		섞은 후
농도(%)	8	5	6
소금물의 양(g)			
소금의 양(g)			

연립방정식을 세우면

$\begin{cases} (소금물의 양에 대한 식) \\ (소금의 양에 대한 식) \end{cases}$

➡ | | |
　| | |

❸ 연립방정식 풀기: ＿＿＿＿＿＿＿

❹ 답 구하기

　따라서 8 %의 소금물은 ＿＿＿＿, 5 %의 소금물은 ＿＿＿＿을 섞었다.

3 농도가 다른 두 소금물 A, B가 있다. 소금물 A 200 g과 소금물 B 100 g을 섞으면 8 %의 소금물이 되고, 소금물 A 100 g과 소금물 B 200 g을 섞으면 10 %의 소금물이 된다. 소금물 A, B의 농도를 각각 구하여라.

❶ 미지수 정하기

  소금물 A의 농도를 x %, 소금물 B의 농도를 y %라 하자.

❷ 연립방정식 세우기

  ㉠

	A	B	섞은 후
농도(%)	x	y	8
소금물의 양(g)	200	100	
소금의 양(g)	$\dfrac{x}{100} \times 200$	—	

  ㉡

	A	B	섞은 후
농도(%)	x	y	10
소금물의 양(g)	100	200	
소금의 양(g)	$\dfrac{x}{100} \times 100$		

  연립방정식을 세우면

  $\begin{cases} (\text{㉠의 소금의 양에 대한 식}) \\ (\text{㉡의 소금의 양에 대한 식}) \end{cases}$

  ➡ $\begin{cases} \rule{5cm}{0.4pt} \\ \rule{5cm}{0.4pt} \end{cases}$

❸ 연립방정식 풀기: ＿＿＿＿＿＿＿＿

❹ 답 구하기

  따라서 소금물 A의 농도는 ＿＿＿＿＿, 소금물 B의 농도는 ＿＿＿＿＿이다.

4 농도가 다른 두 소금물 A, B가 있다. 소금물 A 100 g과 소금물 B 200 g을 섞으면 4 %의 소금물이 되고, 소금물 A 200 g과 소금물 B 100 g을 섞으면 5 %의 소금물이 된다. 소금물 A, B의 농도를 각각 구하여라.

❶ 미지수 정하기:

  ＿＿＿＿＿＿＿＿＿＿＿＿＿＿＿＿＿

❷ 연립방정식 세우기

  ㉠

	A	B	섞은 후
농도(%)			4
소금물의 양(g)			
소금의 양(g)			

  ㉡

	A	B	섞은 후
농도(%)			5
소금물의 양(g)			
소금의 양(g)			

  연립방정식을 세우면

  $\begin{cases} (\text{㉠의 소금의 양에 대한 식}) \\ (\text{㉡의 소금의 양에 대한 식}) \end{cases}$

  ➡ $\begin{cases} \rule{5cm}{0.4pt} \\ \rule{5cm}{0.4pt} \end{cases}$

❸ 연립방정식 풀기: ＿＿＿＿＿＿＿＿

❹ 답 구하기

  따라서 소금물 A의 농도는 ＿＿＿＿＿, 소금물 B의 농도는 ＿＿＿＿＿이다.

﹏풍쌤의 point﹏

농도에 대한 활용

$(\text{소금물의 농도}) = \dfrac{(\text{소금의 양})}{(\text{소금물의 양})} \times 100(\%)$

$(\text{소금의 양}) = \dfrac{(\text{농도})}{100} \times (\text{소금물의 양})$

1 ☐☐ ↻ 연립방정식의 활용 (1) – 수, 나이, 길이 8, 9

현재 아버지와 아들의 나이의 합은 60세이고, 8년 후에는 아버지의 나이가 아들의 나이의 3배가 된다. 현재 아버지의 나이는?

① 38세   ② 42세   ③ 45세
④ 49세   ⑤ 51세

2 ☐☐ ↻ 연립방정식의 활용 (1) – 수, 나이, 길이 10, 11

두 자리의 자연수가 있다. 십의 자리의 숫자는 일의 자리의 숫자의 2배보다 1이 크고, 십의 자리의 숫자와 일의 자리의 숫자를 바꾼 수는 처음 수보다 18이 작다고 한다. 이때 처음 자연수를 구하여라.

3 ☐☐ ↻ 연립방정식의 활용 (1) – 수, 나이, 길이 4~11

수지와 은미가 가위바위보를 하여 이긴 사람은 2계단을 올라가고 진 사람은 1계단을 내려가기로 하였다. 얼마 후 수지는 처음 위치보다 16계단을 올라가 있었고, 은미는 처음 위치보다 2계단을 내려가 있었다. 이때 수지가 이긴 횟수는? (단, 비기는 경우는 없다.)

① 8회   ② 9회   ③ 10회
④ 11회   ⑤ 12회

4 ☐☐ ↻ 연립방정식의 활용 (2) – 거리, 속력, 시간 1

지훈이네 집에서 학교까지의 거리는 3 km이다. 어느 날 8시에 집을 나와 시속 4 km로 걷다가 늦을 것 같아서 시속 6 km로 뛰어서 8시 40분에 학교에 도착하였다. 이 날 지훈이가 걸어간 거리를 구하여라.

5 ☐☐ ↻ 연립방정식의 활용 (2) – 거리, 속력, 시간 2

올라가는 길과 내려오는 길이 다른 등산로를 따라 올라갈 때는 시속 2 km로 걷고, 내려올 때는 시속 4 km로 걸었더니 총 2시간 30분이 걸렸다. 전체 거리가 8 km일 때, 올라간 거리는?

① 2 km   ② 3 km   ③ 4km
④ 5 km   ⑤ 6 km

6 ☐☐ ↻ 연립방정식의 활용 (3) – 농도 1, 2

농도가 5 %인 설탕물과 8 %인 설탕물을 섞어서 농도가 7 %인 설탕물 600 g을 만들었다. 이때 농도가 5 %인 설탕물의 양은?

① 100 g   ② 150 g   ③ 200 g
④ 250 g   ⑤ 300 g

7 ☐☐ ↻ 연립방정식의 활용 (3) – 농도 3, 4

농도가 다른 두 종류의 소금물 A, B가 있다. 소금물 A 200 g과 소금물 B 100 g을 섞으면 7 %의 소금물이 되고, 소금물 A 100 g과 소금물 B 200 g을 섞으면 6 %의 소금물이 된다. 소금물 A, B의 농도는?

① A : 8 %, B : 5 %   ② A : 8 %, B : 6 %
③ A : 10 %, B : 5 %   ④ A : 10 %, B : 6 %
⑤ A : 12 %, B : 6 %

Ⅲ

일차함수

학습주제	쪽수
01 함수의 뜻	100
02 함숫값	102
03 일차함수 $y=ax+b$의 그래프	103
01-03 스스로 점검 문제	106
04 일차함수의 그래프의 x절편, y절편	107
05 일차함수의 그래프의 기울기	109
06 일차함수의 그래프 그리기(1) – 두 점	112
07 일차함수의 그래프 그리기(2) – x절편, y절편	114
08 일차함수의 그래프 그리기(3) – 기울기, y절편	116
04-08 스스로 점검 문제	118
09 일차함수의 그래프의 성질	119
10 일차함수의 그래프의 평행, 일치	121
09-10 스스로 점검 문제	123

학습주제	쪽수
11 일차함수의 식 구하기(1)	124
12 일차함수의 식 구하기(2)	126
13 일차함수의 식 구하기(3)	128
14 일차함수의 식 구하기(4)	130
15 일차함수의 활용	131
11-15 스스로 점검 문제	133
16 미지수가 2개인 일차방정식의 그래프	134
17 일차방정식과 일차함수	135
18 일차방정식 $x=p$, $y=q$의 그래프	137
16-18 스스로 점검 문제	139
19 연립방정식의 해와 그래프	140
20 연립방정식의 해의 개수와 두 직선의 위치 관계	142
19-20 스스로 점검 문제	144

01. 함수의 뜻

함수: 두 변수 x, y에 대하여 x의 값이 하나 정해지면 y의 값도 오직 하나로 정해지는 관계가 있을 때, y는 x의 함수라 하고 기호로 $y = f(x)$와 같이 나타낸다.

참고 다음과 같은 경우에 y는 x의 함수가 아니다.
① x의 값 하나에 대하여 y의 값이 정해지지 않을 때
② x의 값 하나에 대하여 y의 값이 두 개 이상 정해질 때

▶학습 날짜　　월　　일　　▶걸린 시간　　분 / **목표 시간** 20분

1 길이가 30 cm인 초에 불을 붙이면 초는 1분에 2 cm씩 타서 줄어든다. 불을 붙인 지 x분 후 남은 초의 길이를 y cm라고 할 때, 물음에 답하여라.

(1) x와 y 사이의 관계를 나타낸 다음 표를 완성하여라.

x	1	2	3	4	5
y	28				

(2) 초에 불을 붙인 지 x분 후 줄어든 초의 길이를 구하여라.　답 _____ cm

(3) 초에 불을 붙인 지 x분 후 남은 초의 길이를 구하여라.
답 _____ cm

(4) x와 y 사이의 관계를 식으로 나타내어라.
답 _____

(5) x의 값이 하나 정해지면 y의 값은 하나로 (정해지므로, 정해지지 않으므로) y는 x의 (함수이다, 함수가 아니다).

2 다음 x와 y 사이의 관계를 나타낸 표를 완성하고, 물음에 답하여라.

(1) 하루 24시간 중 낮의 길이가 x시간, 밤의 길이가 y시간

①
x	15	16	17	18	19
y	9				

② x와 y 사이의 관계를 식으로 나타내면
$y =$ _____

③ x의 값이 하나 정해지면 y의 값은 하나로 (정해지므로, 정해지지 않으므로) y는 x의 (함수이다, 함수가 아니다).

(2) 현재 예금액이 7만 원이고, 앞으로 매달 2만 원씩 저금한다고 할 때, x개월 후의 예금 총액이 y만 원

①
x	1	2	3	4	5
y	9				

② x와 y 사이의 관계를 식으로 나타내면
$y =$ _____

③ x의 값이 하나 정해지면 y의 값은 하나로 (정해지므로, 정해지지 않으므로) y는 x의 (함수이다, 함수가 아니다).

3 다음 x와 y 사이의 관계를 나타낸 표를 완성하고, 물음에 답하여라.

(1) 자연수 x의 약수 y

①

x	1	2	3	4	5
y	1	1, 2			

② x의 값이 하나 정해지면 y의 값은 하나로 (정해지므로, 정해지지 않으므로) y는 x의 (함수이다, 함수가 아니다).

(2) 자연수 x의 약수의 개수 y

①

x	1	2	3	4	5
y	1	2			

② x의 값이 하나 정해지면 y의 값은 하나로 (정해지므로, 정해지지 않으므로) y는 x의 (함수이다, 함수가 아니다).

tip (1), (2)에서 y가 x의 약수인 경우와 약수의 개수인 경우는 어떤 차이가 있는지 비교해 봐.

(3) 자연수 x보다 작은 자연수 y

①

x	1	2	3	4	5
y	없다.	1			

② x의 값이 하나 정해지면 y의 값은 하나로 (정해지므로, 정해지지 않으므로) y는 x의 (함수이다, 함수가 아니다).

(4) 정수 x의 절댓값 y

①

x	-2	-1	0	1	2
y					

② x의 값이 하나 정해지면 y의 값은 하나로 (정해지므로, 정해지지 않으므로) y는 x의 (함수이다, 함수가 아니다).

4 다음 중 y가 x의 함수인 것에는 ○표, 함수가 아닌 것에는 ×표를 하여라.

(1) 40명의 학생 중 야구를 관람하는 학생이 x명, 축구를 관람하는 학생이 y명 (　　　)

(2) 한 개에 1000원 하는 색연필 x자루의 가격 y원 (　　　)

(3) 자연수 x의 배수 y (　　　)

(4) 자연수 x보다 작은 자연수의 개수 y개 (　　　)

(5) 자연수 x보다 큰 홀수 y (　　　)

(6) 길이가 20 cm인 철사를 남김없이 사용하여 직사각형 모양을 만들 때, 직사각형의 가로의 길이가 x cm, 세로의 길이가 y cm (　　　)

풍쌤의 point

함수

두 변수 x, y에 대하여 x의 값이 하나 정해지면 y의 값도 오직 하나로 정해지는 관계가 있을 때, y는 x의 함수라 하고 기호로 다음과 같이 나타낸다.

$$y = f(x)$$

02 · 함숫값

핵심개념

함숫값: 함수 $y=f(x)$에서 x의 값에 따라 하나로 정해지는 y의 값, 즉 $f(x)$를 x의 함숫값이라고 한다.

참고 함수 $y=f(x)$에 대하여 다음은 모두 $f(a)$를 의미한다.

① $x=a$일 때의 함숫값   ② $x=a$일 때 y의 값   ③ $f(x)$의 x 대신 a를 대입하여 얻은 식의 값

▶학습 날짜   월   일   ▶걸린 시간   분 / **목표 시간** 10분

■ 정답과 해설 35쪽

1 다음을 완성하여라.

(1) 함수 $f(x)=4x-5$에서

① $x=4$일 때의 함숫값은

➡ $f(4)=4\times\boxed{}-5=\boxed{}$

② $x=-2$일 때의 함숫값은

➡ $f(-2)=4\times(\boxed{})-5=\boxed{}$

(2) 함수 $f(x)=-5x+2$에서

① $x=2$일 때의 함숫값은

➡ $f(\boxed{})=-5\times\boxed{}+2=\boxed{}$

② $x=-5$일 때의 함숫값은

➡ $f(\boxed{})=-5\times(\boxed{})+2=\boxed{}$

2 함수 $f(x)$가 다음과 같을 때, $x=3$일 때의 함숫값을 구하여라.

(1) $f(x)=-3x$ 답 _____

(2) $f(x)=-2x-1$ 답 _____

(3) $f(x)=\dfrac{6}{x}$ 답 _____

3 함수 $f(x)=-\dfrac{2}{3}x+4$에 대하여 다음을 구하여라.

(1) $f(9)$ 답 _____

(2) $f\left(\dfrac{1}{2}\right)$ 답 _____

(3) $f(-3)+f(3)$ 답 _____

4 다음을 만족시키는 상수 a의 값을 구하여라.

(1) 함수 $f(x)=ax+8$에 대하여 $f(3)=14$이다.

답 _____

(2) 함수 $f(x)=5x+a$에 대하여 $f(-2)=-7$이다.

답 _____

(3) 함수 $f(x)=-\dfrac{1}{2}x+1$에 대하여 $f(a)=-5$이다.

답 _____

풍쌤의 point

함숫값

함수 $y=f(x)$에서 x의 값에 따라 하나로 정해지는 y의 값

03. 일차함수 $y=ax+b$의 그래프

핵심개념

1. **일차함수**: 함수 $y=f(x)$에서 y가 x에 대한 일차식 $y=ax+b$ (a, b는 상수, $a \neq 0$) 로 나타내어질 때, 이 함수를 x에 대한 일차함수라고 한다.

2. **평행이동**: 한 도형을 일정한 방향으로 일정한 거리만큼 옮기는 것

3. **일차함수 $y=ax+b$의 그래프**: 일차함수 $y=ax$의 그래프를 y축의 방향으로 b만큼 평행이동한 직선

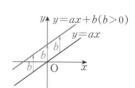

▶ **학습 날짜**　　월　　일　　▶ **걸린 시간**　　분 / **목표 시간** 25분

▌ 정답과 해설 35～36쪽

1 다음 중 일차함수인 것에는 ○표, 일차함수가 아닌 것에는 ×표를 하여라.

(1) $y=3x-1$　　　　　　　　(　　)

(2) $y=7$　　　　　　　　　(　　)

(3) $y=\dfrac{4}{5}x$　　　　　　　　(　　)

(4) $y=\dfrac{9}{x}$ ^{tip} x가 분모에 있음에 주의해!　(　　)

(5) $y=-2x^2$　　　　　　　(　　)

(6) $y=x(x+6)$　　　　　　(　　)

(7) $y=10-5x$　　　　　　(　　)

(8) $xy=5$　　　　　　　　(　　)

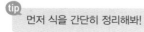 먼저 식을 간단히 정리해봐!

(9) $y=4x(x-2)-4x^2$　　(　　)

2 다음에서 y를 x에 대한 식으로 나타내고, 일차함수인 것에는 ○표, 일차함수가 아닌 것에는 ×표를 하여라.

(1) 한 변의 길이가 x cm인 정삼각형의 둘레의 길이는 y cm이다.

→ 식: ＿＿＿＿＿＿＿＿　(　　)

(2) 하루의 밤의 길이가 x시간이면 낮의 길이는 y시간이다.

→ 식: ＿＿＿＿＿＿＿＿　(　　)

(3) 시속 x km로 y시간 동안 이동한 거리는 60 km이다.

→ 식: ＿＿＿＿＿＿＿＿　(　　)

(4) 500원짜리 아이스크림 x개를 사고 10000원을 내었을 때 거스름돈은 y원이다.

→ 식: ＿＿＿＿＿＿＿＿　(　　)

(5) 반지름의 길이가 x cm인 원의 넓이는 y cm^{2}이다.

→ 식: ＿＿＿＿＿＿＿＿　(　　)

3 두 일차함수 $y=-2x$와 $y=-2x+1$에 대하여 다음을 완성하여라.

(1) 표를 완성하여라.

x	$\cdots$	-2	-1	0	1	2	$\cdots$
$-2x$	$\cdots$						$\cdots$
$-2x+1$	$\cdots$						$\cdots$

(2) 위의 표를 이용하여 두 일차함수의 그래프를 그려라.

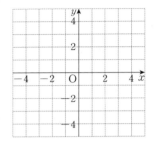

(3) 일차함수 $y=-2x+1$의 그래프는 일차함수 $y=-2x$의 그래프 위의 각 점을 위로 ☐만큼씩 이동하여 얻은 것이다.

(4) 일차함수 $y=-2x+1$의 그래프는 일차함수 $y=-2x$의 그래프를 ☐축의 방향으로 ☐만큼 평행이동한 것이다.

4 다음 일차함수의 그래프를 $y=2x$의 그래프의 평행이동을 이용하여 그려라.

(1) $y=2x+3$

➡ $y=2x+3$의 그래프는 $y=2x$의 그래프를 y축의 방향으로 ☐만큼 평행이동한 것이다.

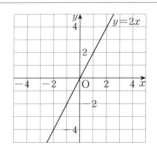

(2) $y=2x-1$

➡ $y=2x-1$의 그래프는 $y=2x$의 그래프를 y축의 방향으로 ☐만큼 평행이동한 것이다.

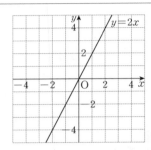

5 다음 일차함수의 그래프를 $y=-\dfrac{1}{2}x$의 그래프의 평행이동을 이용하여 그려라.

(1) $y=-\dfrac{1}{2}x+4$

➡ $y=-\dfrac{1}{2}x+4$의 그래프는 $y=-\dfrac{1}{2}x$의 그래프를 y축의 방향으로 ☐만큼 평행이동한 것이다.

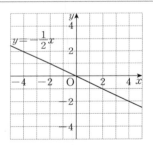

(2) $y=-\dfrac{1}{2}x-2$

➡ $y=-\dfrac{1}{2}x-2$의 그래프는 $y=-\dfrac{1}{2}x$의 그래프를 y축의 방향으로 ☐만큼 평행이동한 것이다.

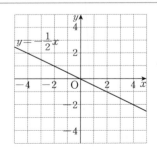

6 다음 일차함수의 그래프를 y축의 방향으로 [　] 안의 수만큼 평행이동한 그래프가 나타내는 일차함수의 식을 구하여라.

> **tip**
> y축의 방향으로 평행이동할 만큼 더해주면 돼.
>
> $$y=ax \xrightarrow[b만큼\ 평행이동]{y축의\ 방향으로} y=ax+b$$

(1) $y=4x$　[5]　　답

(2) $y=7x$　$\left[\dfrac{2}{3}\right]$　　답

(3) $y=\dfrac{3}{5}x$　[-2]　　답

(4) $y=-5x$　$\left[\dfrac{1}{4}\right]$　　답

(5) $y=-\dfrac{4}{3}x$　[-1]　　답

7 다음 일차함수의 그래프를 y축의 방향으로 [　] 안의 수만큼 평행이동한 그래프가 나타내는 일차함수의 식을 구하여라.

(1) $y=\dfrac{5}{4}x+3$　[-5]

> $\rightarrow y=\dfrac{5}{4}x+3+(\boxed{})$
>
> $\therefore y=\dfrac{5}{4}x-\boxed{}$

(2) $y=3x-7$　[4]　　답

(3) $y=-4x+1$　[-3]　　답

(4) $y=-\dfrac{5}{2}x-8$　[6]　　답

8 다음을 만족시키는 상수 a의 값을 구하여라.

(1) 일차함수 $y=-2x+a$의 그래프가 점 $(3, 5)$를 지난다.

> $\rightarrow y=-2x+a$에 $x=\boxed{}$, $y=\boxed{}$를 대입하면
> $\boxed{}=-2\times\boxed{}+a$
> $\therefore a=\boxed{}$

(2) 일차함수 $y=\dfrac{1}{3}x-4$의 그래프가 점 $(a, 2)$를 지난다.　　답

(3) 점 $(a, -2a)$가 일차함수 $y=4x+3$의 그래프 위에 있다.　　답

(4) 일차함수 $y=-\dfrac{3}{4}x+2$의 그래프를 y축의 방향으로 a만큼 평행이동하면 점 $(-6, 4)$를 지난다.　　답

> **풍쌤의 point**
>
> **1. 일차함수**
> 함수 $y=f(x)$에서 y가 x에 대한 일차식
> $$y=ax+b\ (a, b는\ 상수,\ a\neq0)$$
> 로 나타내어질 때, 이 함수를 x에 대한 일차함수라고 한다.
>
> **2. 평행이동**
> 한 도형을 일정한 방향으로 일정한 거리만큼 옮기는 것
>
> **3. 일차함수 $y=ax+b$의 그래프**
>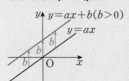

01-03 · 스스로 점검 문제

▶학습 날짜   월   일   ▶걸린 시간   분 / **목표 시간** 20분

1 ☐☐ ○ 함수의 뜻 4

다음 중 y가 x의 함수가 <u>아닌</u> 것을 모두 고르면? (정답 2개)

① 한 개에 700원 하는 라면 x개의 가격 y원

② 절댓값이 x인 수 y

③ 반지름의 길이가 x cm인 원의 둘레의 길이 y cm

④ 20 km의 거리를 시속 x km의 일정한 속력으로 달릴 때 걸리는 시간 y시간

⑤ 자연수 x의 약수 y

2 ☐☐ ○ 함숫값 3

함수 $f(x)=-6x+5$일 때, 다음 중 옳은 것은?

① $f(-2)=-3$ ② $f(-1)=1$
③ $f(0)=-6$ ④ $f(1)=-1$
⑤ $f(2)=1$

3 ☐☐ ○ 함숫값 3

함수 $f(x)=-4x+3$에 대하여 $f(-3)-f(1)$의 값을 구하여라.

4 ☐☐ ○ 함숫값 4

함수 $f(x)=ax-7$에 대하여 $f(2)=5$일 때, $f(1)$의 값을 구하여라. (단, a는 상수이다.)

5 ☐☐ ○ 일차함수 $y=ax+b$의 그래프 1

다음 중 y가 x에 대한 일차함수인 것은?

① $xy=2$ ② $y=\dfrac{1-x}{4}$

③ $y=x^2-5$ ④ $y=3x+4-3x$

⑤ $y=x(x+2)$

6 ☐☐ ○ 일차함수 $y=ax+b$의 그래프 6

일차함수 $y=ax$의 그래프를 y축의 방향으로 -3만큼 평행이동하면 $y=-5x+b$의 그래프가 된다고 할 때, 상수 a, b의 합 $a+b$의 값은?

① -8 ② -5 ③ -2
④ 1 ⑤ 4

7 ☐☐ ○ 일차함수 $y=ax+b$의 그래프 7

일차함수 $y=3x+4$의 그래프를 y축의 방향으로 a만큼 평행이동하면 $y=3x-1$의 그래프가 된다고 할 때, a의 값을 구하여라.

8 ☐☐ ○ 일차함수 $y=ax+b$의 그래프 8

일차함수 $y=ax$의 그래프를 y축의 방향으로 5만큼 평행이동한 그래프가 점 $(3, -4)$를 지날 때, 상수 a의 값은?

① 3 ② 1 ③ -1
④ -3 ⑤ -5

04. 일차함수의 그래프의 x절편, y절편

핵심개념

일차함수 $y=ax+b$의 그래프에서

1. x**절편**: 일차함수의 그래프가 x축과 만나는 점의 x좌표

   ➡ $y=0$일 때, x의 값 $-\dfrac{b}{a}$ ← x절편

2. y**절편**: 일차함수의 그래프가 y축과 만나는 점의 y좌표

   ➡ $x=0$일 때, y의 값 b ← y절편

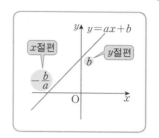

▶ **학습 날짜**　　월　　　일　　▶ **걸린 시간**　　분 / **목표 시간** 15분

정답과 해설 36~37쪽

1 일차함수 $y=2x+4$의 그래프가 아래 그림과 같을 때, 다음을 완성하여라.

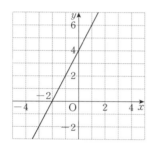

(1) 이 그래프가 x축과 만나는 점의 좌표는

　　(☐ , 0)이고, 이 점의 x좌표는 ☐이다.

(2) 이 그래프가 y축과 만나는 점의 좌표는

　　(0, ☐)이고, 이 점의 y좌표는 ☐이다.

(3) 일차함수 $y=2x+4$의 그래프의 x절편은

　　☐이고, y절편은 ☐이다.

2 일차함수 $y=-2x-2$의 그래프가 아래 그림과 같을 때, 다음을 구하여라.

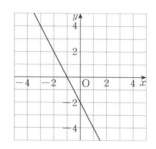

(1) x축과 만나는 점의 좌표

　　답 _____

(2) x절편

　　답 _____

(3) y축과 만나는 점의 좌표

　　답 _____

(4) y절편

　　답 _____

3 다음 일차함수의 그래프를 보고, x절편과 y절편을 각각 구하여라.

(1) $y = \dfrac{1}{2}x + 1$

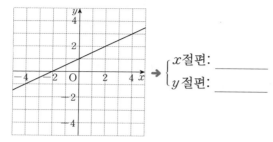
$\rightarrow \begin{cases} x\text{절편}: \underline{\hspace{2cm}} \\ y\text{절편}: \underline{\hspace{2cm}} \end{cases}$

(2) $y = \dfrac{2}{3}x - 2$

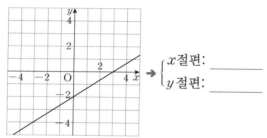
$\rightarrow \begin{cases} x\text{절편}: \underline{\hspace{2cm}} \\ y\text{절편}: \underline{\hspace{2cm}} \end{cases}$

(3) $y = -3x + 3$

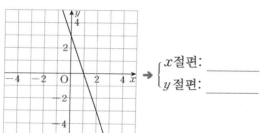
$\rightarrow \begin{cases} x\text{절편}: \underline{\hspace{2cm}} \\ y\text{절편}: \underline{\hspace{2cm}} \end{cases}$

4 다음은 일차함수 $y = -x + 3$의 그래프의 x절편과 y절편을 구하는 과정이다. □ 안에 알맞은 수를 써넣어라.

$\rightarrow$ x절편: $y = -x + 3$에 $y = \boxed{}$을 대입하면

$\boxed{} = -x + 3$ ∴ $x = \boxed{}$

y절편: $y = -x + 3$에 $x = \boxed{}$을 대입하면

$y = \boxed{}$

따라서 일차함수 $y = -x + 3$의 그래프의

x절편은 $\boxed{}$이고, y절편은 $\boxed{}$이다.

5 다음 일차함수의 x절편과 y절편을 각각 구하여라.

tip 일차함수 $y = ax + b$에서 y절편은 b의 값과 같아!

(1) $y = 3x - 6$

$\rightarrow x$절편: $\underline{\hspace{2cm}}$, y절편: $\underline{\hspace{2cm}}$

(2) $y = -4x + 10$

$\rightarrow x$절편: $\underline{\hspace{2cm}}$, y절편: $\underline{\hspace{2cm}}$

(3) $y = -2x - \dfrac{4}{3}$

$\rightarrow x$절편: $\underline{\hspace{2cm}}$, y절편: $\underline{\hspace{2cm}}$

(4) $y = \dfrac{3}{2}x + 9$

$\rightarrow x$절편: $\underline{\hspace{2cm}}$, y절편: $\underline{\hspace{2cm}}$

(5) $y = -\dfrac{5}{3}x + 5$

$\rightarrow x$절편: $\underline{\hspace{2cm}}$, y절편: $\underline{\hspace{2cm}}$

풍쌤의 point

일차함수 $y = ax + b$의 그래프에서

1. x절편: $y = 0$일 때, x의 값 $-\dfrac{b}{a}$

2. y절편: $x = 0$일 때, y의 값 b

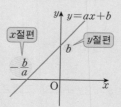

05 · 일차함수의 그래프의 기울기

핵심개념 일차함수 $y=ax+b$에서 x의 값의 증가량에 대한 y의 값의 증가량의 비율은 항상 a로 일정하다. 이때 a를 일차함수 $y=ax+b$의 그래프의 기울기라고 한다.

$$(\text{기울기})=\frac{(y\text{의 값의 증가량})}{(x\text{의 값의 증가량})}=\underset{\underset{x\text{의 계수}}{\uparrow}}{a}$$

참고 두 점 (x_1, y_1), (x_2, y_2)를 지나는 일차함수의 그래프의 기울기는 $\dfrac{y_2-y_1}{x_2-x_1}$이다.

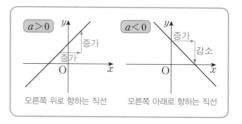

▶ **학습 날짜**　　월　　일　　▶ **걸린 시간**　　분 / **목표 시간** 25분

정답과 해설 37쪽

1 일차함수 $y=2x+1$에 대하여 다음을 완성하여라.

(1) x의 값에 따라 정해지는 y의 값을 나타낸 표를 완성하여라.

x	⋯	-2	-1	0	1	2	⋯
y	⋯	-3					⋯

(2) (1)의 표에서 x의 값이 1만큼 증가할 때, y의 값은 ☐만큼 증가하고, x의 값이 2만큼 증가할 때, y의 값은 ☐만큼 증가한다.

(3) $(\text{기울기})=\dfrac{(y\text{의 값의 증가량})}{(x\text{의 값의 증가량})}$

$$=\frac{\boxed{}}{1}=\frac{\boxed{}}{2}=\cdots=\boxed{}$$

(4) 일차함수 $y=2x+1$의 그래프의 기울기는 ☐이다.

(5) 일차함수 $y=2x+1$의 그래프의 기울기는 ☐의 계수 ☐와 같다.

2 주어진 일차함수에 대하여 다음 표를 완성하고, ☐ 안에 알맞은 수를 써넣어라.

(1) $y=3x-2$

x	⋯	-2	-1	0	1	2	⋯
y	⋯						⋯

x의 값이 1만큼 증가할 때, y의 값은 ☐만큼 증가한다.

➜ $(\text{기울기})=\dfrac{(\boxed{}\text{의 값의 증가량})}{(\boxed{}\text{의 값의 증가량})}$

$$=\frac{\boxed{}}{1}=\boxed{}$$

tip 4에서 3으로 되는 것은 1만큼 감소한 거야. 바꾸어 말하면 -1만큼 증가했다고 할 수 있지.

(2) $y=-\dfrac{1}{2}x+3$

x	⋯	-2	-1	0	1	2	⋯
y	⋯						⋯

x의 값이 2만큼 증가할 때, y의 값은 ☐만큼 증가한다.

➜ $(\text{기울기})=\dfrac{(\boxed{}\text{의 값의 증가량})}{(\boxed{}\text{의 값의 증가량})}$

$$=\frac{\boxed{}}{\boxed{}}=\boxed{}$$

3 다음은 일차함수의 그래프를 이용하여 기울기를 구하는 과정이다. □ 안에 알맞은 수를 써넣고, 기울기를 구하여라.

(1)

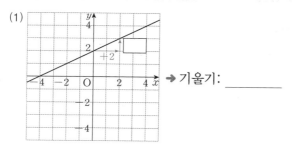 → 기울기: _____

(2)

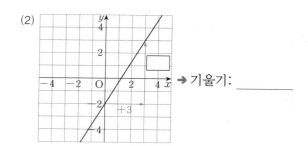 → 기울기: _____

(3)

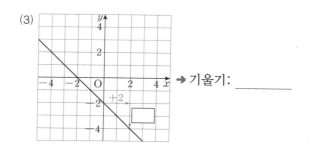 → 기울기: _____

(4)

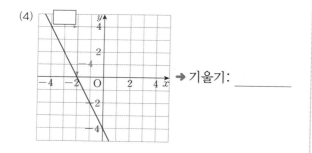 → 기울기: _____

(5)

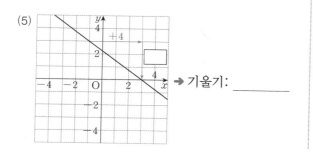 → 기울기: _____

4 다음 일차함수의 그래프의 기울기를 구하여라.

(1) $y = 5x - 2$

→ 기울기는 □의 계수와 같으므로 □이다.

(2) $y = \dfrac{4}{3}x + 1$ 답 _____

(3) $y = \dfrac{1}{2}x - 3$ 답 _____

(4) $y = -4x + 5$ 답 _____

(5) $y = -\dfrac{2}{3}x + 4$ 답 _____

5 일차함수의 그래프의 x의 값의 증가량에 대한 y의 값의 증가량이 다음과 같을 때, 기울기를 구하여라.

(1) x의 값이 1만큼 증가할 때, y의 값이 4만큼 증가

→ (기울기) $= \dfrac{(□의\ 값의\ 증가량)}{(□의\ 값의\ 증가량)}$

$= \dfrac{□}{□} = □$

(2) x의 값이 3만큼 증가할 때, y의 값이 6만큼 감소 답 _____

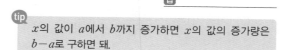

tip
x의 값이 a에서 b까지 증가하면 x의 값의 증가량은 $b-a$로 구하면 돼.

(3) x의 값이 2에서 4까지 증가할 때, y의 값이 3에서 9까지 증가 답 _____

(4) x의 값이 3에서 7까지 증가할 때, y의 값이 2에서 10까지 증가 답 _____

(5) x의 값이 -2에서 1까지 증가할 때, y의 값이 8에서 -1까지 감소 답 _____

6 일차함수의 그래프의 기울기를 이용하여 다음을 구하여라.

(1) $y=-x+3$의 그래프에서 x의 값의 증가량이 4일 때, y의 값의 증가량

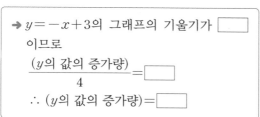

➡ $y=-x+3$의 그래프의 기울기가 $\boxed{}$ 이므로

$$\frac{(y\text{의 값의 증가량})}{4}=\boxed{}$$

$$\therefore (y\text{의 값의 증가량})=\boxed{}$$

(2) $y=2x-7$의 그래프에서 x의 값의 증가량이 3일 때, y의 값의 증가량

답 _____

(3) $y=-5x+1$의 그래프에서 x의 값의 증가량이 2일 때, y의 값의 증가량

답 _____

(4) $y=\dfrac{1}{3}x+2$의 그래프에서 x의 값의 증가량이 6일 때, y의 값의 증가량

답 _____

(5) $y=4x+5$의 그래프에서 x의 값이 2에서 6까지 증가할 때, y의 값의 증가량

답 _____

(6) $y=-\dfrac{2}{5}x-1$의 그래프에서 x의 값이 -1에서 9까지 증가할 때, y의 값의 증가량

답 _____

7 다음 두 점을 지나는 일차함수의 그래프의 기울기를 구하여라.

(1) $(1, 3)$, $(4, 9)$

➡ $(\text{기울기})=\dfrac{\boxed{}-\boxed{}}{\boxed{}-1}=\boxed{}$

(2) $(-2, 1)$, $(2, 3)$ 답 _____

(3) $(2, 5)$, $(6, -5)$ 답 _____

(4) $(-1, 9)$, $(1, 1)$ 답 _____

(5) $(0, 1)$, $(2, 7)$ 답 _____

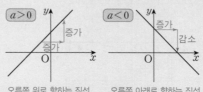

풍쌤의 point

일차함수의 그래프의 기울기

$$(\text{기울기})=\frac{(\boldsymbol{y}\text{의 값의 증가량})}{(\boldsymbol{x}\text{의 값의 증가량})}=\boldsymbol{a}$$

$\boxed{a>0}$ 오른쪽 위로 향하는 직선

$\boxed{a<0}$ 오른쪽 아래로 향하는 직선

06 일차함수의 그래프 그리기(1)—두 점

핵심개념

두 점을 이용하여 일차함수의 그래프 그리는 순서

❶ 일차함수의 그래프가 지나는 두 점을 찾는다.

❷ ❶의 두 점을 직선으로 연결한다.

▶학습 날짜   월   일   ▶걸린 시간   분 / **목표 시간** 20분

---

1 일차함수 $y=\frac{1}{2}x+1$에 대하여 다음을 완성하고, 그 그래프를 그려라.

(1) $x=0$일 때, $y=\boxed{}$이므로 그래프는 점 $(0, \boxed{})$을 지난다.

(2) $x=2$일 때, $y=\boxed{}$이므로 그래프는 점 $(2, \boxed{})$를 지난다.

tip $x=1$일 때 y의 값을 찾는 계산보다 $x=2$일 때 y의 값을 찾는 계산이 더 간단하겠지!

(3) 일차함수 $y=\frac{1}{2}x+1$의 그래프는 두 점 $(0, \boxed{})$, $(2, \boxed{})$를 지나는 직선이다.

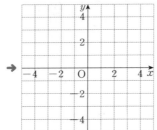

---

2 다음 일차함수의 그래프가 지나는 두 점의 좌표를 구하고, 이를 이용하여 그 그래프를 그려라.

(1) $y=3x-2$

→ 두 점 $(0, \boxed{})$, $(1, \boxed{})$을 지난다.

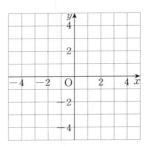

tip 일차함수의 그래프는 직선이고, 서로 다른 두 점을 지나는 직선은 오직 하나 뿐이므로 그래프 위의 서로 다른 두 점을 알면 일차함수의 그래프를 그릴 수 있어!

(2) $y=-\frac{2}{3}x+1$

→ 두 점 $(0, \boxed{})$, $(3, \boxed{})$을 지난다.

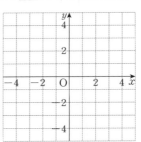

3 다음 일차함수의 그래프가 지나는 두 점을 이용하여 그 그래프를 그려라.

(1) $y = x - 3$

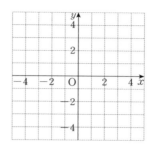

(2) $y = 5x - 3$

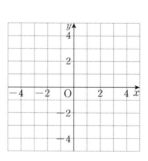

(3) $y = \dfrac{3}{2}x - 1$

(4) $y = \dfrac{2}{3}x - 1$

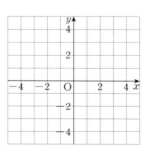

(5) $y = -2x + 3$

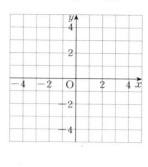

(6) $y = -3x - 1$

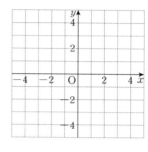

(7) $y = -\dfrac{1}{2}x + 2$

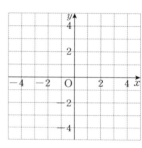

(8) $y = -\dfrac{4}{3}x + 4$

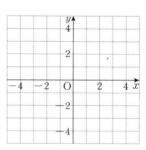

풍쌤의 point

두 점을 이용하여 일차함수의 그래프 그리는 순서

❶ 일차함수의 그래프가 지나는 두 점을 찾는다.

❷ ❶의 두 점을 직선으로 연결한다.

07 · 일차함수의 그래프 그리기(2) − x절편, y절편

핵심개념 x절편과 y절편을 이용하여 일차함수의 그래프 그리는 순서

❶ x절편과 y절편을 각각 구한다.
❷ 좌표평면 위에 두 점 (x절편, 0), (0, y절편)을 나타낸다.
❸ 두 점을 직선으로 연결한다.

▶학습 날짜   월   일   ▶걸린 시간   분 / **목표 시간** 20분

1 일차함수 $y=-2x+4$에 대하여 다음을 완성하고, 그래프를 그려라.

(1) $y=-2x+4$에서
 ① $y=0$일 때, $\boxed{}=-2x+4$ ∴ $x=\boxed{}$
 ② $x=0$일 때, $y=-2\times\boxed{}+4=\boxed{}$

(2) 일차함수 $y=-2x+4$의 그래프의 x절편은 $\boxed{}$, y절편은 $\boxed{}$이다.

(3) 일차함수 $y=-2x+4$의 그래프는 두 점 ($\boxed{}$, 0), (0, $\boxed{}$)를 지나는 _____ 이다.

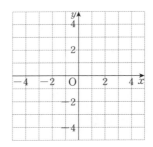

2 일차함수의 그래프의 x절편과 y절편이 각각 다음과 같을 때, 그 그래프를 그려라.

(1) x절편: -2, y절편: 3

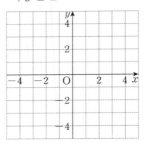

(2) x절편: 3, y절편: -1

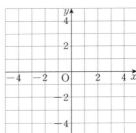

(3) x절편: -3, y절편: -4

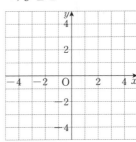

3 다음 일차함수의 그래프의 x절편과 y절편을 각각 구하고, 이를 이용하여 그 그래프를 그려라.

(1) $y = \dfrac{1}{2}x + 2$

→ $\begin{cases} x\text{절편:} \underline{\hspace{2cm}} \\ y\text{절편:} \underline{\hspace{2cm}} \end{cases}$

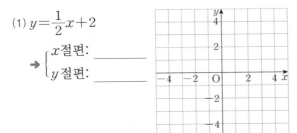

(2) $y = \dfrac{3}{2}x - 3$

→ $\begin{cases} x\text{절편:} \underline{\hspace{2cm}} \\ y\text{절편:} \underline{\hspace{2cm}} \end{cases}$

(3) $y = -x - 4$

→ $\begin{cases} x\text{절편:} \underline{\hspace{2cm}} \\ y\text{절편:} \underline{\hspace{2cm}} \end{cases}$

(4) $y = -\dfrac{2}{3}x + 2$

→ $\begin{cases} x\text{절편:} \underline{\hspace{2cm}} \\ y\text{절편:} \underline{\hspace{2cm}} \end{cases}$

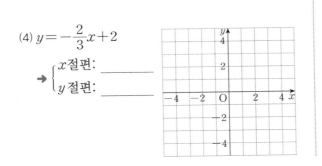

4 다음 일차함수의 그래프를 x절편과 y절편을 이용하여 그리고, 그 그래프와 x축 및 y축으로 둘러싸인 삼각형의 넓이를 구하여라.

(1) $y = -\dfrac{3}{4}x + 3$

① $\begin{cases} x\text{절편:} \underline{\hspace{2cm}} \\ y\text{절편:} \underline{\hspace{2cm}} \end{cases}$

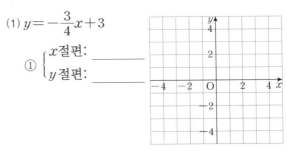

② 삼각형의 넓이: $\underline{\hspace{2cm}}$

(2) $y = x + 3$

① $\begin{cases} x\text{절편:} \underline{\hspace{2cm}} \\ y\text{절편:} \underline{\hspace{2cm}} \end{cases}$

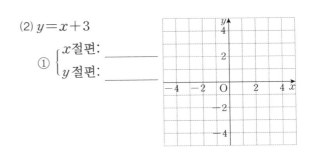

② 삼각형의 넓이: $\underline{\hspace{2cm}}$

(3) $y = 2x - 4$

① $\begin{cases} x\text{절편:} \underline{\hspace{2cm}} \\ y\text{절편:} \underline{\hspace{2cm}} \end{cases}$

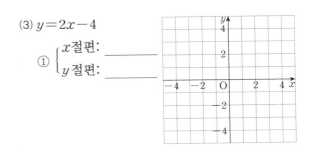

② 삼각형의 넓이: $\underline{\hspace{2cm}}$

> **풍쌤의 point**
>
> **x절편과 y절편을 이용하여 일차함수의 그래프 그리는 순서**
> ❶ x절편과 y절편을 각각 구한다.
> ❷ 좌표평면 위에 두 점 (x절편, 0), (0, y절편)을 나타낸다.
> ❸ 두 점을 직선으로 연결한다.

 08 · 일차함수의 그래프 그리기(3)−기울기, y절편

핵심개념

기울기와 y절편을 이용하여 일차함수의 그래프 그리는 순서

❶ 좌표평면 위에 점 $(0, y$절편$)$을 나타낸다.

❷ 기울기를 이용하여 그래프가 지나는 다른 한 점을 찾아 좌표평면 위에 나타낸다.

❸ 두 점을 직선으로 연결한다.

▶학습 날짜   월   일   ▶걸린 시간   분 / **목표 시간** 20분

1 일차함수 $y = -3x + 4$에 대하여 다음을 완성하고, 그 그래프를 그려라.

(1) $y = -3x + 4$에서 y절편이 ☐이므로 그래프는 점 $(0, ☐)$를 지난다.

(2) $y = -3x + 4$의 그래프의 기울기는 ☐이다.

➜ x의 값이 1만큼 증가할 때 y의 값은 ☐만큼 증가한다.

➜ 점 $(0, 4)$
  x의 값이 1만큼 증가
  y의 값이 ☐만큼 증가 ➜ 점 $(1, ☐)$

(3) 일차함수 $y = -3x + 4$의 그래프는 두 점 $(0, ☐)$, $(1, ☐)$을 지나는 직선이다.

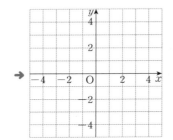

2 기울기와 y절편이 다음과 같은 일차함수의 그래프를 그려라.

(1) 기울기: 2, y절편: -3

➜ 다음 두 점을 지난다.

➜ 점 $(0, ☐)$
  x의 값이 1만큼 증가
  y의 값이 ☐만큼 증가 ➜ 점 $(☐, ☐)$

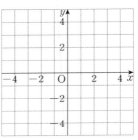

(2) 기울기: $-\dfrac{4}{3}$, y절편: 3

➜ 다음 두 점을 지난다.

➜ 점 $(0, ☐)$
  x의 값이 3만큼 증가
  y의 값이 ☐만큼 증가 ➜ 점 $(☐, ☐)$

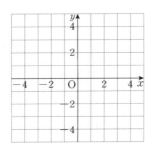

3 다음 일차함수의 그래프의 기울기와 y절편을 각각 구하고, 이를 이용하여 그 그래프를 그려라.

(1) $y=4x-2$

➡ $\begin{cases} \text{기울기: } \underline{\hspace{3em}} \\ y\text{절편: } \underline{\hspace{3em}} \end{cases}$

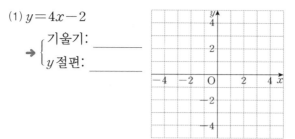

(2) $y=\dfrac{2}{3}x+1$

➡ $\begin{cases} \text{기울기: } \underline{\hspace{3em}} \\ y\text{절편: } \underline{\hspace{3em}} \end{cases}$

(3) $y=-2x+2$

➡ $\begin{cases} \text{기울기: } \underline{\hspace{3em}} \\ y\text{절편: } \underline{\hspace{3em}} \end{cases}$

(4) $y=-\dfrac{1}{3}x-1$

➡ $\begin{cases} \text{기울기: } \underline{\hspace{3em}} \\ y\text{절편: } \underline{\hspace{3em}} \end{cases}$

4 다음 일차함수의 그래프를 기울기와 y절편을 이용하여 그리고, 그래프가 지나지 않는 사분면을 구하여라.

(1) $y=\dfrac{5}{2}x-3$

① $\begin{cases} \text{기울기: } \underline{\hspace{3em}} \\ y\text{절편: } \underline{\hspace{3em}} \end{cases}$

② 지나지 않는 사분면: 제 ☐ 사분면

(2) $y=-\dfrac{3}{4}x+1$

① $\begin{cases} \text{기울기: } \underline{\hspace{3em}} \\ y\text{절편: } \underline{\hspace{3em}} \end{cases}$

② 지나지 않는 사분면: 제 ☐ 사분면

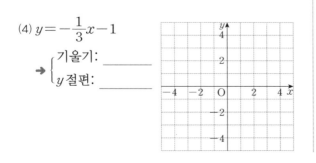

▷ 풍쌤의 point ◁

기울기와 y절편을 이용하여 일차함수의 그래프 그리는 순서

❶ 좌표평면 위에 점 $(0, y$절편$)$을 나타낸다.

❷ 기울기를 이용하여 그래프가 지나는 다른 한 점을 찾아 좌표평면 위에 나타낸다.

❸ 두 점을 직선으로 연결한다.

04-08 · 스스로 점검 문제

▶학습 날짜   월   일   ▶걸린 시간   분 / 목표 시간 20분

1 ☐☐ ↻ 일차함수의 그래프의 x절편, y절편 5

일차함수 $y=\dfrac{2}{5}x-4$의 그래프의 x절편을 a, y절편을 b라 할 때, $a+b$의 값은?

① 2   ② 4   ③ 6
④ 8   ⑤ 10

2 ☐☐ ↻ 일차함수의 그래프의 x절편, y절편 3~5

일차함수 $y=2x-4$의 그래프가 오른쪽 그림과 같을 때, 두 점 A, B의 좌표를 각각 구하여라.

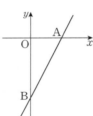

3 ☐☐ ↻ 일차함수의 그래프의 기울기 4

다음 일차함수 중 그 그래프의 기울기가 가장 큰 것은?

① $y=x+5$ ② $y=-2x-7$
③ $y=4x+1$ ④ $y=-x+6$
⑤ $y=8x-2$

4 ☐☐ ↻ 일차함수의 그래프의 기울기 5

다음 일차함수 중 그 그래프가 x의 값이 6만큼 증가할 때, y의 값이 2만큼 감소하는 것은?

① $y=-2x+5$ ② $y=-\dfrac{1}{3}x+7$
③ $y=\dfrac{1}{2}x+3$ ④ $y=3x-4$
⑤ $y=6x-\dfrac{1}{3}$

5 ☐☐ ↻ 일차함수의 그래프의 기울기 3, 7

일차함수의 그래프가 오른쪽 그림과 같을 때, 기울기를 구하여라.

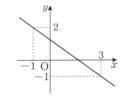

6 ☐☐ ↻ 일차함수의 그래프 그리기(2)─x절편, y절편 3

다음 중 일차함수 $y=-\dfrac{1}{2}x+2$의 그래프는?

① 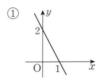   ②

③   ④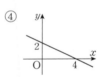

⑤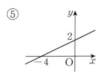

7 ☐☐ ↻ 일차함수의 그래프 그리기(2)─x절편, y절편 3

일차함수 $y=\dfrac{3}{2}x+6$의 그래프와 x축 및 y축으로 둘러싸인 도형의 넓이를 구하여라.

09 일차함수의 그래프의 성질

■ 정답과 해설 40쪽

핵심개념

일차함수 $y=ax+b$의 그래프의 성질

1. **기울기 a의 부호**: 그래프의 모양을 결정한다.
   (1) $a>0$일 때 ➡ 오른쪽 위로 향하는 직선
   (2) $a<0$일 때 ➡ 오른쪽 아래로 향하는 직선
2. **y절편 b의 부호**: y축과 만나는 부분을 결정한다.
   (1) $b>0$일 때 ➡ y축과 양의 부분에서 만난다.
   (2) $b<0$일 때 ➡ y축과 음의 부분에서 만난다.

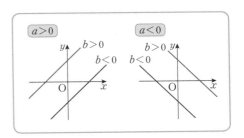

▶학습 날짜   월   일   ▶걸린 시간   분 / **목표 시간** 20분

---

1 일차함수 $y=\dfrac{3}{2}x-2$에 대하여 다음을 완성하여라.

(1) 아래 좌표평면 위에 그래프를 그려라.

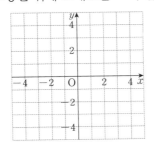

(2) 그래프의 기울기는 (양수, 음수)이다.

(3) 그래프는 오른쪽 (위, 아래)로 향하는 직선이다.

(4) x의 값이 증가할 때, y의 값이 (증가, 감소)한다.

(5) 그래프의 y절편은 (양수, 음수)이다.

(6) 그래프는 y축과 (양, 음)의 부분에서 만난다.

---

2 〈보기〉의 일차함수 중 그 그래프가 다음을 만족시키는 것을 모두 골라라.

보기
ㄱ. $y=-x+5$ ㄴ. $y=2x-1$
ㄷ. $y=\dfrac{4}{5}x+3$ ㄹ. $y=-\dfrac{2}{7}x-4$

(1) 오른쪽 위로 향하는 직선

답

(2) 오른쪽 아래로 향하는 직선

답

(3) x의 값이 증가할 때, y의 값도 증가하는 직선

답

(4) x의 값이 증가할 때, y의 값은 감소하는 직선

답

(5) y축과 양의 부분에서 만나는 직선

답

(6) y축과 음의 부분에서 만나는 직선

답

3 일차함수 $y=ax+b$의 그래프가 다음과 같을 때, 상수 a, b의 부호를 각각 정하여라.

(1)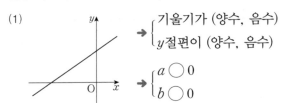
→ { 기울기가 (양수, 음수)
　 y절편이 (양수, 음수)
→ { $a \bigcirc 0$
　 $b \bigcirc 0$

(2)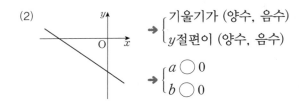
→ { 기울기가 (양수, 음수)
　 y절편이 (양수, 음수)
→ { $a \bigcirc 0$
　 $b \bigcirc 0$

(3)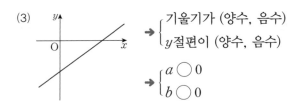
→ { 기울기가 (양수, 음수)
　 y절편이 (양수, 음수)
→ { $a \bigcirc 0$
　 $b \bigcirc 0$

4 일차함수 $y=ax-b$의 그래프가 다음과 같을 때, 상수 a, b의 부호를 각각 정하여라.

tip $y=ax-b$의 y절편은 $-b$야. 부호를 빠뜨리지 않도록 주의해야 해!

(1)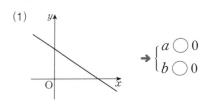
→ { $a \bigcirc 0$
　 $b \bigcirc 0$

(2)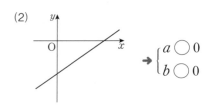
→ { $a \bigcirc 0$
　 $b \bigcirc 0$

(3)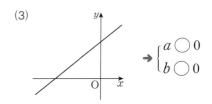
→ { $a \bigcirc 0$
　 $b \bigcirc 0$

5 $a<0$, $b>0$일 때, 기울기와 y절편의 부호를 이용하여 다음 일차함수의 그래프의 모양을 좌표평면 위에 그려라.

(1) $y=ax+b$
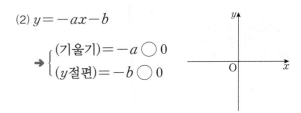
→ { (기울기)$=a \bigcirc 0$
　 (y절편)$=b \bigcirc 0$

(2) $y=-ax-b$
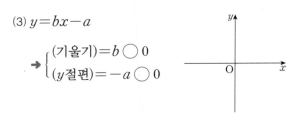
→ { (기울기)$=-a \bigcirc 0$
　 (y절편)$=-b \bigcirc 0$

(3) $y=bx-a$
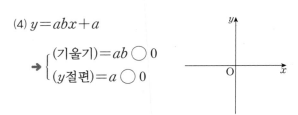
→ { (기울기)$=b \bigcirc 0$
　 (y절편)$=-a \bigcirc 0$

(4) $y=abx+a$
→ { (기울기)$=ab \bigcirc 0$
　 (y절편)$=a \bigcirc 0$

풍쌤의 point
일차함수 $y=ax+b$의 그래프의 성질
$a>0$　　$a<0$
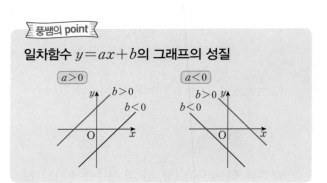

10 일차함수의 그래프의 평행, 일치

핵심개념

1. 기울기가 같은 두 일차함수의 그래프는 서로 평행하거나 일치한다.
   (1) 기울기가 같고, y절편이 다르다. ➡ 두 그래프는 서로 평행하다.
   (2) 기울기가 같고, y절편도 같다. ➡ 두 그래프는 일치한다.
2. 서로 평행한 두 일차함수의 그래프는 기울기가 같다.

▶학습 날짜   월   일   ▶걸린 시간   분 / **목표 시간** 20분

▎정답과 해설 40쪽

1 다음은 세 일차함수 $y=2x$, $y=2x+2$, $y=2x-3$의 그래프의 관계를 알아보는 과정이다. 물음에 답하여라.

(1) 다음 □ 안에 알맞은 수를 써넣어라.

① $y=2x$ —— y축의 방향으로 □만큼 평행이동 —→ $y=2x+2$

② $y=2x$ —— y축의 방향으로 □만큼 평행이동 —→ $y=2x-3$

(2) 일차함수 $y=2x$의 그래프를 평행이동하여 일차함수 $y=2x+2$, $y=2x-3$의 그래프를 아래 좌표평면 위에 그려라.

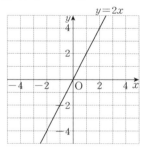

(3) 일차함수 $y=2x+2$, $y=2x$, $y=2x-3$의 그래프의 기울기는 모두 □로 같고 y절편은 모두 다르다.

(4) 두 일차함수의 그래프가 서로 평행하면 기울기는 (같고, 다르고), y절편은 (같다, 다르다).

(5) 두 일차함수의 그래프가 일치하면 기울기는 (같고, 다르고), y절편은 (같다, 다르다).

2 다음 〈보기〉의 일차함수의 그래프에 대하여 물음에 답하여라.

〈보기〉

ㄱ. $y=-2x+3$ ㄴ. $y=2x-1$

ㄷ. $y=\dfrac{1}{2}x-4$ ㄹ. $y=2(1-x)$

ㅁ. $y=x+2$ ㅂ. $y=-x+5$

ㅅ. $y=-x+7$ ㅇ. $y=\dfrac{1}{2}(2x+4)$

(1) 서로 평행한 것끼리 짝지어라.

답 _____

tip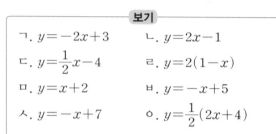

두 일차함수 $y=ax+b$, $y=cx+d$에서
① $a=c$, $b\neq d$ → 평행
② $a=c$, $b=d$ → 일치

(2) 일치하는 것끼리 짝지어라.

답 _____

(3) 오른쪽 그림의 일차함수의 그래프와 평행한 것을 찾아라.

답 _____

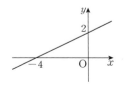

3 다음 두 일차함수의 그래프가 서로 평행할 때, 상수 a 의 값을 구하여라.

(1) $y=ax-1$, $y=4x+3$

답 _____

(2) $y=\dfrac{2}{3}x-7$, $y=ax+4$

답 _____

(3) $y=5x-2$, $y=ax-1$

답 _____

(4) $y=2ax+5$, $y=6x-3$

답 _____

(5) $y=-\dfrac{3}{4}x+7$, $y=\dfrac{1}{2}ax+1$

답 _____

4 일차함수 $y=ax+5$의 그래프가 다음 직선과 서로 평행할 때, 상수 a의 값을 구하여라.

그래프를 보고 기울기를 구해봐!

(1)
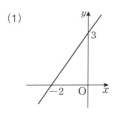

답 _____

(2)
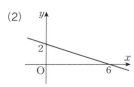

답 _____

(3)
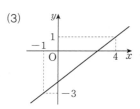

답 _____

5 다음 두 일차함수의 그래프가 일치할 때, 상수 a, b의 값을 각각 구하여라.

(1) $y=ax+2$, $y=3x+b$

➡ $a=$ _____ , $b=$ _____

(2) $y=ax+3$, $y=-4x+b$

➡ $a=$ _____ , $b=$ _____

(3) $y=ax-5$, $y=\dfrac{1}{2}x+b$

➡ $a=$ _____ , $b=$ _____

(4) $y=3ax-4$, $y=6x-b$

➡ $a=$ _____ , $b=$ _____

(5) $y=-\dfrac{1}{2}ax+8$, $y=2x-4b$

➡ $a=$ _____ , $b=$ _____

풍쌤의 point

1. 기울기가 같고, y절편이 다르다.
   ➡ 두 그래프는 서로 **평행**하다.
2. 기울기가 같고, y절편도 같다.
   ➡ 두 그래프는 **일치**한다.

1 ☐☐ ○ 일차함수의 그래프의 성질 1, 2

다음 중 일차함수 $y=3x-6$의 그래프에 대한 설명으로 옳은 것을 모두 고르면? (정답 2개)

① $y=3x$의 함숫값보다 항상 6만큼 작다.
② x절편은 -2이고, y절편은 -6이다.
③ x의 값이 증가할 때, y의 값은 감소한다.
④ 일차함수 $y=3x+1$의 그래프와 평행하다.
⑤ 제1, 2, 4사분면을 지난다.

2 ☐☐ ○ 일차함수의 그래프의 성질 3, 4

일차함수 $y=-ax+b$의 그래프가 오른쪽 그림과 같을 때, 다음 중 옳은 것은? (단, a, b는 상수이다.)

① $a>0$, $b>0$ ② $a>0$, $b<0$
③ $a<0$, $b>0$ ④ $a<0$, $b<0$
⑤ $a<0$, $b=0$

3 ☐☐ ○ 일차함수의 그래프의 성질 3~5

일차함수 $y=ax+b$의 그래프가 오른쪽 그림과 같을 때, 일차함수 $y=bx-a$의 그래프가 지나지 않는 사분면은?

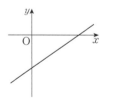

① 제1사분면   ② 제2사분면
③ 제3사분면   ④ 제4사분면
⑤ 제2, 3사분면

4 ☐☐ ○ 일차함수의 그래프의 성질 5

$a>0$, $b<0$일 때, 일차함수 $y=\dfrac{a}{b}x-b$의 그래프가 지나지 <u>않는</u> 사분면을 구하여라.

5 ☐☐ ○ 일차함수의 그래프의 평행, 일치 2

다음 일차함수의 그래프 중 일차함수 $y=-2x+6$의 그래프와 평행한 것은?

① $y=-4x+1$ ② $y=-2x-3$
③ $y=-\dfrac{1}{2}x+5$ ④ $y=-2(x-3)$
⑤ $y=5x-2$

6 ☐☐ ○ 일차함수의 그래프의 평행, 일치 3

두 일차함수 $y=-4ax+4$, $y=6x-5$의 그래프가 서로 평행할 때, 상수 a의 값을 구하여라.

7 ☐☐ ○ 일차함수의 그래프의 평행, 일치 4

일차함수 $y=ax+2$의 그래프가 오른쪽 그림의 직선과 평행할 때, 상수 a의 값을 구하여라.

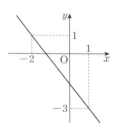

8 ☐☐ ○ 일차함수의 그래프의 평행, 일치 5

두 일차함수 $y=\dfrac{1}{3}ax+9$, $y=4x-3b$의 그래프가 일치할 때, 상수 a, b의 합 $a+b$의 값을 구하여라.

11 · 일차함수의 식 구하기(1)

핵심개념 기울기와 y절편이 주어진 일차함수의 식

기울기가 a이고 y절편이 b인 직선을 그래프로 하는 일차함수의 식은

$$y = ax + b$$
기울기 y절편

▶ **학습 날짜**   월   일   ▶ **걸린 시간**   분 / **목표 시간** 20분

1 오른쪽 그림과 같은 일차함수의 그래프에 대하여 다음을 완성하여라.

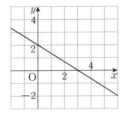

(1) x의 값이 3만큼 증가할 때 y의 값은 ☐만큼 감소하므로 이 그래프의 기울기는 ☐이다.

(2) y축과 만나는 점의 좌표는 $(0, ☐)$이므로 y절편은 ☐이다.

(3) 이 직선을 그래프로 하는 일차함수의 식은 $y = ☐x + ☐$이다.

2 기울기와 y절편이 다음과 같은 직선을 그래프로 하는 일차함수의 식을 구하여라.

(1) 기울기 2, y절편 7   답 _____

(2) 기울기 $\dfrac{1}{4}$, y절편 $-\dfrac{3}{7}$

답 _____

(3) 기울기 -6, y절편 10   답 _____

3 다음과 같은 직선을 그래프로 하는 일차함수의 식을 구하여라.

(1) 기울기가 7이고, 점 $(0, -1)$을 지나는 직선

답 _____

(2) 기울기가 -3이고, 점 $(0, 5)$를 지나는 직선

답 _____

(3) 기울기가 $-\dfrac{8}{5}$이고, 점 $\left(0, \dfrac{1}{6}\right)$을 지나는 직선

답 _____

4 다음과 같은 직선을 그래프로 하는 일차함수의 식을 구하여라.

(1) x의 값이 2만큼 증가할 때 y의 값은 8만큼 증가하고, y절편이 -5인 직선

답 _____

(2) x의 값이 3만큼 증가할 때 y의 값은 9만큼 감소하고, y절편이 1인 직선

답 _____

(3) x의 값이 5만큼 증가할 때 y의 값은 3만큼 증가하고, y절편이 2인 직선

답 _____

5 다음과 같은 직선을 그래프로 하는 일차함수의 식을 구하여라.

(1) x의 값이 4만큼 증가할 때 y의 값은 8만큼 감소하고, 점 $(0, 3)$을 지나는 직선

답 _____

(2) x의 값이 2만큼 증가할 때 y의 값은 7만큼 증가하고, 점 $\left(0, -\dfrac{2}{3}\right)$를 지나는 직선

답 _____

(3) x의 값이 2만큼 증가할 때 y의 값은 6만큼 감소하고, 점 $(0, -9)$를 지나는 직선

답 _____

6 다음과 같은 직선을 그래프로 하는 일차함수의 식을 구하여라.

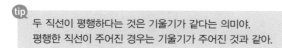

tip 두 직선이 평행하다는 것은 기울기가 같다는 의미야. 평행한 직선이 주어진 경우는 기울기가 주어진 것과 같아.

(1) 일차함수 $y = x - 3$의 그래프와 평행하고, y절편이 $\dfrac{1}{2}$인 직선   답 _____

(2) 일차함수 $y = -\dfrac{1}{3}x + 2$의 그래프와 평행하고, y절편이 -8인 직선   답 _____

(3) 일차함수 $y = 8x + 4$의 그래프와 평행하고, 점 $(0, -6)$을 지나는 직선

답 _____

(4) 일차함수 $y = -9x + \dfrac{1}{3}$의 그래프와 평행하고, 점 $(0, 4)$를 지나는 직선

답 _____

7 다음과 같은 직선을 그래프로 하는 일차함수의 식을 구하여라.

(1) 오른쪽 그림의 직선과 평행하고, y절편이 3인 직선

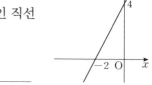

답 _____

(2) 오른쪽 그림의 직선과 평행하고, 점 $(0, 1)$을 지나는 직선

답 _____

(3) 오른쪽 그림의 직선과 평행하고, 점 $(0, -7)$을 지나는 직선

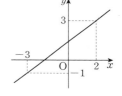

답 _____

풍쌤의 point

기울기와 y절편이 주어진 일차함수의 식

$$y = \textcircled{a}x + \textcircled{b}$$

기울기 y절편

12 일차함수의 식 구하기(2)

핵심개념 **기울기와 한 점이 주어진 일차함수의 식**
기울기가 a이고 한 점 (p, q)를 지나는 직선을 그래프로 하는 일차함수의 식은 다음과 같이 구한다.

❶ 일차함수의 식을 $y=ax+b$로 놓는다.
❷ $x=p$, $y=q$를 $y=ax+b$에 대입하여 b의 값을 구한다.

▶ 학습 날짜　　월　　일　　▶ 걸린 시간　　분 / **목표 시간** 20분

---

1 다음은 기울기가 2이고, 점 $(1, 3)$을 지나는 직선을 그래프로 하는 일차함수의 식을 구하는 과정이다. 빈칸에 알맞은 것을 써넣어라.

(1) 기울기가 2인 직선을 그래프로 하는 일차함수의 식은 $y=\boxed{}x+b$로 놓을 수 있다.

(2) 점 $(1, 3)$를 지나므로 $y=\boxed{}x+b$에
$x=1$, $y=\boxed{}$을 대입하면 $\boxed{}=\boxed{}\times 1+b$
$\therefore b=\boxed{}$

(3) 구하는 일차함수의 식은 $y=\boxed{}x+\boxed{}$이다.

2 다음과 같은 직선을 그래프로 하는 일차함수의 식을 구하여라.

(1) 기울기가 3이고, 점 $(-2, 1)$을 지나는 직선
답 _____

(2) 기울기가 -4이고, 점 $(1, 4)$를 지나는 직선
답 _____

(3) 기울기가 $\dfrac{1}{2}$이고, 점 $(6, 5)$를 지나는 직선
답 _____

---

3 다음과 같은 직선을 그래프로 하는 일차함수의 식을 구하여라.

tip x절편이 a인 직선은 점 $(a, 0)$을 지나는 직선이야.

(1) 기울기가 2이고, x절편이 1인 직선

→ $y=\boxed{}x+b$로 놓고 점 $(1, 0)$을 지나므로
$x=\boxed{}$, $y=\boxed{}$을 대입하면
$0=\boxed{}\times 1+b$　　$\therefore b=\boxed{}$
$\therefore y=\boxed{}$

(2) 기울기가 5이고, x절편이 -1인 직선
답 _____

(3) 기울기가 $\dfrac{3}{5}$이고, x절편이 -5인 직선
답 _____

(4) 기울기가 -3이고, x절편이 3인 직선
답 _____

4 다음과 같은 직선을 그래프로 하는 일차함수의 식을 구하여라.

(1) x의 값이 3만큼 증가할 때 y의 값은 4만큼 증가하고, 점 $(9, 6)$을 지나는 직선

> → (기울기)=□이므로 $y=$□$x+b$로 놓고
>
> $x=$□, $y=$□을 대입하면
>
> □$=\dfrac{4}{3}\times$□$+b$에서 $b=$□
>
> ∴ $y=$□

(2) x의 값이 2만큼 증가할 때 y의 값은 6만큼 감소하고, 점 $(-1, 5)$를 지나는 직선

답 _____

(3) x의 값이 4만큼 증가할 때 y의 값은 2만큼 증가하고, x절편이 -4인 직선

답 _____

5 다음과 같은 직선을 그래프로 하는 일차함수의 식을 구하여라.

(1) 일차함수 $y=\dfrac{3}{2}x-1$의 그래프와 평행하고, 점 $(4, -2)$를 지나는 직선

답 _____

(2) 일차함수 $y=5x+1$의 그래프와 평행하고, 점 $(-2, 2)$를 지나는 직선

답 _____

(3) 일차함수 $y=-2x-3$의 그래프와 평행하고, x절편이 2인 직선

답 _____

6 다음과 같은 직선을 그래프로 하는 일차함수의 식을 구하여라.

(1) 오른쪽 그림의 직선과 평행하고, 점 $(6, -2)$를 지나는 직선

답 _____

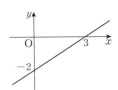

(2) 오른쪽 그림의 직선과 평행하고, 점 $(-4, 3)$을 지나는 직선

답 _____

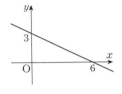

(3) 오른쪽 그림의 직선과 평행하고, 점 $(8, -3)$을 지나는 직선

답 _____

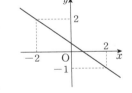

 풍쌤의 point

기울기 a와 한 점 (p, q)가 주어진 일차함수의 식

❶ 일차함수의 식을 $y=ax+b$로 놓는다.

❷ $x=p$, $y=q$를 $y=ax+b$에 대입하여 b의 값을 구한다.

13. 일차함수의 식 구하기(3)

핵심개념

서로 다른 두 점이 주어진 일차함수의 식

두 점 (x_1, y_1), (x_2, y_2)를 지나는 직선을 그래프로 하는 일차함수의 식은 다음과 같이 구한다. (단, $x_1 \neq x_2$)

❶ 기울기 a를 구한다.

→ $a = \dfrac{y_2 - y_1}{x_2 - x_1} = \dfrac{y_1 - y_2}{x_1 - x_2}$

❷ 일차함수의 식을 $y = ax + b$로 놓는다.

❸ $y = ax + b$에 두 점 중 한 점의 좌표를 대입하여 b의 값을 구한다.

▶학습 날짜   월   일   ▶걸린 시간   분 / **목표 시간** 20분

---

1 다음은 두 점 $(1, 2)$, $(3, -4)$를 지나는 직선을 그래프로 하는 일차함수의 식을 구하는 과정이다. 빈칸에 알맞은 것을 써넣어라.

(1) x의 값이 1에서 3까지 $\boxed{}$만큼 증가할 때, y의 값은 2에서 -4까지 $\boxed{}$만큼 증가하므로 이 그래프의

(기울기) $= \dfrac{(y\text{의 값의 증가량})}{(x\text{의 값의 증가량})}$

$= \dfrac{\boxed{}}{\boxed{}} = \boxed{}$

(2) 기울기가 $\boxed{}$이므로 일차함수의 식은 $y = \boxed{}x + b$로 놓을 수 있다.

(3) 이 그래프가 점 $(1, 2)$를 지나므로 $y = \boxed{}x + b$에 $x = \boxed{}$, $y = \boxed{}$를 대입하면

$\boxed{} = \boxed{} \times 1 + b$

∴ $b = \boxed{}$

(4) 구하는 일차함수의 식은 $y = \boxed{}x + \boxed{}$

2 다음 두 점을 지나는 직선을 그래프로 하는 일차함수의 식을 구하는 과정을 완성하여라.

(1) $(4, 2)$, $(6, 8)$

→ (기울기) $= \dfrac{\boxed{} - 2}{6 - \boxed{}} = \boxed{}$

→ $y = \boxed{}x + b$로 놓으면 그래프가 점 $(4, 2)$를 지나므로 $b = \boxed{}$

→ 일차함수의 식: _____

(2) $(-2, 3)$, $(2, 5)$

→ (기울기) $= \dfrac{5 - \boxed{}}{\boxed{} - (-2)} = \boxed{}$

→ $y = \boxed{}x + b$로 놓으면 그래프가 점 $(2, 5)$를 지나므로 $b = \boxed{}$

→ 일차함수의 식: _____

(3) $(-1, 6)$, $(3, 2)$

→ (기울기) $= \dfrac{\boxed{} - 6}{\boxed{} - (-1)} = \boxed{}$

→ $y = \boxed{}x + b$로 놓으면 그래프가 점 $(3, 2)$를 지나므로 $b = \boxed{}$

→ 일차함수의 식: _____

3 다음 두 점을 지나는 직선을 그래프로 하는 일차함수의 식을 구하여라.

(1) $(-4, 2)$, $(2, -1)$ 답 _____

(2) $(3, -2)$, $(7, 10)$ 답 _____

(3) $(2, 1)$, $(-1, 7)$ 답 _____

(4) $(-6, 2)$, $(-3, 3)$ 답 _____

(5) $(3, -2)$, $(5, 6)$ 답 _____

(6) $(2, 1)$, $(4, 4)$ 답 _____

(7) $(4, 2)$, $(8, -1)$ 답 _____

4 다음 그림과 같은 직선을 그래프로 하는 일차함수의 식을 구하여라.

<tip> 그래프가 지나는 두 점의 좌표로 기울기를 구할 수 있어.

(1)
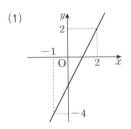
답 _____

(2)
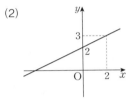
답 _____

(3)
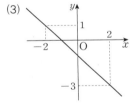
답 _____

🎀 풍쌤의 **point**

서로 다른 두 점 (x_1, y_1), (x_2, y_2)**가 주어진 일차함수의 식 (단, $x_1 \neq x_2$)**

❶ 기울기 a를 구한다.

$$\rightarrow a = \frac{y_2 - y_1}{x_2 - x_1} = \frac{y_1 - y_2}{x_1 - x_2}$$

❷ 일차함수의 식을 $y = ax + b$로 놓는다.

❸ $y = ax + b$에 두 점 중 한 점의 좌표를 대입하여 b의 값을 구한다.

14. 일차함수의 식 구하기(4)

핵심개념

x절편과 y절편이 주어진 일차함수의 식

x절편이 m이고, y절편이 n인 직선을 그래프로 하는 일차함수의 식은 다음과 같이 구한다.

❶ 두 점 $(m, 0)$, $(0, n)$을 지나는 직선의 기울기를 구한다.

➡ (기울기)$= \dfrac{n-0}{0-m} = -\dfrac{n}{m}$

❷ 기울기가 $-\dfrac{n}{m}$이고 y절편이 n이므로 일차함수의 식은 $y = -\dfrac{n}{m}x + n$

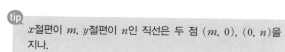

▶학습 날짜　　월　　일　　▶걸린 시간　　분 / **목표 시간** 10분

▌정답과 해설 44쪽

1 다음은 x절편이 4, y절편이 2인 직선을 그래프로 하는 일차함수의 식을 구하는 과정이다. 빈칸에 알맞은 것을 써넣어라.

(1) x절편이 4, y절편이 2인 직선은

　　두 점 ($\square$, 0), (0, $\square$)를 지난다.

(2) (기울기)$= \dfrac{\square - 0}{0 - \square} = \boxed{}$

(3) 구하는 일차함수의 식은

　　$y = \boxed{}$

2 다음과 같은 직선을 그래프로 하는 일차함수의 식을 구하여라.

> **tip**
> x절편이 m, y절편이 n인 직선은 두 점 $(m, 0)$, $(0, n)$을 지나.

(1) x절편이 -2, y절편이 6인 직선

　　답

(2) x절편이 3, y절편이 -5인 직선

　　답

(3) x절편이 8, y절편이 2인 직선

　　답

3 다음과 같은 직선을 그래프로 하는 일차함수의 식을 구하여라.

(1)

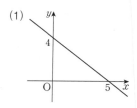

답

(2)

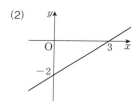

답

> **풍쌤의 point**
>
> x절편이 m이고, y절편이 n인 직선을 그래프로 하는 일차함수의 식
>
> ❶ (기울기)$= \dfrac{n-0}{0-m} = -\dfrac{n}{m}$
>
> ❷ 기울기가 $-\dfrac{n}{m}$이고 y절편이 n이므로 일차함수의 식은 $y = -\dfrac{n}{m}x + n$

15. 일차함수의 활용

핵심개념 | **일차함수의 활용 문제 해결 방법**
❶ **변수 정하기:** 변하는 두 양을 x, y로 놓는다.
❷ **관계식 세우기:** x, y 사이의 관계를 일차함수 $y = ax + b\,(a \neq 0)$ 꼴로 나타낸다.
❸ **구하는 값 찾기:** 관계식을 이용하여 구하는 x의 값 또는 y의 값을 찾는다.
❹ **확인하기:** 구한 값이 문제의 뜻에 맞는지 확인한다.

▶학습 날짜   월   일   ▶걸린 시간   분 / **목표 시간** 25분

▌정답과 해설 44쪽

1 길이가 20 cm인 용수철에 무게가 같은 추를 한 개 매달 때마다 용수철의 길이가 2 cm씩 늘어난다고 한다. 추를 x개 매달았을 때의 용수철의 길이를 y cm라 할 때, 다음을 완성하여라.

(1) 표를 완성하여라.

x	0	1	2	3	4
y	20				

(2) 추를 x개 매달았을 때 늘어난 용수철의 길이는 □ cm이다.

(3) x와 y 사이의 관계식은 _____

(4) 추를 8개 매달았을 때, 용수철의 길이는
$y = 2 \times \boxed{} + \boxed{} = \boxed{}$

(5) 용수철의 길이가 48 cm일 때, 매달려 있는 추의 개수는
$48 = \boxed{}x + \boxed{}$ 에서 $x = \boxed{}$

2 온도가 10 ℃인 물을 주전자에 담아 끓일 때, 물의 온도는 2분마다 6 ℃씩 올라간다고 한다. 물을 끓이기 시작한 지 x분 후의 물의 온도를 y ℃라 할 때, 다음을 구하여라.

(1) 1분마다 올라가는 물의 온도
답 _____

(2) 물을 끓이기 시작한 지 x분 후에 올라간 물의 온도
답 _____

(3) x와 y 사이의 관계식
답 _____

(4) 물을 끓이기 시작한 지 10분 후의 물의 온도
답 _____

(5) 물의 온도가 85 ℃가 될 때까지 걸리는 시간
답 _____

3 500 L의 물을 담을 수 있는 물탱크에 180 L의 물이 들어 있다. 이 물탱크에 5분마다 40 L씩 물을 더 넣는다고 한다. 물을 넣기 시작한 지 x분 후에 물탱크에 들어 있는 물의 양을 y L라 할 때, 다음을 구하여라.

(1) 물탱크에 1분마다 넣는 물의 양

답

(2) x와 y 사이의 관계식 답

(3) 물을 넣기 시작한 지 20분 후에 물탱크에 들어 있는 물의 양 답

(4) 물탱크에 물을 가득 채우는 데 걸리는 시간

답

4 희수가 집에서 1.5 km 떨어진 도서관까지 분속 60 m의 일정한 속력으로 걷고 있다. 희수가 출발한 지 x분 후 도서관까지 남은 거리를 y m라 할 때, 다음을 구하여라.

(1) 집에서 출발한 지 x분 후 간 거리

답

(2) x와 y 사이의 관계식 답

(3) 출발한 지 10분 후에 도서관까지 남은 거리

답

(4) 도서관까지 남은 거리가 300 m일 때, 걸린 시간

답

tip
> 도서관에 도착하면 남은 거리 $y=0$이야!

(5) 도서관에 도착할 때까지 걸리는 시간

답

5 아래 그림과 같은 직사각형 ABCD에서 점 P는 점 B를 출발하여 $\overline{BC}$를 따라 점 C까지 매초 2 cm의 속력으로 움직인다. 점 P가 점 B를 출발한 지 x초 후의 △ABP의 넓이를 y cm^{2}라 할 때, 다음을 구하여라.

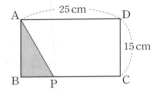

(1) 점 P가 점 B를 출발한 지 x초 후의 $\overline{BP}$의 길이

답

(2) x와 y 사이의 관계식 답

(3) 점 P가 점 B를 출발한 지 5초 후의 △ABP의 넓이 답

(4) △ABP의 넓이가 180 cm^{2}가 되는 데 걸리는 시간 답

풍쌤의 point
일차함수의 활용 문제 해결 방법
❶ 변수 정하기
❷ 관계식 세우기
❸ 구하는 값 찾기
❹ 확인하기

11-15 · 스스로 점검 문제

▶학습 날짜   월   일   ▶걸린 시간   분 / 목표 시간 20분

1 ☐☐ ○ 일차함수의 식 구하기(1) 3

기울기가 $\dfrac{2}{3}$이고, 점 $(9, 4)$를 지나는 직선을 그래프로 하는 일차함수의 식은?

① $y=\dfrac{2}{3}x-4$　　　② $y=\dfrac{2}{3}x-2$

③ $y=\dfrac{2}{3}x+2$　　　④ $y=\dfrac{3}{2}x-2$

⑤ $y=\dfrac{3}{2}x+4$

2 ☐☐ ○ 일차함수의 식 구하기(1) 6

일차함수 $y=2x+1$의 그래프와 평행하고, y절편이 -5인 직선을 그래프로 하는 일차함수의 식은?

① $y=-5x+2$　　　② $y=-2x-5$

③ $y=-2x+1$　　　④ $y=2x-5$

⑤ $y=2x+5$

3 ☐☐ ○ 일차함수의 식 구하기(2) 4

일차함수 $y=ax+b$의 그래프가 점 $(4, -2)$를 지나고, x의 값이 -3에서 1까지 증가할 때 y의 값은 10만큼 감소한다. 이때 상수 a, b의 곱 ab의 값을 구하여라.

4 ☐☐ ○ 일차함수의 식 구하기(3) 3

두 점 $(2, -2)$, $(8, 1)$을 지나는 직선을 그래프로 하는 일차함수의 식은?

① $y=\dfrac{1}{2}x-3$　　　② $y=\dfrac{1}{2}x-1$

③ $y=\dfrac{1}{2}x+3$　　　④ $y=2x-3$

⑤ $y=2x+3$

5 ☐☐ ○ 일차함수의 식 구하기(3) 3

두 점 $(-1, 3)$, $(3, -5)$를 지나는 직선을 y축의 방향으로 3만큼 평행이동한 그래프의 y절편은?

① -5　　　② -3　　　③ -1

④ 2　　　⑤ 4

6 ☐☐ ○ 일차함수의 식 구하기(4) 2

x절편이 -3, y절편이 -5인 직선이 점 $(a, 5)$를 지날 때, a의 값을 구하여라.

7 ☐☐ ○ 일차함수의 활용 1~5

기온이 0 ℃일 때 소리의 속력은 초속 331 m이고, 온도가 1 ℃ 오를 때마다 소리의 속력은 초속 0.6 m씩 증가한다고 한다. 기온이 x ℃일 때의 소리의 속력을 초속 y m라 할 때, x와 y 사이의 관계식을 구하여라.

8 ☐☐ ○ 일차함수의 활용 1~5

양초에 불을 붙이면 2분마다 1 cm씩 길이가 짧아진다고 한다. 처음 양초의 길이가 20 cm일 때, 양초의 길이가 8 cm가 되는 것은 불을 붙인 지 몇 분 후인가?

① 18분　　　② 20분　　　③ 22분

④ 24분　　　⑤ 26분

16 미지수가 2개인 일차방정식의 그래프

핵심개념 x, y의 값의 범위가 수 전체일 때, 일차방정식
$ax+by+c=0$ (a, b, c는 상수, $a\neq0$ 또는 $b\neq0$)
의 해는 무수히 많고, 그 해를 좌표평면 위에 나타내면 직선이 된다.
이때 일차방정식 $ax+by+c=0$을 직선의 방정식이라고 한다.

▶학습 날짜   월   일   ▶걸린 시간   분 / 목표 시간 10분

▌정답과 해설 45쪽

1 일차방정식 $2x-y+1=0$에 대하여 물음에 답하여라.

(1) 일차방정식을 만족시키는 x, y의 값을 구하여 표를 완성하여라.

x	⋯	-2	-1	0	1	2	⋯
y	⋯	-3					⋯

(2) (1)에서 구한 해의 순서쌍 $(x,\ y)$를 오른쪽 좌표평면 위에 나타내어라.

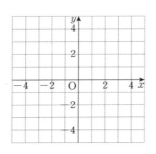

(3) x, y의 값의 범위가 수 전체일 때, 일차방정식의 그래프를 위의 좌표평면에 그려라.

2 일차방정식 $x+2y+2=0$에 대하여 물음에 답하여라.

(1) 일차방정식을 만족시키는 x, y의 값을 구하여 표를 완성하여라.

x	⋯	-4	-2	0	2	4	⋯
y	⋯						⋯

(2) x, y의 값의 범위가 수 전체일 때, 일차방정식의 그래프를 오른쪽 좌표평면 위에 그려라.

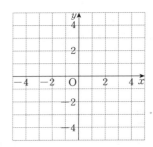

tip 점이 움직인 자리는 선이 돼~
따라서 선은 무수히 많은 점으로 이루어져 있어!

3 일차방정식 $x-2y+4=0$에 대하여 물음에 답하여라.

(1) 일차방정식을 만족시키는 x, y의 값을 구하여 표를 완성하여라.

x	⋯	-4	-2	0	2	4	⋯
y	⋯						⋯

(2) x, y의 값의 범위가 수 전체일 때, 일차방정식의 그래프를 오른쪽 좌표평면 위에 그려라.

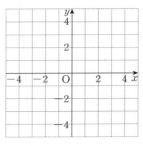

17. 일차방정식과 일차함수

핵심개념

일차방정식 $ax+by+c=0$ (a, b, c는 상수, $a \neq 0$, $b \neq 0$)의 그래프는 일차함수 $y = -\dfrac{a}{b}x - \dfrac{c}{b}$의 그래프와 같다.

일차방정식 $ax+by+c=0$ ($a \neq 0$, $b \neq 0$)	그래프 직선의 방정식		그래프 함수의 식	일차함수 $y = -\dfrac{a}{b}x - \dfrac{c}{b}$

▶학습 날짜　　　월　　　일　　▶걸린 시간　　　분 / **목표 시간** 20분

❚ 정답과 해설 45~46쪽

1 다음은 일차방정식 $2x-3y+6=0$의 그래프를 그리는 과정이다. 물음에 답하여라.

(1) 일차방정식 $2x-3y+6=0$을 y에 대하여 풀면

$$-3y = \boxed{}$$

$$\therefore y = \boxed{}$$

(2) 일차방정식 $2x-3y+6=0$의 그래프는

$y = \boxed{}$에서 기울기가 $\boxed{}$이고, y절편이

$\boxed{}$인 일차함수의 그래프와 같다.

(3) 일차함수의 그래프를 이용하여 일차방정식 $2x-3y+6=0$의 그래프를 그려라.

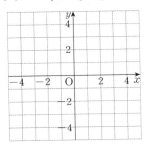

2 다음 일차방정식을 일차함수 $y=ax+b$ (a, b는 상수, $a \neq 0$) 꼴로 나타내어라.

(1) $x-y-5=0$　　　답 _____

(2) $3x+y-6=0$　　　답 _____

(3) $x-2y+4=0$　　　답 _____

(4) $4x+3y-12=0$　　　답 _____

(5) $-3x+5y+10=0$　　　답 _____

3 다음 일차방정식의 그래프의 기울기, x절편, y절편을 각각 구하여라.

> **tip**
> 일차방정식을 $y=ax+b$ 꼴로 고쳐봐.

(1) $2x-y+8=0$

➡ 기울기 : _____, x절편 : _____,

$\quad y$절편 : _____

(2) $5x+y+15=0$

➡ 기울기 : _____, x절편 : _____,

$\quad y$절편 : _____

(3) $x+2y-6=0$

➡ 기울기 : _____, x절편 : _____,

$\quad y$절편 : _____

(4) $2x+3y-6=0$

➡ 기울기 : _____, x절편 : _____,

$\quad y$절편 : _____

4 일차방정식 $3x-2y+6=0$의 그래프를 다음과 같은 과정으로 그려라.

(1) $x=0$일 때 $y=\boxed{}$, $y=0$일 때 $x=\boxed{}$ 이다.

(2) 일차방정식 $3x-2y+6=0$의 그래프는

두 점 $(0,\ \boxed{})$, $(\boxed{},\ 0)$을 지난다.

(3) (2)의 두 점을 연결하여 일차방정식

$3x-2y+6=0$의 그래프를 그려라.

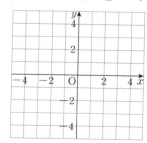

5 다음 일차방정식의 그래프가 지나는 두 점을 이용하여 그 그래프를 그려라.

(1) $2x+y-4=0$

➡ 두 점 $(0,\ \boxed{})$, $(\boxed{},\ 0)$

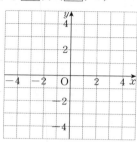

(2) $3x+4y+12=0$

➡ 두 점 $(0,\ \boxed{})$, $(\boxed{},\ 0)$

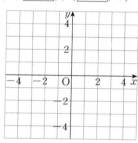

(3) $2x-3y-6=0$

➡ 두 점 $(0,\ \boxed{})$, $(\boxed{},\ 0)$

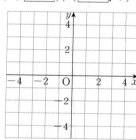

> **풍쌤의 point**
>
> **일차방정식과 일차함수**
>
> | 일차방정식 | 함수의 식 | 일차함수 |
> |---|---|---|
> | $ax+by+c=0$ $(a\neq0,\ b\neq0)$ | 직선의 방정식 | $y=-\dfrac{a}{b}x-\dfrac{c}{b}$ |
>
> 그래프 ↘ ↙ 그래프

18 일차방정식 $x=p$, $y=q$의 그래프

핵심개념

1. 일차방정식 $x=p$ (p는 상수)의 그래프

점 $(p, 0)$을 지나고 y축에 평행한(x축에 수직인) 직선

2. 일차방정식 $y=q$ (q는 상수)의 그래프

점 $(0, q)$를 지나고 x축에 평행한(y축에 수직인) 직선

참고 일차방정식 $x=0$의 그래프는 y축을, $y=0$의 그래프는 x축을 나타낸다.

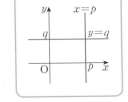

▶학습 날짜   월   일   ▶걸린 시간   분 / 목표 시간 20분

▌정답과 해설 46쪽

1 다음을 완성하여라.

(1) 방정식 $x=2$에 대하여 아래 표를 완성하여라.

x	⋯	2					⋯
y	⋯	-2	-1	0	1	2	⋯

(2) 방정식 $y=-1$에 대하여 아래 표를 완성하여라.

x	⋯	-4	-2	0	2	4	⋯
y	⋯	-1					⋯

(3) (1), (2)의 표를 이용 하여 $x=2$, $y=-1$ 의 그래프를 오른쪽 좌표평면 위에 각각 그려라.

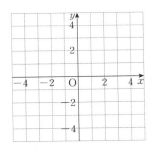

(4) $x=2$의 그래프

→ 모든 점의 x좌표가 □

→ 점 (□, 0)을 지나고 □축에 평행한 직선

(5) $y=-1$의 그래프

→ 모든 점의 y좌표가 □

→ 점 (0, □)을 지나고 □축에 평행한 직선

2 다음을 완성하고, 일차방정식의 그래프를 좌표평면 위에 각각 그려라.

(1) $x=3$

→ 점 (□, 0)을 지나고 □축에 평행한 직선

(2) $y=-4$

→ 점 (0, □)를 지나고 □축에 평행한 직선

(3) $3x+6=0$

→ $x=$ □

→ 점 (□, 0)을 지나고 □축에 평행한 직선

(4) $4y-8=0$

→ $y=$ □

→ 점 (0, □)를 지나고 □축에 평행한 직선

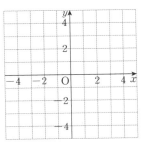

3 다음 그래프가 나타내는 직선의 방정식을 구하여라.

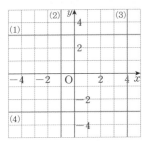

답 (1) ＿＿＿＿＿＿ (2) ＿＿＿＿＿＿
　(3) ＿＿＿＿＿＿ (4) ＿＿＿＿＿＿

4 다음 조건을 만족시키는 직선의 방정식을 구하여라.

(1) 점 $(5, -4)$를 지나고 x축에 평행한 직선

답 ＿＿＿＿＿＿

(2) 점 $(3, 7)$을 지나고 y축에 평행한 직선

답 ＿＿＿＿＿＿

(3) 점 $(-3, 6)$을 지나고 x축에 수직인 직선

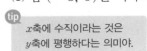
tip
x축에 수직이라는 것은
y축에 평행하다는 의미야.
답 ＿＿＿＿＿＿

(4) 점 $(2, 7)$을 지나고 y축에 수직인 직선

tip
y축에 수직이라는 것은
x축에 평행하다는 의미야.
답 ＿＿＿＿＿＿

(5) 두 점 $(2, -1)$, $(2, 9)$를 지나는 직선

답 ＿＿＿＿＿＿

(6) 두 점 $(4, -6)$, $(-3, -6)$을 지나는 직선

답 ＿＿＿＿＿＿

5 다음을 만족하는 상수 a의 값을 구하여라.

(1) 두 점 $(1, a+2)$, $(5, 8)$을 지나는 직선이 x축에 평행하다.

➡ x축에 평행한 직선 위의 점들의 ☐좌표는 모두 같다.
➡ $a+2=$☐ ∴ $a=$☐

(2) 두 점 $(3a+7, -1)$, $(-8, 3)$을 지나는 직선이 y축에 평행하다. 답 ＿＿＿＿＿＿

(3) 두 점 $(5a-1, 2)$, $(2a+5, -1)$을 지나는 직선이 x축에 수직이다.

➡ ☐축에 평행한 경우와 같으므로 직선 위의 점들의 ☐좌표는 모두 같다.
➡ $5a-1=$☐ ∴ $a=$☐

(4) 두 점 $(4, 2a+3)$, $(-6, -3a-12)$를 지나는 직선이 y축에 수직이다.

답 ＿＿＿＿＿＿

풍쌤의 point

1. **일차방정식 $x=p$(p는 상수)의 그래프**
   점 $(p, 0)$을 지나고 y축에 평행한(x축에 수직인) 직선
2. **일차방정식 $y=q$(q는 상수)의 그래프**
   점 $(0, q)$를 지나고 x축에 평행한(y축에 수직인) 직선

16-18·스스로 점검 문제

▶학습 날짜   월   일   ▶걸린 시간   분 / 목표 시간 20분

1 ☐☐ ○ 일차방정식과 일차함수 1~5

일차방정식 $4x-5y+20=0$의 그래프에 대한 다음 설명 중 옳지 않은 것은?

① x절편은 -5이다.
② y절편은 4이다.
③ x의 값이 증가할 때 y의 값도 증가한다.
④ 제1, 2, 3사분면을 지난다.
⑤ 일차함수 $y=\dfrac{5}{4}x+5$의 그래프와 평행하다.

2 ☐☐ ○ 일차방정식과 일차함수 2

일차방정식 $ax-y+5=0$의 그래프와 일차함수 $y=3x-b$의 그래프가 일치할 때, 상수 a, b의 합 $a+b$의 값을 구하여라.

3 ☐☐ ○ 일차방정식과 일차함수 3

일차방정식 $3x+4y+8=0$의 그래프의 기울기를 a, x절편을 b, y절편을 c라 할 때, abc의 값을 구하여라.

4 ☐☐ ○ 일차방정식과 일차함수 4, 5

오른쪽 그림과 같은 직선을 그래프로 하는 일차방정식은?

① $2x-3y+6=0$
② $2x+3y+6=0$
③ $3x-2y-6=0$
④ $3x+2y-6=0$
⑤ $3x+2y+6=0$

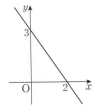

5 ☐☐ ○ 일차방정식 $x=p$, $y=q$의 그래프 1, 2

일차방정식 $x-2=0$의 그래프에 대한 다음 설명 중 옳지 않은 것은?

① x축에 수직인 직선이다.
② 점 $(2, 1)$을 지난다.
③ 제1, 4사분면을 지난다.
④ 점 $(2, 0)$을 지나며 x축에 평행하다.
⑤ y축에 평행한 직선이다.

6 ☐☐ ○ 일차방정식 $x=p$, $y=q$의 그래프 4

y축에 평행하고 점 $(-1, 5)$를 지나는 직선의 방정식은?

① $x+5=0$ ② $x=-1$
③ $x+y=1$ ④ $y=-1$
⑤ $y-5=0$

7 ☐☐ ○ 일차방정식 $x=p$, $y=q$의 그래프 4

두 점 $(-2, 6)$, $(4, 6)$을 지나는 직선의 방정식은?

① $x+2=0$ ② $x=4$
③ $y-6=0$ ④ $x-2y+3=0$
⑤ $2x+y-6=0$

8 ☐☐ ○ 일차방정식 $x=p$, $y=q$의 그래프 5

두 점 $(-a+3, 4)$, $(3a-9, 2)$를 지나는 직선이 x축에 수직일 때, a의 값을 구하여라.

19. 연립방정식의 해와 그래프

핵심개념 연립방정식 $\begin{cases} ax+by+c=0 \\ a'x+b'y+c'=0 \end{cases}$ $(a\neq0,\ b\neq0,\ a'\neq0,\ b'\neq0)$의 해는 두 일차방정식

$ax+by+c=0$, $a'x+b'y+c'=0$의 그래프의 교점의 좌표와 같다.

▶학습 날짜　　월　　일　　▶걸린 시간　　분 / **목표 시간** 20분

1 다음을 완성하여라.

(1) 연립방정식 $\begin{cases} x+y=1 \\ 2x-y=-4 \end{cases}$ 를 풀면

　　$x=\boxed{}$, $y=\boxed{}$

(2) 일차방정식 $x+y=1$을 y에 대하여 풀면

　　$y=\boxed{}$　……㉠

　　일차방정식 $2x-y=-4$를 y에 대하여 풀면

　　$y=\boxed{}$　……㉡

(3) 두 일차함수 ㉠, ㉡의 그래프를 그려라.

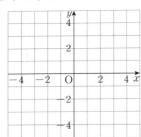

(4) 두 그래프의 교점의 좌표는 $(\boxed{},\ \boxed{})$이다.

(5) 연립방정식 $\begin{cases} x+y=1 \\ 2x-y=-4 \end{cases}$ 의 해와 두 일차방

정식 $x+y=1$, $2x-y=-4$의 그래프의 교점
의 좌표는 $(\boxed{},\ \boxed{})$로 같다.

2 다음 연립방정식에서 두 일차방정식의 그래프가 그림과 같을 때, 이 연립방정식의 해를 구하여라.

(1) $\begin{cases} x-y=-2 \\ 2x+y=5 \end{cases}$

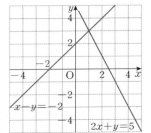

답 _____

(2) $\begin{cases} x-2y=6 \\ 2x+3y=-2 \end{cases}$

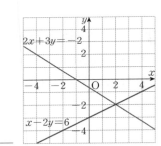

답 _____

(3) $\begin{cases} x+y=4 \\ x+2y=5 \end{cases}$

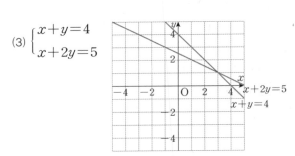

답 _____

3 다음 연립방정식에서 두 일차방정식의 그래프를 각각 좌표평면 위에 나타내고, 그 그래프를 이용하여 연립방정식의 해를 구하여라.

(1) $\begin{cases} 2x-3y=9 \\ x+4y=-1 \end{cases}$

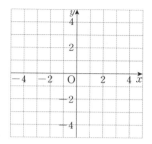

답

(2) $\begin{cases} x-3y=-1 \\ 2x-y=3 \end{cases}$

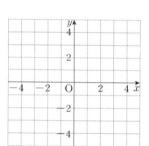

답

(3) $\begin{cases} 3x-y=-4 \\ 2x+y=-1 \end{cases}$

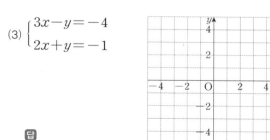

답

4 다음 연립방정식의 해를 구하기 위해 두 일차방정식의 그래프를 그렸다. 이때 상수 a, b의 값을 각각 구하여라.

(1) $\begin{cases} ax+5y=1 \\ 3x-by=-8 \end{cases}$

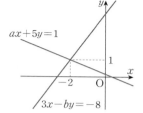

답

(2) $\begin{cases} 4x+y=a \\ bx-y=5 \end{cases}$

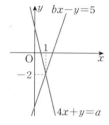

답

(3) $\begin{cases} x-ay=-1 \\ bx+y=8 \end{cases}$

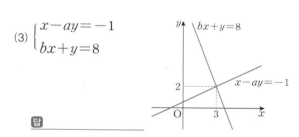

답

풍쌤의 point

연립방정식
$\begin{cases} ax+by+c=0 \\ a'x+b'y+c'=0 \end{cases}$
$(a\neq0,\ b\neq0,\ a'\neq0,\ b'\neq0)$의 해는
두 일차방정식 $ax+by+c=0,\ a'x+b'y+c'=0$
의 그래프의 교점의 좌표와 같다.

20 · 연립방정식의 해의 개수와 두 직선의 위치 관계

핵심개념

연립방정식 $\begin{cases} ax+by+c=0 \\ a'x+b'y+c'=0 \end{cases}$ 의 해의 개수는 두 일차방정식 $ax+by+c=0$, $a'x+b'y+c'=0$의 그래프의 교점의 개수와 같다.

두 직선의 위치 관계	한 점에서 만난다.	평행하다.	일치한다.
그래프의 모양			
두 직선의 교점의 개수	한 개	없다.	무수히 많다.
연립방정식의 해	한 쌍의 해	해가 없다.	해가 무수히 많다.
$\begin{cases} ax+by+c=0 \\ a'x+b'y+c'=0 \end{cases}$	$\dfrac{a}{a'} \neq \dfrac{b}{b'}$	$\dfrac{a}{a'} = \dfrac{b}{b'} \neq \dfrac{c}{c'}$	$\dfrac{a}{a'} = \dfrac{b}{b'} = \dfrac{c}{c'}$

▶**학습 날짜**   월   일   ▶**걸린 시간**   분 / **목표 시간** 20분

---

1 다음을 완성하여라.

(1) 두 일차방정식 $x-y=2$, $2x-2y=4$의 그래프를 좌표평면 위에 나타내어라.

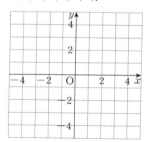

2 다음을 완성하여라.

(1) 두 일차방정식 $2x-y=-2$, $4x-2y=2$의 그래프를 좌표평면 위에 나타내어라.

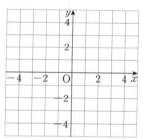

(2) 두 직선이 (일치, 평행)하므로 연립방정식
$\begin{cases} x-y=2 \\ 2x-2y=4 \end{cases}$ 의 해는 (무수히 많다, 없다).

(2) 두 직선이 (일치, 평행)하므로 연립방정식
$\begin{cases} 2x-y=-2 \\ 4x-2y=2 \end{cases}$ 의 해는 (무수히 많다, 없다).

3 다음 연립방정식에서 두 일차방정식의 그래프를 각각 좌표평면 위에 나타내고, 그 그래프를 이용하여 연립방정식의 해를 구하여라.

(1) $\begin{cases} x+2y=4 \\ 2x+4y=-8 \end{cases}$

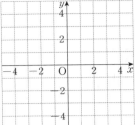

답 _____

(2) $\begin{cases} 3x+2y=6 \\ 6x+4y=12 \end{cases}$

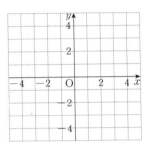

답 _____

4 다음 연립방정식에서 두 일차방정식을 각각 $y=ax+b$의 꼴로 고친 후, 두 직선의 교점의 개수와 연립방정식의 해의 개수를 각각 구하여라.

(1) $\begin{cases} x-y=5 \\ 2x+y=3 \end{cases}$ ➡ $\begin{cases} y=\boxed{} \\ y=\boxed{} \end{cases}$

교점: _____ , 해: _____

(2) $\begin{cases} 2x-3y=4 \\ 6x-9y=12 \end{cases}$ ➡ $\begin{cases} y=\boxed{} \\ y=\boxed{} \end{cases}$

교점: _____ , 해: _____

(3) $\begin{cases} x-3y=-1 \\ 2x-6y=2 \end{cases}$ ➡ $\begin{cases} y=\boxed{} \\ y=\boxed{} \end{cases}$

교점: _____ , 해: _____

5 다음 연립방정식의 해가 무수히 많도록 하는 상수 a, b의 값을 각각 구하여라.

tip 해가 무수히 많다는 것은 두 일차방정식의 그래프가 일치한다는 뜻이야.

(1) $\begin{cases} ax+4y=2 \\ -3x+by=-1 \end{cases}$ 답 _____

(2) $\begin{cases} -x-2y=a \\ bx+6y=3 \end{cases}$ 답 _____

6 다음 연립방정식의 해가 없도록 하는 상수 a, b의 조건 또는 값을 각각 구하여라.

tip 해가 없다는 것은 두 일차방정식의 그래프가 서로 평행하다는 뜻이야.

(1) $\begin{cases} ax-y=-3 \\ 4x+2y=b \end{cases}$ 답 _____

(2) $\begin{cases} 6x+ay=-9 \\ -2x+y=b \end{cases}$ 답 _____

풍쌤의 point

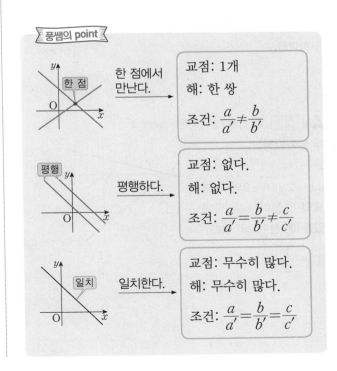

한 점에서 만난다. ➡	교점: 1개 / 해: 한 쌍 / 조건: $\dfrac{a}{a'} \neq \dfrac{b}{b'}$	
평행하다. ➡	교점: 없다. / 해: 없다. / 조건: $\dfrac{a}{a'} = \dfrac{b}{b'} \neq \dfrac{c}{c'}$	
일치한다. ➡	교점: 무수히 많다. / 해: 무수히 많다. / 조건: $\dfrac{a}{a'} = \dfrac{b}{b'} = \dfrac{c}{c'}$	

19-20 · 스스로 점검 문제

▶학습 날짜   월   일   ▶걸린 시간   분 / **목표 시간** 20분

---

1 ☐☐ ○ 연립방정식의 해와 그래프 2

오른쪽 그림은 연립방정식 $\begin{cases} ax+by=c \\ px+qy=r \end{cases}$ 를 풀기 위하여 두 일차방정식의 그래프를 그린 것이다. 이 연립방정식의 해를 구하여라. (단, a, b, c, p, q, r는 상수이다.)

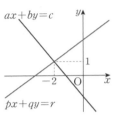

2 ☐☐ ○ 연립방정식의 해와 그래프 1~3

두 직선 $2x+3y=1$, $x+2y=-1$의 교점을 (a, b)라 할 때, $a+b$의 값은?

① -4 ② -2 ③ 0
④ 2 ⑤ 4

3 ☐☐ ○ 연립방정식의 해와 그래프 4

오른쪽 그림은 연립방정식 $\begin{cases} 3x+ay=12 \\ bx-y=1 \end{cases}$ 을 풀기 위하여 두 일차방정식의 그래프를 그린 것이다. 이때 상수 a, b의 곱 ab의 값을 구하여라.

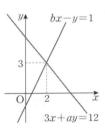

4 ☐☐ ○ 연립방정식의 해와 그래프 4

두 일차방정식 $x+y=-4$, $ax-2y=-2$의 그래프의 교점이 x축 위에 있을 때, 상수 a의 값은?

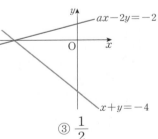

① $-\dfrac{1}{2}$ ② 0 ③ $\dfrac{1}{2}$
④ 1 ⑤ 2

---

5 ☐☐ ○ 연립방정식의 해의 개수와 두 직선의 위치 관계 1~4

다음 연립방정식 중 해가 오직 한 쌍 존재하는 것은?

① $\begin{cases} x+y=1 \\ x+y=5 \end{cases}$ ② $\begin{cases} 2x+y=1 \\ 2x-y=1 \end{cases}$

③ $\begin{cases} 3x+2y=3 \\ 6x+4y=6 \end{cases}$ ④ $\begin{cases} x+3y=-1 \\ 3x+9y=-3 \end{cases}$

⑤ $\begin{cases} 2x-y=3 \\ 4x-2y=5 \end{cases}$

6 ☐☐ ○ 연립방정식의 해의 개수와 두 직선의 위치 관계 5

연립방정식 $\begin{cases} ax+3y=-2 \\ 4x-6y=b \end{cases}$ 의 해가 무수히 많을 때, 상수 a, b에 대하여 $b-a$의 값은?

① -2 ② 0 ③ 2
④ 4 ⑤ 6

7 ☐☐ ○ 연립방정식의 해의 개수와 두 직선의 위치 관계 6

연립방정식 $\begin{cases} 4x-ay=6 \\ 2x+3y=-3 \end{cases}$ 의 해가 없을 때, 상수 a의 값은?

① -6 ② -3 ③ 1
④ 3 ⑤ 6

이 책을 검토한 선생님들

서울

강현숙 유니크수학학원
길정균 교육그룹봄에이블학원
김도헌 강서명일학원
김영준 목동해법수학학원
김유미 대성제넥스학원
박미선 고릴라수학학원
박미정 최강학원
박미진 목동쌤올림학원
박부림 용경M2M학원
박성웅 M.C.M학원
박은숙 BMA유명학원
손남천 최고수수학학원
심정민 애플캠퍼스학원
안중학 에듀탑학원
유영호 UMA우마수학학원
유정선 UP한국학원
유종호 정석수리학원
유지현 수리수리학원
이미선 휴브레인학원
이범준 편수학학원
이상덕 제이투학원
이신애 TOP명문학원
이영철 Hub수학전문학원
이은희 한솔학원
이재봉 형설학원
이지영 프라임수학학원
장미선 형설학원
전동철 남림학원
조현기 메타에듀수학학원
최원준 쌤수학학원
최장배 청산학원
최종구 최종구수학학원

강원

김순애 Kim's&청석학원
류경민 문막한빛입시학원
박준규 홍인학원

경기

강병덕 청산학원
김기범 하버드학원
김기태 수풀림학원
김지형 행신학원
김한수 최상위학원
노태환 노선생해법학원
문상현 힘수학원
박수빈 엠탑수학학원
박은영 M245U수학학원
송인숙 영통세종학원
송혜숙 진흥학원
유시경 에이플러스수학학원
윤효상 페르마학원

이가람 현수학학원
이강국 계룡학원
이민희 유수하학원
이상진 진수학학원
이종진 한뜻학원
이창준 청산학원
이혜용 우리학원
임원국 멘토학원
정오태 정선생수학교실
조정민 바른셈학원
조주희 이츠매쓰학원
주정호 라이프니츠수학학원
최규현 하이베스트학원
최일규 이츠매쓰학원
최재원 이지수학학원
하재상 이헤수학학원
한은지 페르마학원
한인경 공감왕수학학원
황미라 한올학원

경상

강동일 에이원학원
강소정 정훈입시학원
강영환 정훈입시학원
강윤정 정훈입시학원
강희정 수학교실
구아름 구수한수학교습소
김성재 The쎈수학학원
김정휴 비상에듀학원
남유경 유니크수학학원
류현지 유니크수학학원
박건주 청림학원
박성규 박쌤수학학원
박소현 청림학원
박재훈 달공수학학원
박현철 정훈입시학원
서명원 입시박스학원
신동훈 유니크수학학원
유병호 캔깨쓰학원
유지민 비상에듀학원
윤영진 유클리드수학과학학원
이소리 G1230학원
이은미 수학의한수학원
전현도 A스쿨학원
정재현 에디슨아카데미
제준헌 니그학원
최혜경 프라임학원

광주

강동호 리엔학원
김국철 필즈영어수학학원
김대균 김대균수학학원
김동신 정평학원

강동석 MFA수학학원
노승균 정평학원
신선미 명문학원
양우식 정평학원
오성진 오성진선생의수학스케치학원
이수현 원수학학원
이재구 소촌엘리트학원
정민철 연승학원
정 석 정석수학전문학원
정수종 에스원수학학원
지행은 최상위영어수학학원
한병선 매쓰로드학원

대구

권영원 영원수학학원
김영숙 마스터박수학학원
김유리 최상위수학과학학원
김은진 월성해법수학학원
김정희 이레수학학원
김지수 율사학원
김태수 김태수수학학원
박미애 학림수학학원
박세열 송설수학학원
박태영 더좋은하늘수학학원
박호연 필즈수학학원
서효정 에이스학원
송유진 차수학학원
오현정 솔빛입시학원
윤기호 사인수학학원
이선미 에스엠학원
이주형 DK경대학원
장경미 휘영수학학원
전진철 전진철수학학원
조현진 수앤지학원
지현숙 클라무학원
하상희 한빛하쌤학원

대전

강현중 J학원
박재춘 제크아카데미
배용제 해마학원
윤석주 윤석주수학학원
이은혜 J학원
임진희 청담클루빌플레이팩토 황선생학원
장보영 윤석주수학학원
장현상 제크아카데미
정유진 청담클루빌플레이팩토 황선생학원
정진혁 버드내종로엠학원
홍선화 홍수학학원

부산

김선아 아연학원
김옥경 더매쓰학원

김원경 옥샘학원
김정민 이경철학원
김창기 우주수학원
김채화 채움수학전문학원
박상희 맵플러스금정캠퍼스학원
박순들 신진학원
손종규 화인수학학원
심정섭 전성학원
유소영 매쓰트리수학학원
윤한수 기능영재아카데미학원
이승윤 한길학원
이재명 청진학원
전현정 전성학원
정상원 필수통합학원
정영판 뉴피플학원
정진경 대원학원
정희경 육영재학원
조이석 레몬수학학원
천미숙 유레카학원
황보상 우진수학학원

인천

곽소윤 밀턴수학학원
김상미 밀턴수학학원
안상준 세종EMI학원
이봉섭 정일학원
정은영 밀턴수학학원
채수현 밀턴수학학원
황찬욱 밀턴수학학원

전라

이강화 강승학원
최진영 필즈수학전문학원
한성수 위드클래스학원

충청

김선경 해머수학학원
김은향 루트수학학원
나종복 나는수학학원
오일영 해미수학학원
우명제 필즈수학학원
이태린 이태린으뜸수학학원
장경진 히파티아수학학원
장은희 자기주도학습센터 홀로세움학원
정한용 청록학원
정혜경 팔로스학원
현정화 멘토수학학원
홍승기 청록학원

풍산자

반복수학

기초 개념과 연산의
집중 반복 훈련으로
**수학의 기초를 만들어 주는
반복학습서!**

중학수학 2-1

풍산자수학연구소 지음

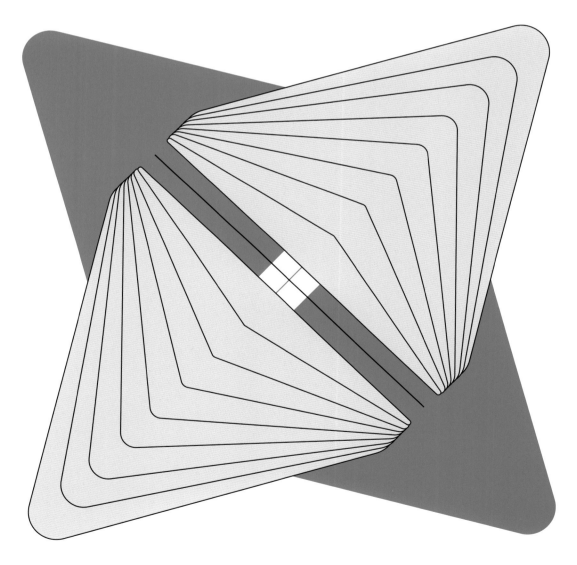

지학사

반복 연습으로 기초를 탄탄하게 만드는
기본학습서

◆◆

풍산자 반복수학

◆
◆
◆

정답과 해설

중학수학 **2-1**

Ⅰ. 수와 식의 계산

1 유리수와 순환소수

01 유리수의 분류 p. 8

1 (1) 2, 7, 5, 4　(2) 유리수

2 (1) 3, $\dfrac{12}{3}$　(2) -10, -6, $-\dfrac{16}{4}$

　(3) 3, -10, $\dfrac{12}{3}$, -6, $-\dfrac{16}{4}$, 0

　(4) 3, $-\dfrac{11}{6}$, 2.8, -10, $\dfrac{12}{3}$, -1.5, -6, $-\dfrac{16}{4}$,

　　 0, $\dfrac{2}{5}$

　(5) $-\dfrac{11}{6}$, 2.8, -1.5, $\dfrac{2}{5}$

3 (1) ○　(2) ○　(3) ×　(4) ×　(5) ×

2 $\dfrac{12}{3}=4 \ \rightarrow$ 자연수

　$-\dfrac{16}{4}=-4 \ \rightarrow$ 음의 정수

3 (3) 모든 정수는 유리수이다.

　(4) 유리수는 정수와 정수가 아닌 유리수로 이루어져
　　있다.

　(5) $0=\dfrac{0}{1}=\dfrac{0}{2}=\dfrac{0}{3}=\cdots$이므로 0은 유리수이다.

02 소수의 분류 p. 9

1 (1) 유한　(2) 무한　(3) 11, 0.272727…, 무한

2 (1) 유　(2) 무　(3) 무　(4) 유

　(5) 유　(6) 무

3 (1) 유　(2) 0.666…, 무　(3) -0.75, 유

　(4) 0.625, 유　(5) $-0.777\cdots$, 무

　(6) 0.2666…, 무

03 순환소수와 순환마디 pp. 10~11

1 (1) 45, 순환소수이다　(2) 순환소수가 아니다

2 (1) ○　(2) ×　(3) ○　(4) ×　(5) ○

3 36, 2.1$\dot{3}\dot{6}$

4 (1) 0.$\dot{7}$　(2) 25, 3.$\dot{2}\dot{5}$　(3) 3, 2.4$\dot{3}$

　(4) 65, 0.3$\dot{6}\dot{5}$　(5) 382, 2.$\dot{3}$8$\dot{2}$　(6) 3, 5.12$\dot{3}$

　(7) 59, 4.6$\dot{4}$5$\dot{9}$　(8) 2341, 1.$\dot{2}$34$\dot{1}$

　(9) 169, 3.13$\dot{1}$6$\dot{9}$

5 (1) 0.$\dot{2}$　(2) 0.1666…, 0.1$\dot{6}$

　(3) 0.454545…, 0.$\dot{4}\dot{5}$　(4) 0.3666…, 0.3$\dot{6}$

　(5) 0.291666…, 0.291$\dot{6}$

　(6) 0.148148148…, 0.$\dot{1}$4$\dot{8}$

6 (1) 6, 2, 2, 6　(2) 3, 7, 3, 2, 2, 3

7 384615, 6, 6, 2, 2, 8

8 (1) 0.$\dot{7}\dot{2}$　(2) 72　(3) 2개　(4) 7

8 (1) $\dfrac{8}{11}=8\div 11=0.727272\cdots=0.\dot{7}\dot{2}$

　(4) $35=2\times 17+1$이므로 소수점 아래 35번째 자리의
　　숫자는 소수점 아래 첫 번째 자리의 숫자와 같은 7
　　이다.

01-03 스스로 점검 문제 p. 12

1 ②, ④　**2** ③　**3** ㄴ, ㄷ　**4** ②

5 ①, ④　**6** ②　**7** 9　**8** 2

1 ① $\dfrac{12}{2}=6 \ \rightarrow$ 정수

　③ $-\dfrac{15}{3}=-5 \ \rightarrow$ 정수

2 ③ 음의 정수가 아닌 정수는 0 또는 양의 정수이다.

3 소수점 아래의 0이 아닌 숫자가 유한개인 소수는
　ㄴ, ㄷ이다.

4 ① 8　③ 531　④ 6　⑤ 048

5 ② 2.40$\dot{1}$　③ 7.5$\dot{1}\dot{7}$　⑤ 4.$\dot{9}$0$\dot{2}$

6 $\frac{7}{15}=0.4666\cdots=0.4\dot{6}$이므로 순환마디의 숫자의 개수는 1개이다.

$\frac{5}{27}=0.185185185\cdots=0.\dot{1}8\dot{5}$이므로 순환마디의 숫자의 개수는 3개이다.

따라서 $a=1$, $b=3$이므로 $a+b=4$

7 $0.\dot{4}715\dot{9}$의 순환마디의 숫자는 5개이고 $40=5\times8$이므로 소수점 아래 40번째 자리의 숫자는 소수점 아래 5번째 자리의 숫자와 같은 9이다.

8 $\frac{8}{33}=0.242424\cdots=0.\dot{2}\dot{4}$ ➡ 순환마디의 숫자가 2개

$25=2\times12+1$이므로 소수점 아래 25번째 자리의 숫자는 소수점 아래 첫 번째 자리의 숫자와 같은 2이다.

---

04 유한소수로 나타내기   pp. 13~15

1 (1) 5, 있다, 2, 10, 2, 2, 10, 0.2
   (2) 5, 2, 5, 있다, 5, 2, 5, 5, 5, 35, 0.35
   (3) 7, 7, 없다
   (4) 3, 3, 없다

2 (1) 2, 2, 6, 0.6
   (2) 5^2, 5^2, 25, 0.25
   (3) 5, 5^2, 5, 5^2, 225, 0.225
   (4) 2^3, 2^3, 168, 0.168
   (5) 25, 2^2, 2^2, 16, 0.16

3 (1) 2^4, 2, 있다   (2) 2×3^2, 2, 3, 없다
   (3) $\frac{1}{4}$, 2^2, 2, 있다   (4) $\frac{2}{5}$, 5, 있다
   (5) $\frac{4}{15}$, 3×5, 3, 5, 없다
   (6) $\frac{7}{36}$, $2^2\times3^2$, 2, 3, 없다

4 (1) ○   (2) ×   (3) ○   (4) ×   (5) ○

5 (1) ○   (2) ×   (3) ×   (4) ○

6 (1) 2, 5, 3, 3   (2) 21   (3) 3   (4) 33

7 (1) $\frac{7}{2\times3\times5}$ (2) 3   (3) 3

8 (1) 3   (2) 9   (3) 3   (4) 7   (5) 11

---

4 (1) 분모의 소인수가 2와 5뿐이므로 유한소수로 나타낼 수 있다.

  (2) $\frac{15}{2\times5\times7}=\frac{3}{2\times7}$
  분모에 소인수 7이 있으므로 유한소수로 나타낼 수 없다.

  (3) $\frac{63}{2\times3^2\times5}=\frac{7}{2\times5}$
  분모의 소인수가 2와 5뿐이므로 유한소수로 나타낼 수 있다.

  (4) $\frac{12}{3^2\times5}=\frac{4}{3\times5}$
  분모에 소인수 3이 있으므로 유한소수로 나타낼 수 없다.

  (5) $\frac{21}{2^3\times7}=\frac{3}{2^3}$
  분모의 소인수가 2뿐이므로 유한소수로 나타낼 수 있다.

5 (1) $\frac{3}{8}=\frac{3}{2^3}$
  분모의 소인수가 2뿐이므로 유한소수로 나타낼 수 있다.

  (2) $\frac{5}{24}=\frac{5}{2^3\times3}$
  분모에 소인수 3이 있으므로 유한소수로 나타낼 수 없다.

  (3) $\frac{6}{33}=\frac{2}{11}$
  분모에 소인수 11이 있으므로 유한소수로 나타낼 수 없다.

  (4) $\frac{39}{120}=\frac{13}{40}=\frac{13}{2^3\times5}$
  분모의 소인수가 2와 5뿐이므로 유한소수로 나타낼 수 있다.

6 (2) a는 $3\times7=21$의 배수이어야 하므로 a의 값이 될 수 있는 가장 작은 자연수는 21이다.

  (3) $\frac{3\times a}{3^2\times5}=\frac{a}{3\times5}$이므로 a는 3의 배수이어야 한다.
  따라서 a의 값이 될 수 있는 가장 작은 자연수는 3이다.

  (4) a는 $3\times11=33$의 배수이어야 하므로 a의 값이 될 수 있는 가장 작은 자연수는 33이다.

8 (1) $\frac{2}{15}\times a=\frac{2}{3\times5}\times a$가 유한소수로 나타내어지므로 a는 3의 배수이어야 한다. 따라서 a의 값이 될 수 있는 가장 작은 자연수는 3이다.

(2) $\dfrac{5}{36} \times a = \dfrac{5}{2^2 \times 3^2} \times a$가 유한소수로 나타내어지므로 a는 $3^2 = 9$의 배수이어야 한다. 따라서 a의 값이 될 수 있는 가장 작은 자연수는 9이다.

(3) $\dfrac{11}{60} \times a = \dfrac{11}{2^2 \times 3 \times 5} \times a$가 유한소수로 나타내어지므로 a는 3의 배수이어야 한다. 따라서 a의 값이 될 수 있는 가장 작은 자연수는 3이다.

(4) $\dfrac{3}{42} \times a = \dfrac{1}{14} \times a = \dfrac{1}{2 \times 7} \times a$가 유한소수로 나타내어지므로 a는 7의 배수이어야 한다. 따라서 a의 값이 될 수 있는 가장 작은 자연수는 7이다.

(5) $\dfrac{21}{330} \times a = \dfrac{7}{110} \times a = \dfrac{7}{2 \times 5 \times 11} \times a$가 유한소수로 나타내어지므로 a는 11의 배수이어야 한다.
따라서 a의 값이 될 수 있는 가장 작은 자연수는 11이다.

---

05 순환소수를 분수로 나타내기 (1) pp. 16~18

1 (1) $0.555\cdots$　(2) 5, 1　(3) 10, 10
　　(4) 10, $0.555\cdots$, 9, 5, $\dfrac{5}{9}$

2 (1) $0.2363636\cdots$
　　(2) 2, 1, 36, 2　(3) 1000, 1000, 10, 10
　　(4) 1000, 10, 990, 990, $\dfrac{13}{55}$

3 (1) 9, 9, $\dfrac{2}{3}$　　　(2) 10, 9, $\dfrac{19}{9}$
　　(3) 100, 99, $\dfrac{13}{99}$　　(4) 1000, 999, 999, $\dfrac{26}{111}$

4 (1) 100, 10, 90, 90, $\dfrac{19}{45}$
　　(2) 100, 10, 90, 90, $\dfrac{16}{15}$
　　(3) 1000, 10, 990, 990, $\dfrac{127}{495}$
　　(4) 1000, 100, 900, 900, $\dfrac{82}{75}$

5 (1) ㄷ　(2) ㅂ　(3) ㄴ　(4) ㅁ

6 (1) $\dfrac{4}{3}$　(2) $\dfrac{38}{99}$　(3) $\dfrac{14}{11}$　(4) $\dfrac{50}{37}$

7 (1) $\dfrac{17}{90}$　(2) $\dfrac{277}{90}$　(3) $\dfrac{118}{165}$
　　(4) $\dfrac{118}{75}$　(5) $\dfrac{71}{150}$　(6) $\dfrac{2789}{495}$

---

6 (1) $x = 1.\dot{3} = 1.333\cdots$으로 놓으면
$$\begin{array}{r} 10x = 13.333\cdots \\ -)\quad x = 1.333\cdots \\ \hline 9x = 12 \end{array}$$
$$\therefore x = \dfrac{12}{9} = \dfrac{4}{3}$$

(2) $x = 0.\dot{3}\dot{8} = 0.383838\cdots$로 놓으면
$$\begin{array}{r} 100x = 38.383838\cdots \\ -)\quad x = 0.383838\cdots \\ \hline 99x = 38 \end{array}$$
$$\therefore x = \dfrac{38}{99}$$

(3) $x = 1.\dot{2}\dot{7} = 1.272727\cdots$로 놓으면
$$\begin{array}{r} 100x = 127.272727\cdots \\ -)\quad x = 1.272727\cdots \\ \hline 99x = 126 \end{array}$$
$$\therefore x = \dfrac{126}{99} = \dfrac{14}{11}$$

(4) $x = 1.\dot{3}5\dot{1} = 1.351351\cdots$로 놓으면
$$\begin{array}{r} 1000x = 1351.351351\cdots \\ -)\quad x = 1.351351\cdots \\ \hline 999x = 1350 \end{array}$$
$$\therefore x = \dfrac{1350}{999} = \dfrac{50}{37}$$

7 (1) $x = 0.1\dot{8} = 0.1888\cdots$로 놓으면
$$\begin{array}{r} 100x = 18.888\cdots \\ -)\quad 10x = 1.888\cdots \\ \hline 90x = 17 \end{array}$$
$$\therefore x = \dfrac{17}{90}$$

(2) $x = 3.0\dot{7} = 3.0777\cdots$로 놓으면
$$\begin{array}{r} 100x = 307.777\cdots \\ -)\quad 10x = 30.777\cdots \\ \hline 90x = 277 \end{array}$$
$$\therefore x = \dfrac{277}{90}$$

(3) $x = 0.7\dot{1}\dot{5} = 0.7151515\cdots$로 놓으면
$$\begin{array}{r} 1000x = 715.151515\cdots \\ -)\quad 10x = 7.151515\cdots \\ \hline 990x = 708 \end{array}$$
$$\therefore x = \dfrac{708}{990} = \dfrac{118}{165}$$

(4) $x = 1.57\dot{3} = 1.57333\cdots$으로 놓으면
$$\begin{array}{r} 1000x = 1573.333\cdots \\ -)\quad 100x = 157.333\cdots \\ \hline 900x = 1416 \end{array}$$
$$\therefore x = \dfrac{1416}{900} = \dfrac{118}{75}$$

(5) $x = 0.47\dot{3} = 0.47333\cdots$ 으로 놓으면

$$
\begin{array}{r}
1000x = 473.333\cdots \\
-\ )\ \ 100x = \ \ 47.333\cdots \\
\hline
900x = 426
\end{array}
$$

$$\therefore x = \frac{426}{900} = \frac{71}{150}$$

(6) $x = 5.6\dot{3}\dot{4} = 5.6343434\cdots$ 로 놓으면

$$
\begin{array}{r}
1000x = 5634.343434\cdots \\
-\ )\ \ \ 10x = \ \ \ 56.343434\cdots \\
\hline
990x = 5578
\end{array}
$$

$$\therefore x = \frac{5578}{990} = \frac{2789}{495}$$

---

06 순환소수를 분수로 나타내기 (2) pp. 19~20

1 (1) $\dfrac{35}{99}$ ① 순환마디 ② 35

(2) 2, 9   (3) 13, 99   (4) 725, 999

2 (1) $\dfrac{43}{90}$ ① 순환마디, 0 ② 4

(2) 104, 1, 990, $\dfrac{103}{990}$

(3) 1007, 100, 900, $\dfrac{907}{900}$

(4) 2817, 28, 990, $\dfrac{2789}{990}$

3 (1) 9   (2) 99   (3) 999   (4) 2, 243, $\dfrac{27}{11}$

(5) 6, 57, $\dfrac{19}{30}$ (6) 7, 990, 745, $\dfrac{149}{198}$

(7) 18, 166, $\dfrac{83}{45}$ (8) 32, 990, 3265, $\dfrac{653}{198}$

4 (1) $\dfrac{9}{11}$ (2) $\dfrac{511}{333}$ (3) $\dfrac{59}{180}$

(4) $\dfrac{103}{18}$ (5) $\dfrac{156}{55}$ (6) $\dfrac{3163}{900}$

4 (1) $0.\dot{8}\dot{1} = \dfrac{81}{99} = \dfrac{9}{11}$

(2) $1.\dot{5}3\dot{4} = \dfrac{1534 - 1}{999} = \dfrac{1533}{999} = \dfrac{511}{333}$

(3) $0.3\dot{2}\dot{7} = \dfrac{327 - 32}{900} = \dfrac{295}{900} = \dfrac{59}{180}$

(4) $5.7\dot{2} = \dfrac{572 - 57}{90} = \dfrac{515}{90} = \dfrac{103}{18}$

(5) $2.8\dot{3}\dot{6} = \dfrac{2836 - 28}{990} = \dfrac{2808}{990} = \dfrac{156}{55}$

(6) $3.5\dot{1}\dot{4} = \dfrac{3514 - 351}{900} = \dfrac{3163}{900}$

---

07 유리수와 소수의 관계 p. 21

1 (1) 5, 유한소수

(2) 2, 5, 없다, $0.8\dot{3}$(또는 $0.8333\cdots$), 순환소수

(3) 유한소수, 순환소수

2 (1) 45, $\dfrac{9}{20}$, 이다   (2) 99, 이다

3 π, $0.7618714\cdots$

4 (1) ○   (2) ×   (3) ×   (4) ○   (5) ×

4 (2) 모든 순환소수는 유리수이다.

(3) 순환하지 않는 무한소수는 유리수가 아니다.

(5) 정수가 아닌 유리수는 유한소수 또는 순환소수로 나타낼 수 있다.

04-07 스스로 점검 문제 p. 22

| **1** ③ | **2** ④ | **3** 39 | **4** ⑤ |
| **5** ④ | **6** ④ | **7** 35 | **8** ② |

1 $\dfrac{7}{40} = \dfrac{7}{2^3 \times 5} = \dfrac{7 \times 5^2}{2^3 \times 5 \times 5^2} = \dfrac{175}{10^3} = 0.175$

③ $C = 7 \times 25 = 175$

2 ① $\dfrac{5}{14} = \dfrac{5}{2 \times 7}$ ② $\dfrac{11}{24} = \dfrac{11}{2^3 \times 3}$

③ $\dfrac{28}{42} = \dfrac{2}{3}$ ④ $\dfrac{27}{72} = \dfrac{3}{8} = \dfrac{3}{2^3}$

⑤ $\dfrac{6}{90} = \dfrac{1}{15} = \dfrac{1}{3 \times 5}$

따라서 유한소수로 나타낼 수 있는 것은 분모의 소인수가 2뿐인 ④이다.

3 $\dfrac{11}{78} \times a = \dfrac{11}{2 \times 3 \times 13} \times a$를 소수로 나타내면 유한소수가 되므로 분모의 소인수가 2나 5뿐이어야 한다.

따라서 a는 $3 \times 13 = 39$의 배수이어야 하므로 a의 값이 될 수 있는 가장 작은 자연수는 39이다.

4

$\boxed{100}\,x = 25.555\cdots$　　……㉠

$\boxed{10}\,x = 2.555\cdots$　　……㉡

㉠－㉡을 하면 $\boxed{90}\,x = \boxed{23}$

$\therefore x = \boxed{\dfrac{23}{90}}$

⑤ ㈐ $\dfrac{23}{90}$

5　$1000x - 10x = 434$　　$\therefore x = \dfrac{434}{990} = \dfrac{217}{495}$

6　① $9.\dot{4} = \dfrac{94-9}{9}$

　　② $0.7\dot{3} = \dfrac{73-7}{90}$

　　③ $8.1\dot{9} = \dfrac{819-8}{99}$

　　⑤ $0.\dot{6}5\dot{8} = \dfrac{658}{999}$

7　$2.\dot{1}\dot{8} = \dfrac{218-2}{99} = \dfrac{216}{99} = \dfrac{24}{11}$

따라서 분자와 분모의 합은

$24 + 11 = 35$

8　② 무한소수 중 순환소수는 유리수이다.

---

08 지수법칙 (1)　　p. 23

1　(1) 2　(2) 3　(3) 5　(4) 2, 3, 5

2　(1) 2　(2) 3, 3, 6　(3) 2, 6　(4) 3, 2, 6

3　(1) 4, 7　(2) 3^9　(3) a^6　(4) 3, 2, 10

　　(5) x^{14}　(6) 2, 3, 6, 9　(7) $a^{11}b^4$

　　(8) $x^{13}y^9$

3　(2) $3^2 \times 3^7 = 3^{2+7} = 3^9$

　　(3) $a^4 \times a^2 = a^{4+2} = a^6$

　　(5) $x \times x^8 \times x^5 = x^{1+8+5} = x^{14}$

　　(7) $a^5 \times b^2 \times a^6 \times b^2 = a^{5+6} \times b^{2+2} = a^{11}b^4$

　　(8) $x^3 \times x^4 \times y^8 \times x^6 \times y = x^{3+4+6} \times y^{8+1} = x^{13}y^9$

09 지수법칙 (2)　　p. 24

1　(1) 5, 20　(2) 5^{12}　(3) x^{40}　(4) 2, 6, 6, 24

　　(5) 3^{24}

2　(1) 3, 21, 27　(2) 2, 5, 6, 20, 26　(3) a^{19}

　　(4) $x^{13}y^{12}$　(5) $a^{36}b^{15}$

3　(1) 5　(2) 4　(3) 5　(4) 3　(5) 6

1　(2) $(5^6)^2 = 5^{6 \times 2} = 5^{12}$

　　(3) $(x^5)^8 = x^{5 \times 8} = x^{40}$

　　(5) $\{(3^2)^4\}^3 = (3^{2 \times 4})^3 = (3^8)^3 = 3^{8 \times 3} = 3^{24}$

2　(3) $(a^2)^5 \times (a^3)^3 = a^{2 \times 5} \times a^{3 \times 3} = a^{10+9} = a^{19}$

　　(4) $(x^3)^2 \times (y^4)^3 \times x^7 = x^{3 \times 2} \times y^{4 \times 3} \times x^7$

　　　　　　　　　　　$= x^{6+7} \times y^{12} = x^{13}y^{12}$

　　(5) $(a^5)^4 \times (b^3)^5 \times (a^8)^2 = a^{5 \times 4} \times b^{3 \times 5} \times a^{8 \times 2}$

　　　　　　　　　　　　　$= a^{20+16} \times b^{15} = a^{36}b^{15}$

3　(1) $4 + \square = 9$　　$\therefore \square = 5$

　　(2) $5 + \square + 1 = 10$　　$\therefore \square = 4$

　　(3) $\square \times 3 = 15$　　$\therefore \square = 5$

　　(4) $2 \times \square + 7 = 13$, $2 \times \square = 6$　　$\therefore \square = 3$

　　(5) $\square \times 3 + 8 = 26$, $\square \times 3 = 18$　　$\therefore \square = 6$

1 (1) 5   (2) 3   (3) 2, 5, 3, 2   (4) 1
    (5) 5, 3, 2

2 (1) 6, 2, 4   (2) 1   (3) 7, 4, 3

3 (1) 7^5 (2) $\dfrac{1}{a^3}$ (3) 1

    (4) x^6 (5) 1   (6) $\dfrac{1}{y^7}$

4 (1) 2^2 (2) a^3 (3) 1   (4) $\dfrac{1}{x^2}$

5 (1) 3^5 (2) 1   (3) $\dfrac{1}{x^{12}}$ (4) $\dfrac{1}{y^7}$

6 (1) 7   (2) 8   (3) 8   (4) 4   (5) 3

---

3 (1) $7^8 \div 7^3 = 7^{8-3} = 7^5$

    (2) $a^2 \div a^5 = \dfrac{1}{a^{5-2}} = \dfrac{1}{a^3}$

    (4) $x^{10} \div x^4 = x^{10-4} = x^6$

    (6) $y^5 \div y^{12} = \dfrac{1}{y^{12-5}} = \dfrac{1}{y^7}$

4 (1) $2^{12} \div 2^4 \div 2^6 = 2^{12-4} \div 2^6 = 2^8 \div 2^6$
                     $= 2^{8-6} = 2^2$

    (2) $a^8 \div a^3 \div a^2 = a^{8-3} \div a^2 = a^5 \div a^2$
                     $= a^{5-2} = a^3$

    (3) $b^9 \div b^7 \div b^2 = b^{9-7} \div b^2 = b^2 \div b^2 = 1$

    (4) $x^{10} \div x^5 \div x^7 = x^{10-5} \div x^7 = x^5 \div x^7$
                     $= \dfrac{1}{x^{7-5}} = \dfrac{1}{x^2}$

5 (1) $(3^7)^3 \div (3^2)^8 = 3^{7 \times 3} \div 3^{2 \times 8} = 3^{21} \div 3^{16}$
                     $= 3^{21-16} = 3^5$

    (2) $(a^4)^6 \div (a^8)^3 = a^{4 \times 6} \div a^{8 \times 3} = a^{24} \div a^{24} = 1$

    (3) $(x^2)^9 \div (x^6)^5 = x^{2 \times 9} \div x^{6 \times 5} = x^{18} \div x^{30}$
                     $= \dfrac{1}{x^{30-18}} = \dfrac{1}{x^{12}}$

    (4) $(y^5)^2 \div (y^3)^3 \div (y^2)^4 = y^{5 \times 2} \div y^{3 \times 3} \div y^{2 \times 4}$
                          $= y^{10} \div y^9 \div y^8$
                          $= y^{10-9} \div y^8 = y \div y^8$
                          $= \dfrac{1}{y^{8-1}} = \dfrac{1}{y^7}$

6 (1) $\square - 4 = 3$ $\therefore \square = 7$

    (3) $\square - 5 = 3$ $\therefore \square = 8$

    (4) $\square \times 4 - 6 = 10$, $\square \times 4 = 16$ $\therefore \square = 4$

    (5) $\square \times 3 = 9$ $\therefore \square = 3$

---

1 (1) 3   (2) 3, 3   (3) 3, 3

2 (1) 3   (2) 3, 3   (3) 3, 3

3 (1) 5, 5   (2) 3, 3, 8, 3   (3) 4, 4, 4, 4, 4, 4

4 (1) 4, 3, 4, 8, 12   (2) $27a^6$ (3) $a^{15}b^5$
    (4) $-8x^{15}y^9$

5 (1) 4, 4   (2) 3, 3, 12, 27
    (3) $\dfrac{a^6}{b^{12}}$ (4) 5, 3, 5, 10, 15
    (5) $-\dfrac{a^{21}}{b^{28}}$ (6) $\dfrac{32x^{20}}{y^{10}}$ (7) $\dfrac{x^{12}}{25y^{14}}$

6 (1) 3   (2) 5   (3) 2   (4) 8   (5) 5

---

4 (2) $(3a^2)^3 = 3^3 a^{2 \times 3} = 27a^6$

    (3) $(a^3 b)^5 = a^{3 \times 5} b^5 = a^{15} b^5$

    (4) $(-2x^5 y^3)^3 = (-2)^3 x^{5 \times 3} y^{3 \times 3} = -8x^{15} y^9$

5 (3) $\left(\dfrac{a}{b^2}\right)^6 = \dfrac{a^6}{b^{2 \times 6}} = \dfrac{a^6}{b^{12}}$

    (5) $\left(-\dfrac{a^3}{b^4}\right)^7 = (-1)^7 \times \dfrac{a^{3 \times 7}}{b^{4 \times 7}} = -\dfrac{a^{21}}{b^{28}}$

    (6) $\left(\dfrac{2x^4}{y^2}\right)^5 = \dfrac{2^5 x^{4 \times 5}}{y^{2 \times 5}} = \dfrac{32x^{20}}{y^{10}}$

    (7) $\left(-\dfrac{x^6}{5y^7}\right)^2 = (-1)^2 \times \dfrac{x^{6 \times 2}}{5^2 y^{7 \times 2}} = \dfrac{x^{12}}{25y^{14}}$

6 (1) $\square \times 4 = 12$ $\therefore \square = 3$

    (2) $2 \times \square = 10$ $\therefore \square = 5$

    (3) $3 \times \square = 6$ $\therefore \square = 2$

    (4) $\square \times 3 = 24$ $\therefore \square = 8$

    (5) $\square \times 2 = 10$ $\therefore \square = 5$

08-11 · 스스로 점검 문제   p. 29

1 16   **2** ②   **3** 120   **4** ③
5 ①   **6** ④   **7** ③   **8** 20

1 $2^{4+a} = 2^4 \times 2^a = 16 \times 2^a$이므로 $\square = 16$

2 $3^3 + 3^3 + 3^3 = 3 \times 3^3 = 3^{1+3} = 3^4$ $\therefore n = 4$

3 $\{(x^5)^4\}^6 = (x^{5 \times 4})^6 = x^{20 \times 6} = x^{120}$ $\therefore n = 120$

4
$$a^4 \times (b^3)^3 \times a \times b^3 = a^4 \times b^{3\times3} \times a \times b^3$$
$$= a^{4+1}b^{9+3} = a^5b^{12}$$
이므로 $x=5$, $y=12$
$$\therefore x+y=17$$

5
$$a^{12} \times a^8 \div (a^3)^6 = a^{12} \times a^8 \div a^{3\times6}$$
$$= a^{12+8} \div a^{18} = a^{20} \div a^{18}$$
$$= a^{20-18} = a^2$$

6
① $x^2 \times x^5 = x^{2+5} = x^7$

② $(x^4)^7 = x^{4\times7} = x^{28}$

③ $x^3 \div x^8 = \dfrac{1}{x^{8-3}} = \dfrac{1}{x^5}$

⑤ $\left(-\dfrac{3x^3}{y^2}\right)^4 = (-1)^4 \times \dfrac{3^4 x^{3\times4}}{y^{2\times4}} = \dfrac{81x^{12}}{y^8}$

7
① $x^{\square+6} = x^9$이므로 $\square+6=9$ $\therefore \square=3$

② $x^{8\times\square} = x^{40}$이므로 $8\times\square=40$ $\therefore \square=5$

③ $x^{15-\square} = x^7$이므로 $15-\square=7$ $\therefore \square=8$

④ $2^\square x^{3\times\square} y^{4\times\square} = 32x^{15}y^{20}$이므로
$3\times\square=15$ $\therefore \square=5$

⑤ $\dfrac{x^{\square\times3}}{y^{7\times3}} = \dfrac{x^{12}}{y^{21}}$이므로 $\square\times3=12$ $\therefore \square=4$

8
$$\left(-\dfrac{x^4}{3y^a}\right)^b = \left(-\dfrac{1}{3}\right)^b \times \dfrac{x^{4b}}{y^{ab}} = -\dfrac{x^c}{27y^{15}}$$이므로
$\left(-\dfrac{1}{3}\right)^b = -\dfrac{1}{27}$에서 $b=3$
$x^{4b} = x^c$에서 $4b=c$ $\therefore c=12$
$y^{ab} = y^{15}$에서 $ab=15$, $3a=15$ $\therefore a=5$
$$\therefore a+b+c = 5+3+12 = 20$$

---

12 | 단항식의 곱셈　　　　　pp. 30~31

1 (1) a, $12ab$　　(2) x^2, 4, x^2, $20x^3y$

2 (1) $35ab$　(2) $-48ab$　(3) $18xy$
　　(4) $-30x^2y$

3 (1) $21x^6$　　　(2) $-12a^5$　　(3) $18xy^3$
　　(4) $-30a^3b^5$　(5) $-2x^6y^4$　(6) $2a^8b^{12}$

4 (1) $40x^3y$　(2) $-9x^5y^2$　(3) $32a^5b^2$
　　(4) $3a^4b^7$　(5) $8x^{11}y^5$　(6) $4a^8b^{10}$
　　(7) $2x^{12}y^{15}$　(8) $\dfrac{9}{2}a^{18}b^{11}$

5 (1) $-a^5b^4$　　　(2) $-24x^2y^5$
　　(3) $-10x^{14}y^{15}$　(4) $-20a^{23}b^{13}$

---

2 (1) $5a \times 7b = 5 \times 7 \times a \times b = 35ab$

(2) $8a \times (-6b) = 8 \times (-6) \times a \times b = -48ab$

(3) $(-2x) \times (-9y) = (-2) \times (-9) \times x \times y$
$$= 18xy$$

(4) $3x \times 5y \times (-2x) = 3 \times 5 \times (-2) \times x \times x \times y$
$$= -30x^2y$$

3 (1) $7x^2 \times 3x^4 = 7 \times 3 \times x^2 \times x^4 = 21x^6$

(2) $2a^3 \times (-6a^2) = 2 \times (-6) \times a^3 \times a^2 = -12a^5$

(3) $6xy \times 3y^2 = 6 \times 3 \times x \times y \times y^2 = 18xy^3$

(4) $(-15ab^3) \times 2a^2b^2$
$$= (-15) \times 2 \times a \times a^2 \times b^3 \times b^2$$
$$= -30a^3b^5$$

(5) $\dfrac{1}{3}x^4y \times (-6x^2y^3) = \dfrac{1}{3} \times (-6) \times x^4 \times x^2 \times y \times y^3$
$$= -2x^6y^4$$

(6) $8a^2b^5 \times \dfrac{1}{4}a^6b^7 = 8 \times \dfrac{1}{4} \times a^2 \times a^6 \times b^5 \times b^7$
$$= 2a^8b^{12}$$

4 (1) $(2x)^3 \times 5y = 2^3 \times 5 \times x^3 \times y = 40x^3y$

(2) $(-3x)^2 \times (-x^3y^2)$
$$= (-3)^2 \times (-1) \times x^2 \times x^3 \times y^2$$
$$= -9x^5y^2$$

(3) $2a^3 \times (-4ab)^2 = 2 \times (-4)^2 \times a^3 \times a^2 \times b^2$
$$= 32a^5b^2$$

(4) $\dfrac{1}{3}a^2b \times (3ab^3)^2 = \dfrac{1}{3} \times 3^2 \times a^2 \times a^2 \times b \times b^6$
$$= 3a^4b^7$$

(5) $(xy)^2 \times (2x^3y)^3 = 2^3 \times x^2 \times x^9 \times y^2 \times y^3$
$$= 8x^{11}y^5$$

(6) $(-ab^2)^2 \times (-2a^3b^3)^2$
$$= (-1)^2 \times (-2)^2 \times a^2 \times a^6 \times b^4 \times b^6$$
$$= 4a^8b^{10}$$

(7) $\left(-\dfrac{1}{4}x\right)^2 \times (2x^2y^3)^5$
$$= \left(-\dfrac{1}{4}\right)^2 \times 2^5 \times x^2 \times x^{10} \times y^{15}$$
$$= 2x^{12}y^{15}$$

(8) $(6a^3b^4)^2 \times \left(\dfrac{1}{2}a^4b\right)^3$
$$= 6^2 \times \left(\dfrac{1}{2}\right)^3 \times a^6 \times a^{12} \times b^8 \times b^3$$
$$= \dfrac{9}{2}a^{18}b^{11}$$

5 (1) $(ab)^2 \times (-a^2) \times ab^2$
$$= a^2b^2 \times (-a^2) \times ab^2$$
$$= -1 \times a^2 \times a^2 \times a \times b^2 \times b^2$$
$$= -a^5b^4$$

(2) $2xy^2 \times (-3x) \times 4y^3$

$= 2 \times (-3) \times 4 \times x \times x \times y^2 \times y^3$

$= -24x^2y^5$

(3) $\dfrac{5}{4}x^3y \times x^5y^2 \times (-2x^2y^4)^3$

$= \dfrac{5}{4}x^3y \times x^5y^2 \times (-2)^3x^6y^{12}$

$= \dfrac{5}{4} \times (-8) \times x^3 \times x^5 \times x^6 \times y \times y^2 \times y^{12}$

$= -10x^{14}y^{15}$

(4) $(3a^2b^2)^4 \times (-5a^7b^3) \times \left(\dfrac{2}{9}a^4b\right)^2$

$= 3^4a^8b^8 \times (-5a^7b^3) \times \left(\dfrac{2}{9}\right)^2a^8b^2$

$= 81 \times (-5) \times \dfrac{4}{81} \times a^8 \times a^7 \times a^8 \times b^8 \times b^3 \times b^2$

$= -20a^{23}b^{13}$

13 단항식의 나눗셈   pp. 32~33

1 (1) $4a$, 4, a, $5b$ (2) y, 2, y, $8xy$

2 (1) $7a$ (2) $4xy^2$ (3) $-5b$ (4) $9x^2$

    (5) $\dfrac{2a^2}{b^2}$ (6) $-8x^4y^2$ (7) $4x^2y^5$

3 (1) $\dfrac{1}{4}x^5y^2$ (2) $\dfrac{1}{3a}$ (3) $\dfrac{y}{9x}$ (4) $a^{12}b^2$

    (5) $-\dfrac{6y^4}{x}$ (6) $36a^2b^5$ (7) $\dfrac{1}{2}xy^3$

    (8) $-\dfrac{32}{3}x^5y^4$

4 (1) $\dfrac{4y}{x^2}$ (2) $2b$ (3) $\dfrac{4}{3}xy$ (4) $-16ab$

2 (1) $21a^2 \div 3a = \dfrac{21a^2}{3a} = 7a$

(2) $8x^2y^3 \div 2xy = \dfrac{8x^2y^3}{2xy} = 4xy^2$

(3) $15ab^3 \div (-3ab^2) = -\dfrac{15ab^3}{3ab^2} = -5b$

(4) $6x^2y \div \dfrac{2}{3}y = 6x^2y \div \dfrac{2y}{3} = 6x^2y \times \dfrac{3}{2y} = 9x^2$

(5) $3a^5b^5 \div \dfrac{3}{2}a^3b^7 = 3a^5b^5 \div \dfrac{3a^3b^7}{2}$

$= 3a^5b^5 \times \dfrac{2}{3a^3b^7} = \dfrac{2a^2}{b^2}$

(6) $6x^7y^4 \div \left(-\dfrac{3}{4}x^3y^2\right) = 6x^7y^4 \div \left(-\dfrac{3x^3y^2}{4}\right)$

$= 6x^7y^4 \times \left(-\dfrac{4}{3x^3y^2}\right)$

$= -8x^4y^2$

(7) $-\dfrac{2}{5}x^8y^3 \div \left(-\dfrac{x^6}{10y^2}\right) = -\dfrac{2}{5}x^8y^3 \times \left(-\dfrac{10y^2}{x^6}\right)$

$= 4x^2y^5$

3 (1) $(-x^3y)^2 \div 4x = x^6y^2 \div 4x$

$= \dfrac{x^6y^2}{4x} = \dfrac{1}{4}x^5y^2$

(2) $12a^5b^2 \div (6a^3b)^2 = 12a^5b^2 \div 36a^6b^2$

$= \dfrac{12a^5b^2}{36a^6b^2} = \dfrac{1}{3a}$

(3) $(xy)^3 \div (-3x^2y)^2 = x^3y^3 \div 9x^4y^2$

$= \dfrac{x^3y^3}{9x^4y^2} = \dfrac{y}{9x}$

(4) $(-a^4b^3)^4 \div (a^2b^5)^2 = a^{16}b^{12} \div a^4b^{10}$

$= \dfrac{a^{16}b^{12}}{a^4b^{10}} = a^{12}b^2$

(5) $(3xy^2)^3 \div \left(-\dfrac{9}{2}x^4y^2\right) = 27x^3y^6 \times \left(-\dfrac{2}{9x^4y^2}\right)$

$= -\dfrac{6y^4}{x}$

(6) $4a^8b^5 \div \left(-\dfrac{1}{3}a^3\right)^2 = 4a^8b^5 \div \dfrac{1}{9}a^6$

$= 4a^8b^5 \times \dfrac{9}{a^6} = 36a^2b^5$

(7) $\left(-\dfrac{3}{4}x^2y^4\right)^2 \div \dfrac{9}{8}x^3y^5 = \dfrac{9}{16}x^4y^8 \times \dfrac{8}{9x^3y^5}$

$= \dfrac{1}{2}xy^3$

(8) $\left(-\dfrac{2}{3}x^7y^2\right)^3 \div \left(-\dfrac{1}{6}x^8y\right)^2$

$= -\dfrac{8}{27}x^{21}y^6 \div \dfrac{1}{36}x^{16}y^2$

$= -\dfrac{8}{27}x^{21}y^6 \times \dfrac{36}{x^{16}y^2}$

$= -\dfrac{32}{3}x^5y^4$

4 (1) $8x^2y^2 \div 2x^2y \div x^2$

$= 8x^2y^2 \times \dfrac{1}{2x^2y} \times \dfrac{1}{x^2} = \dfrac{4y}{x^2}$

(2) $(-6ab)^2 \div 9a^2 \div 2b$

$= 36a^2b^2 \times \dfrac{1}{9a^2} \times \dfrac{1}{2b} = 2b$

(3) $2x^2y^5 \div (3y^2)^2 \div \dfrac{1}{6}x$

$= 2x^2y^5 \div 9y^4 \div \dfrac{1}{6}x$

$= 2x^2y^5 \times \dfrac{1}{9y^4} \times \dfrac{6}{x} = \dfrac{4}{3}xy$

(4) $(-4a^3b^4)^2 \div \left(-\dfrac{1}{2}ab^2\right)^3 \div 8a^2b$

$= 16a^6b^8 \div \left(-\dfrac{1}{8}a^3b^6\right) \div 8a^2b$

$= 16a^6b^8 \times \left(-\dfrac{8}{a^3b^6}\right) \times \dfrac{1}{8a^2b}$

$= -16ab$

1 (1) $6x^2$, 6, x^2, x^2 (2) $4xy$, 4, xy, $2x^3y^3$

   (3) $9x^4y^6$, x^3y^7, $9x^4y^6$, x^3y^7, 9, x^4y^6, x^3y^7, $36x^2y^2$

   (4) $36a^2$, $3ab$, 36, 3, a^2, ab, $-24ab$

2 (1) $6x^3$ (2) $12a^2$ (3) -1

   (4) a^4 (5) $-\dfrac{8}{x^2}$ (6) $-2ab$

3 (1) $\dfrac{4}{3}x^2$ (2) $9b^2$ (3) $-96x^2y^2$

   (4) $3a^6b^9$ (5) $18xy^5$

4 (1) $2ab^2$ (2) $\dfrac{6b^7}{a^2}$ (3) $45a^5b^2$

   (4) $125xy^5$ (5) $-24x^2y$ (6) $-9x^7y$

   (7) $\dfrac{a^7b^5}{12}$

---

2 (1) $2x^4 \times 6x \div 2x^2 = 2x^4 \times 6x \times \dfrac{1}{2x^2} = 6x^3$

   (2) $6a^3 \times 2a \div a^2 = 6a^3 \times 2a \times \dfrac{1}{a^2} = 12a^2$

   (3) $4x^3 \times (-x) \div 4x^4 = 4x^3 \times (-x) \times \dfrac{1}{4x^4} = -1$

   (4) $3a^2 \div 6a \times 2a^3 = 3a^2 \times \dfrac{1}{6a} \times 2a^3 = a^4$

   (5) $-2x^2 \div 3x^5 \times 12x = -2x^2 \times \dfrac{1}{3x^5} \times 12x = -\dfrac{8}{x^2}$

   (6) $6a^2 \div (-9ab) \times 3b^2 = 6a^2 \times \left(-\dfrac{1}{9ab}\right) \times 3b^2$
                   $= -2ab$

3 (1) $4x^2 \times 2xy^2 \div 6xy^2$

     $= 4x^2 \times 2xy^2 \times \dfrac{1}{6xy^2} = \dfrac{4}{3}x^2$

   (2) $12ab^2 \div 4a^2b^2 \times 3ab^2$

     $= 12ab^2 \times \dfrac{1}{4a^2b^2} \times 3ab^2 = 9b^2$

   (3) $24x^3y \div (-xy) \times 4y^2$

     $= 24x^3y \times \left(-\dfrac{1}{xy}\right) \times 4y^2 = -96x^2y^2$

   (4) $30a^5b^8 \times \dfrac{4}{5}a^2b^3 \div 8ab^2$

     $= 30a^5b^8 \times \dfrac{4}{5}a^2b^3 \times \dfrac{1}{8ab^2} = 3a^6b^9$

   (5) $21x^3y^6 \div \left(-\dfrac{7}{3}x^5y^2\right) \times (-2x^3y)$

     $= 21x^3y^6 \times \left(-\dfrac{3}{7x^5y^2}\right) \times (-2x^3y) = 18xy^5$

---

4 (1) $8ab^3 \div (-2ab)^2 \times a^2b = 8ab^3 \div 4a^2b^2 \times a^2b$

                    $= 8ab^3 \times \dfrac{1}{4a^2b^2} \times a^2b$

                    $= 2ab^2$

   (2) $6ab^2 \times a^3b^8 \div (a^2b)^3 = 6ab^2 \times a^3b^8 \div a^6b^3$

                   $= 6ab^2 \times a^3b^8 \times \dfrac{1}{a^6b^3}$

                   $= \dfrac{6b^7}{a^2}$

   (3) $(3a^4b^5)^2 \div (ab^2)^4 \times 5a = 9a^8b^{10} \div a^4b^8 \times 5a$

                      $= 9a^8b^{10} \times \dfrac{1}{a^4b^8} \times 5a$

                      $= 45a^5b^2$

   (4) $-40x^2y^9 \times (-5x^4y)^2 \div (-2x^3y^2)^3$

     $= -40x^2y^9 \times 25x^8y^2 \div (-8x^9y^6)$

     $= -40x^2y^9 \times 25x^8y^2 \times \left(-\dfrac{1}{8x^9y^6}\right)$

     $= 125xy^5$

   (5) $(-2x^3y)^3 \times xy^4 \div \dfrac{1}{3}x^8y^6$

     $= (-8x^9y^3) \times xy^4 \div \dfrac{x^8y^6}{3}$

     $= (-8x^9y^3) \times xy^4 \times \dfrac{3}{x^8y^6}$

     $= -24x^2y$

   (6) $(-3xy^2)^3 \div \dfrac{3}{4}y^7 \times \left(-\dfrac{1}{2}x^2y\right)^2$

     $= (-27x^3y^6) \div \dfrac{3y^7}{4} \times \dfrac{x^4y^2}{4}$

     $= (-27x^3y^6) \times \dfrac{4}{3y^7} \times \dfrac{x^4y^2}{4}$

     $= -9x^7y$

   (7) $\dfrac{27}{4}a^{11}b^3 \times \left(\dfrac{ab^2}{3}\right)^2 \div (-3a^3b)^2$

     $= \dfrac{27a^{11}b^3}{4} \times \dfrac{a^2b^4}{9} \div 9a^6b^2$

     $= \dfrac{27a^{11}b^3}{4} \times \dfrac{a^2b^4}{9} \times \dfrac{1}{9a^6b^2}$

     $= \dfrac{a^7b^5}{12}$

12-14 ◆ 스스로 점검 문제   p. 36

1 ⑤	2 $-27a^{13}b^{13}$	3 ④	4 10
5 ③	6 ④	7 10	8 ②

1 ⑤ $-5x^4y^7 \div \left(-\dfrac{5}{7}xy^5\right) = -5x^4y^7 \times \left(-\dfrac{7}{5xy^5}\right)$
$= 7x^3y^2$

2 $(-3a^3b)^3 \times (-a^2b^5)^2 = -27a^9b^3 \times a^4b^{10}$
$= -27a^{13}b^{13}$

3 $x^2y^5 \times (x^2y)^2 \times \left(\dfrac{x^2}{y}\right)^3 = x^2y^5 \times x^4y^2 \times \dfrac{x^6}{y^3}$
$= x^{12}y^4$

이므로 $a=12$, $b=4$
$\therefore a-b=8$

4 $(-2x^3y^4)^2 \div \dfrac{4}{5}x^4y^5 = 4x^6y^8 \div \dfrac{4x^4y^5}{5}$
$= 4x^6y^8 \times \dfrac{5}{4x^4y^5} = 5x^2y^3$

따라서 $a=5$, $b=2$, $c=3$이므로
$a+b+c=10$

5 $A = (-4x^3y^5)^2 \times x^4y$
$= 16x^6y^{10} \times x^4y = 16x^{10}y^{11}$
$B = (-3x^7y^9) \div \left(-\dfrac{3}{2}x^2y^2\right)^3$
$= (-3x^7y^9) \div \left(-\dfrac{27}{8}x^6y^6\right)$
$= (-3x^7y^9) \times \left(-\dfrac{8}{27x^6y^6}\right) = \dfrac{8}{9}xy^3$
$\therefore A \div B = 16x^{10}y^{11} \div \dfrac{8}{9}xy^3$
$= 16x^{10}y^{11} \times \dfrac{9}{8xy^3} = 18x^9y^8$

6 $(4a^8b^3)^2 \div \dfrac{8}{3}a^4b \div 6a^5b^2 = 16a^{16}b^6 \times \dfrac{3}{8a^4b} \times \dfrac{1}{6a^5b^2}$
$= a^7b^3$

7 $(3x^2y^6)^2 \times \dfrac{1}{4}x^4y^3 \div 9x^3y^7$
$= 9x^4y^{12} \times \dfrac{1}{4}x^4y^3 \times \dfrac{1}{9x^3y^7}$
$= \dfrac{1}{4}x^5y^8$

따라서 $a=\dfrac{1}{4}$, $b=5$, $c=8$이므로
$abc = \dfrac{1}{4} \times 5 \times 8 = 10$

8 $25a^{16}b^4 \div \boxed{} \times 4a^7b^3 = 20a^{15}b^5$
$25a^{16}b^4 \times \dfrac{1}{\boxed{}} \times 4a^7b^3 = 20a^{15}b^5$
$\therefore \boxed{} = 25a^{16}b^4 \times 4a^7b^3 \times \dfrac{1}{20a^{15}b^5}$
$= 5a^8b^2$

---

15 다항식의 덧셈과 뺄셈 (1) p. 37

1 (1) x, $7y$, 4, 8　　(2) $4b$, $2a$, $4b$, $3a+7b$
(3) $6y$, $4y$, $-10x+2y$

2 (1) $5a+2b$　　(2) $5x+y$
(3) $2a+5b$　　(4) $-2x-6y$

3 (1) $7x-4y$　　(2) $17a+7b$
(3) $-3x-8y$　　(4) $-4x+2y+7$
(5) $12a-29b$　　(6) $2a-b-16$

3 (2) $3(4a-b)+5(a+2b) = 12a-3b+5a+10b$
$= 17a+7b$
(3) $(4x-5y)-(7x+3y) = 4x-5y-7x-3y$
$= -3x-8y$
(4) $(-x+y+5)-(3x-y-2)$
$= -x+y+5-3x+y+2$
$= -4x+2y+7$
(5) $-2(a-3b)+7(2a-5b)$
$= -2a+6b+14a-35b$
$= 12a-29b$
(6) $(4a+5b-2)-2(a+3b+7)$
$= 4a+5b-2-2a-6b-14$
$= 2a-b-16$

---

16 여러 가지 괄호가 있는 다항식의 덧셈, 뺄셈 pp. 38~39

1 (1) x, $4y$, $6x+4y$
(2) $6x+4y$, 6, 4, $-3x-2y$

2 (1) $2x$, y, $-2x+9y$
(2) $-2x+9y$, 2, 9, $7x-6y$
(3) $7x-6y$, 7, 6, $-3x+6y$

3 (1) $5a-11b$　　(2) $x-5y$
(3) $-15y$　　(4) $-a-21b$
(5) $4x+4y+3$　　(6) $7a-3b$

4 (1) $2x+y$　　(2) $-10x+12y$
(3) $3a-8b$　　(4) $9a+6b$
(5) $6x-y-8$　　(6) $7x-27y+5$

5 (1) $a=11$, $b=-8$　　(2) $a=8$, $b=-1$
(3) $a=2$, $b=8$　　(4) $a=-2$, $b=-7$

3 (1) $4a-\{5b-(a-6b)\}$

$\quad=4a-(5b-a+6b)$

$\quad=4a-(-a+11b)$

$\quad=4a+a-11b$

$\quad=5a-11b$

(2) $-6y-\{3x-(4x+y)\}$

$\quad=-6y-(3x-4x-y)$

$\quad=-6y-(-x-y)$

$\quad=-6y+x+y$

$\quad=x-5y$

(3) $x-\{2x+10y-(x-5y)\}$

$\quad=x-(2x+10y-x+5y)$

$\quad=x-(x+15y)$

$\quad=x-x-15y=-15y$

(4) $-9b-\{3a-(2a-5b)+7b\}$

$\quad=-9b-(3a-2a+5b+7b)$

$\quad=-9b-(a+12b)$

$\quad=-9b-a-12b$

$\quad=-a-21b$

(5) $10x-3y-\{6x-(7y+3)\}$

$\quad=10x-3y-(6x-7y-3)$

$\quad=10x-3y-6x+7y+3$

$\quad=4x+4y+3$

(6) $4a-b-\{8b-(3a+6b)\}$

$\quad=4a-b-(8b-3a-6b)$

$\quad=4a-b-(-3a+2b)$

$\quad=4a-b+3a-2b$

$\quad=7a-3b$

4 (1) (주어진 식)$=5x-\{2y-(x-4x+3y)\}$

$\quad=5x-\{2y-(-3x+3y)\}$

$\quad=5x-(2y+3x-3y)$

$\quad=5x-(3x-y)$

$\quad=5x-3x+y=2x+y$

(2) (주어진 식)$=8y-\{3x-(-2y-7x+6y)\}$

$\quad=8y-\{3x-(-7x+4y)\}$

$\quad=8y-(3x+7x-4y)$

$\quad=8y-(10x-4y)$

$\quad=8y-10x+4y=-10x+12y$

(3) (주어진 식)$=a+2b-\{10b-(5a-3a+b)+b\}$

$\quad=a+2b-\{10b-(2a+b)+b\}$

$\quad=a+2b-(10b-2a-b+b)$

$\quad=a+2b-(-2a+10b)$

$\quad=a+2b+2a-10b$

$\quad=3a-8b$

(4) (주어진 식)

$\quad=6a-5b-\{-4a-(3b-a+7b)-b\}$

$\quad=6a-5b-\{-4a-(-a+10b)-b\}$

$\quad=6a-5b-(-4a+a-10b-b)$

$\quad=6a-5b-(-3a-11b)$

$\quad=6a-5b+3a+11b$

$\quad=9a+6b$

(5) (주어진 식)

$\quad=3x-10-\{x-2y-(4x-3y+7)+5\}$

$\quad=3x-10-(x-2y-4x+3y-7+5)$

$\quad=3x-10-(-3x+y-2)$

$\quad=3x-10+3x-y+2$

$\quad=6x-y-8$

(6) (주어진 식)

$\quad=4x-7y-\{11y-8-(2x-9y+x-3)\}$

$\quad=4x-7y-\{11y-8-(3x-9y-3)\}$

$\quad=4x-7y-(11y-8-3x+9y+3)$

$\quad=4x-7y-(-3x+20y-5)$

$\quad=4x-7y+3x-20y+5$

$\quad=7x-27y+5$

5 (1) (좌변)$=10x-(x+3y-2x+5y)$

$\quad=10x-(-x+8y)$

$\quad=10x+x-8y$

$\quad=11x-8y$

$\quad\therefore a=11,\ b=-8$

(2) (좌변)$=3x-7y-(4x-y-9x-5y)$

$\quad=3x-7y-(-5x-6y)$

$\quad=3x-7y+5x+6y$

$\quad=8x-y$

$\quad\therefore a=8,\ b=-1$

(3) (좌변)$=y-\{3x+y-(6x-x+8y)\}$

$\quad=y-\{3x+y-(5x+8y)\}$

$\quad=y-(3x+y-5x-8y)$

$\quad=y-(-2x-7y)$

$\quad=y+2x+7y$

$\quad=2x+8y$

$\quad\therefore a=2,\ b=8$

(4) (좌변)$=-2y-\{4x-(y-5x-6y+7x)\}$

$\quad=-2y-\{4x-(2x-5y)\}$

$\quad=-2y-(4x-2x+5y)$

$\quad=-2y-(2x+5y)$

$\quad=-2y-2x-5y$

$\quad=-2x-7y$

$\quad\therefore a=-2,\ b=-7$

1 (1) $\frac{1}{3}$, 2, 15, $\frac{5}{6}$, $\frac{3}{20}$ (2) 3, $6y$, $-\frac{7}{9}$

    (3) 4, 3, $8a$, $9b$, 11, 5, $\frac{11}{12}$, $\frac{5}{12}$

2 (1) $2x+\frac{1}{5}y$ (2) $\frac{1}{2}x-y$

3 (1) $\frac{7}{6}x-\frac{1}{4}y$ (2) $a-\frac{5}{4}b$

    (3) $\frac{3}{8}x+\frac{1}{14}y$ (4) $\frac{2}{15}a-\frac{44}{45}b$

4 (1) $\frac{13}{6}a-\frac{7}{6}b$ (2) $\frac{17}{12}x+\frac{11}{12}y$

    (3) $\frac{19}{30}a+\frac{11}{30}b$ (4) $\frac{1}{24}x+\frac{5}{24}y$

5 (1) $5a-b$ (2) $-3x+14y$

    (3) $12a-\frac{1}{5}b$ (4) $\frac{2}{5}x-5y$

6 (1) ① $(-a-b)-(3a+b)$

    ② $-4a-2b$

    (2) ① $\left(3x-\frac{1}{2}y\right)-\left(\frac{3}{2}x-\frac{1}{4}y\right)$

    ② $\frac{3}{2}x-\frac{1}{4}y$

    (3) ① $\frac{7x-y}{12}-\frac{2x-5y}{9}$

    ② $\frac{13}{36}x+\frac{17}{36}y$

2 (2) $\left(\frac{5}{4}x-\frac{1}{3}y\right)-\left(\frac{3}{4}x+\frac{2}{3}y\right)$

$=\frac{5}{4}x-\frac{1}{3}y-\frac{3}{4}x-\frac{2}{3}y=\frac{1}{2}x-y$

3 (1) $\left(\frac{1}{2}x+\frac{1}{4}y\right)+\left(\frac{2}{3}x-\frac{1}{2}y\right)$

$=\frac{1}{2}x+\frac{2}{3}x+\frac{1}{4}y-\frac{1}{2}y$

$=\frac{7}{6}x-\frac{1}{4}y$

(2) $\left(\frac{2}{3}a-\frac{1}{2}b\right)+\left(\frac{1}{3}a-\frac{3}{4}b\right)$

$=\frac{2}{3}a-\frac{1}{2}b+\frac{1}{3}a-\frac{3}{4}b$

$=\frac{2}{3}a+\frac{1}{3}a-\frac{1}{2}b-\frac{3}{4}b$

$=a-\frac{5}{4}b$

(3) $\left(\frac{3}{4}x-\frac{2}{7}y\right)-\left(\frac{3}{8}x-\frac{5}{14}y\right)$

$=\frac{3}{4}x-\frac{2}{7}y-\frac{3}{8}x+\frac{5}{14}y$

$=\frac{6}{8}x-\frac{3}{8}x-\frac{4}{14}y+\frac{5}{14}y$

$=\frac{3}{8}x+\frac{1}{14}y$

(4) $\left(\frac{5}{6}a-\frac{8}{15}b\right)-\left(\frac{7}{10}a+\frac{4}{9}b\right)$

$=\frac{5}{6}a-\frac{8}{15}b-\frac{7}{10}a-\frac{4}{9}b$

$=\frac{25}{30}a-\frac{21}{30}a-\frac{24}{45}b-\frac{20}{45}b$

$=\frac{2}{15}a-\frac{44}{45}b$

4 (1) $\frac{2a-5b}{3}+\frac{3a+b}{2}=\frac{2(2a-5b)+3(3a+b)}{6}$

$=\frac{4a-10b+9a+3b}{6}$

$=\frac{13a-7b}{6}$

$=\frac{13}{6}a-\frac{7}{6}b$

(2) $\frac{5x-y}{4}+\frac{x+7y}{6}=\frac{3(5x-y)+2(x+7y)}{12}$

$=\frac{15x-3y+2x+14y}{12}$

$=\frac{17x+11y}{12}$

$=\frac{17}{12}x+\frac{11}{12}y$

(3) $\frac{9a-b}{10}-\frac{4a-7b}{15}=\frac{3(9a-b)-2(4a-7b)}{30}$

$=\frac{27a-3b-8a+14b}{30}$

$=\frac{19a+11b}{30}$

$=\frac{19}{30}a+\frac{11}{30}b$

(4) $\frac{5x-11y}{12}-\frac{3x-9y}{8}$

$=\frac{2(5x-11y)-3(3x-9y)}{24}$

$=\frac{10x-22y-9x+27y}{24}$

$=\frac{x+5y}{24}=\frac{1}{24}x+\frac{5}{24}y$

5 (1) $\frac{1}{2}(6a+4b)+\frac{1}{4}(8a-12b)$

$=3a+2b+2a-3b=5a-b$

(2) $9\left(\frac{4}{3}x+\frac{2}{9}y\right)-20\left(\frac{3}{4}x-\frac{3}{5}y\right)$

$=12x+2y-15x+12y=-3x+14y$

(3) $\frac{3}{4}\left(8a-\frac{4}{5}b\right)+\frac{3}{5}\left(10a+\frac{2}{3}b\right)$

$=6a-\frac{3}{5}b+6a+\frac{2}{5}b=12a-\frac{1}{5}b$

$(4)\ 12\left(\dfrac{3}{20}x-\dfrac{5}{8}y\right)-3\left(\dfrac{7}{15}x-\dfrac{5}{6}y\right)$

$=\dfrac{9}{5}x-\dfrac{15}{2}y-\dfrac{7}{5}x+\dfrac{5}{2}y=\dfrac{2}{5}x-5y$

6 (1) ② □$=(-a-b)-(3a+b)$

$\quad\quad =-a-b-3a-b$

$\quad\quad =-4a-2b$

(2) ② □$=\left(3x-\dfrac{1}{2}y\right)-\left(\dfrac{3}{2}x-\dfrac{1}{4}y\right)$

$\quad\quad =3x-\dfrac{1}{2}y-\dfrac{3}{2}x+\dfrac{1}{4}y$

$\quad\quad =\dfrac{3}{2}x-\dfrac{1}{4}y$

(3) ② □$=\dfrac{7x-y}{12}-\dfrac{2x-5y}{9}$

$\quad\quad =\dfrac{3(7x-y)-4(2x-5y)}{36}$

$\quad\quad =\dfrac{21x-3y-8x+20y}{36}$

$\quad\quad =\dfrac{13x+17y}{36}=\dfrac{13}{36}x+\dfrac{17}{36}y$

---

5 (2) (주어진 식)$=3x^2-x+9-x^2-2x+4$

$\quad\quad\quad\quad =2x^2-3x+13$

(3) (주어진 식)$=10x^2+4x-2+3x^2-18x+12$

$\quad\quad\quad\quad =13x^2-14x+10$

(4) (주어진 식)$=8x^2-36x+28-6x^2+8x-15$

$\quad\quad\quad\quad =2x^2-28x+13$

(5) (주어진 식)

$\quad =\dfrac{5(2x^2-x+8)+3(x^2+4x-3)}{15}$

$\quad =\dfrac{10x^2-5x+40+3x^2+12x-9}{15}$

$\quad =\dfrac{13x^2+7x+31}{15}$

$\quad =\dfrac{13}{15}x^2+\dfrac{7}{15}x+\dfrac{31}{15}$

(6) (주어진 식)

$\quad =\dfrac{3(7x^2-5x+1)-2(9x^2+3x-2)}{12}$

$\quad =\dfrac{21x^2-15x+3-18x^2-6x+4}{12}$

$\quad =\dfrac{3x^2-21x+7}{12}$

$\quad =\dfrac{1}{4}x^2-\dfrac{7}{4}x+\dfrac{7}{12}$

---

18 이차식의 덧셈과 뺄셈

1 (1) $2x^2$, x, 7　　(2) $2x^2$, 2　　(3) 이차식

2 (1) ○　　(2) ×　　(3) ×

　　(4) ○　　(5) ×　　(6) ○

3 (1) $4x$, $4x$, $-x^2+3x+2$

　　(2) $5x^2$, $5x^2$, 3, $7x^2+x+4$

　　(3) $4x$, $4x$, x^2+3x+8

4 (1) $4x^2+2x-11$　　(2) $3a^2+2a-4$

　　(3) $3x^2+5x-1$　　(4) $2a^2-3a-6$

5 (1) $3x^2+2x+1$　　　(2) $2x^2-3x+13$

　　(3) $13x^2-14x+10$　　(4) $2x^2-28x+13$

　　(5) $\dfrac{13}{15}x^2+\dfrac{7}{15}x+\dfrac{31}{15}$　(6) $\dfrac{1}{4}x^2-\dfrac{7}{4}x+\dfrac{7}{12}$

6 (1) $3x^2-5x+8$　(2) $3x^2+x-5$

7 (1) ① $A+(x^2+3x-4)=3x^2-2x+5$

　　　② $2x^2-5x+9$　③ $x^2-8x+13$

　　(2) ① $(5x^2-x+7)-A=2x^2-5x+1$

　　　② $3x^2+4x+6$　③ $8x^2+3x+13$

---

2 (5) (주어진 식)$=x^2-4x-x^2=-4x$

　　(6) (주어진 식)$=3x^2-2$

---

6 (1) □$=(5x^2-2x+1)-(2x^2+3x-7)$

$\quad\quad =5x^2-2x+1-2x^2-3x+7$

$\quad\quad =3x^2-5x+8$

(2) □$=(4x^2-5x+3)-(x^2-6x+8)$

$\quad\quad =4x^2-5x+3-x^2+6x-8$

$\quad\quad =3x^2+x-5$

7 (1) ② $A=(3x^2-2x+5)-(x^2+3x-4)$

$\quad\quad\quad =3x^2-2x+5-x^2-3x+4$

$\quad\quad\quad =2x^2-5x+9$

　　③ 바르게 계산한 답은

$\quad\quad (2x^2-5x+9)-(x^2+3x-4)$

$\quad\quad =2x^2-5x+9-x^2-3x+4$

$\quad\quad =x^2-8x+13$

(2) ② $A=(5x^2-x+7)-(2x^2-5x+1)$

$\quad\quad\quad =5x^2-x+7-2x^2+5x-1$

$\quad\quad\quad =3x^2+4x+6$

　　③ 바르게 계산한 답은

$\quad\quad (5x^2-x+7)+(3x^2+4x+6)$

$\quad\quad =8x^2+3x+13$

15-18 · 스스로 점검 문제

p. 44

1 ④   **2** ②   **3** 5   **4** ③, ⑤
5 ①   **6** ①   **7** $4x-y+1$
8 x^2-x-9

1 $3(2x-y+5)-(5x+7y-2)$
     $=6x-3y+15-5x-7y+2$
     $=x-10y+17$

2   (주어진 식)$=2a-3b-\{5a-(7b-4a+9b)\}$
               $=2a-3b-\{5a-(-4a+16b)\}$
               $=2a-3b-(5a+4a-16b)$
               $=2a-3b-(9a-16b)$
               $=2a-3b-9a+16b$
               $=-7a+13b$

3 $\dfrac{3x-5y}{2}+\dfrac{4x-y}{5}=\dfrac{5(3x-5y)+2(4x-y)}{10}$
                       $=\dfrac{15x-25y+8x-2y}{10}$
                       $=\dfrac{23x-27y}{10}$
                       $=\dfrac{23}{10}x-\dfrac{27}{10}y$
    따라서 $A=\dfrac{23}{10}$, $B=-\dfrac{27}{10}$이므로
    $A-B=\dfrac{23}{10}-\left(-\dfrac{27}{10}\right)=5$

4   ② $2x^2-2(x^2-1)=2x^2-2x^2+2=2$
    ⑤ $2x^3+x^2-3x-2x^3=x^2-3x$
    따라서 이차식인 것은 ③, ⑤이다.

5   (주어진 식)$=6x^2-8x+2-3x^2+6x-15$
               $=3x^2-2x-13$
    따라서 x^2의 계수는 3이고, 상수항은 -13이므로
    $3+(-13)=-10$

6   (좌변)$=\dfrac{3(x^2-2x-3)+4(x^2-2x+5)}{12}$
           $=\dfrac{3x^2-6x-9+4x^2-8x+20}{12}$
           $=\dfrac{7x^2-14x+11}{12}$
    이므로 $a=7$, $b=-14$, $c=11$
    ∴ $a+b+c=7+(-14)+11=4$

7 $\square=(7x-2y+5)-(3x-y+4)$
        $=7x-2y+5-3x+y-4$
        $=4x-y+1$

8   어떤 식을 A라고 하면
    $A+(2x^2-x+5)=5x^2-3x+1$
    ∴ $A=(5x^2-3x+1)-(2x^2-x+5)$
          $=5x^2-3x+1-2x^2+x-5$
          $=3x^2-2x-4$
    따라서 바르게 계산하면
    $(3x^2-2x-4)-(2x^2-x+5)$
    $=3x^2-2x-4-2x^2+x-5$
    $=x^2-x-9$

19 단항식과 다항식의 곱셈

pp. 45~46

1   (1) $2a$, b, $6a^2+3ab$
    (2) $-4x$, $-4x$, $-12x^2+20xy$
    (3) $9a$, $12b$, $6a^2-8ab$
2   (1) $10a^2+6a$ (2) $8x^2-4xy$
    (3) $-12a^2-18ab$ (4) $-5xy+40y^2$
3   (1) $21a^2+6ab$ (2) $18x^2-48xy$
    (3) $-40a^2-4ab$ (4) $-10xy+8y^2$
4   (1) $6x^2+4xy$ (2) $9ab-6b^2$
    (3) $-7a^2-4ab$ (4) $-\dfrac{21}{5}xy+14y^2$
5   (1) x^2+2xy (2) $2a^2+5ab$
    (3) $6x^2-10xy$ (4) $-9ab+6b^2$
6   (1) $6a^2-3ab+3a$
    (2) $-35ab+15b^2-20b$
    (3) $-12a^2+15ab-6a$
    (4) $-6xy+24y^2-30y$
    (5) $32x^2y+12xy^2-8xy$
    (6) $6x^2y-8xy^2+4xy$
7   (1) $3a$, $5b$, 6, $15ab$, $10a^2-14ab$
    (2) $-16x^2+4xy$ (3) $48ab-24b^2$
    (4) $10a^2-3b^2$ (5) $6x^2+xy+10y^2$

7   (2) (주어진 식)$=14x^2-6xy-30x^2+10xy$
              $=-16x^2+4xy$
    (3) (주어진 식)$=8ab-32b^2+40ab+8b^2$
              $=48ab-24b^2$
    (4) (주어진 식)$=10a^2+2ab-2ab-3b^2$
              $=10a^2-3b^2$

(5) $(주어진 식)=6x^2+10xy-9xy+10y^2$
$=6x^2+xy+10y^2$

1 (1) $3a$, $3a$, $a+2b$ (2) $-3x$, $-3x$, 3

(3) $\dfrac{3}{2x}$, $\dfrac{3}{2x}$, $\dfrac{3}{2x}$, $12x-6y$

(4) $-\dfrac{4}{5b}$, $-\dfrac{4}{5b}$, $-\dfrac{4}{5b}$, $-16a+28b$

2 (1) $5a+3$ (2) $3a-b$ (3) $-4x-5$

(4) $-5x+4$ (5) $3x-2y+4$

(6) $-3a^2-9b-5$

3 (1) $15a+6$ (2) $21a+35b$

(3) $-40b+15$ (4) $-15ab+9b$

(5) $-18x+12y$ (6) $20x^2-15x+5$

(7) $-27xy+12y-9$

4 (1) $2b$, 6, $b^2+2ab+4$ (2) $6a-4b+2$

(3) $-2xy+2x+2y$ (4) $16xy-2y+4$

2 (1) $(주어진 식)=\dfrac{10a^2+6a}{2a}=\dfrac{10a^2}{2a}+\dfrac{6a}{2a}$
$=5a+3$

(2) $(주어진 식)=\dfrac{12a^2-4ab}{4a}=\dfrac{12a^2}{4a}-\dfrac{4ab}{4a}$
$=3a-b$

(3) $(주어진 식)=\dfrac{20xy+25y}{-5y}=\dfrac{20xy}{-5y}+\dfrac{25y}{-5y}$
$=-4x-5$

(4) $(주어진 식)=\dfrac{15x^2y-12xy}{-3xy}$
$=\dfrac{15x^2y}{-3xy}-\dfrac{12xy}{-3xy}$
$=-5x+4$

(5) $(주어진 식)=\dfrac{9x^2-6xy+12x}{3x}$
$=\dfrac{9x^2}{3x}-\dfrac{6xy}{3x}+\dfrac{12x}{3x}$
$=3x-2y+4$

(6) $(주어진 식)=\dfrac{6a^3b+18ab^2+10ab}{-2ab}$
$=\dfrac{6a^3b}{-2ab}+\dfrac{18ab^2}{-2ab}+\dfrac{10ab}{-2ab}$
$=-3a^2-9b-5$

3 (1) $(주어진 식)=(20a^2+8a)\times\dfrac{3}{4a}$
$=15a+6$

(2) $(주어진 식)=(18ab+30b^2)\times\dfrac{7}{6b}$
$=21a+35b$

(3) $(주어진 식)=(16ab-6a)\times\left(-\dfrac{5}{2a}\right)$
$=-40b+15$

(4) $(주어진 식)=(40ab^2-24b^2)\times\left(-\dfrac{3}{8b}\right)$
$=-15ab+9b$

(5) $(주어진 식)=(15x^2y-10xy^2)\times\left(-\dfrac{6}{5xy}\right)$
$=-18x+12y$

(6) $(주어진 식)=(36x^2y-27xy+9y)\times\dfrac{5}{9y}$
$=20x^2-15x+5$

(7) $(주어진 식)$
$=(45x^2y^2-20xy^2+15xy)\times\left(-\dfrac{3}{5xy}\right)$
$=-27xy+12y-9$

4 (2) $(주어진 식)=3a+2+3a-4b$
$=6a-4b+2$

(3) $(주어진 식)=\dfrac{4x^2y+8xy}{4x}+\dfrac{9xy^2-6xy}{-3y}$
$=xy+2y-3xy+2x$
$=-2xy+2x+2y$

(4) $(주어진 식)$
$=(5y-20xy^2)\times\left(-\dfrac{4}{5y}\right)-(3xy-12x)\times\dfrac{2}{3x}$
$=-4+16xy-2y+8$
$=16xy-2y+4$

1 (1) 2, $6a$, 4, 2

(2) $2x$, 2, $2x$, 2, 4, 2, $2xy+2x+6y$

(3) $\dfrac{4}{9}x^2$, $\dfrac{9}{4x^2}$, $2x$, y, $\dfrac{9}{4x^2}$, $\dfrac{9}{4x^2}$, 10, 2, 27, 18, $10x^2+25xy-18$

2 (1) $15x^3y-9x^2y$ (2) $-7xy+10y$

(3) $-12a^2b+3b$ (4) $3x^2-xy$

(5) $3x^2y+16xy^2$

3 (1) $-16x^3y+24x^4$ (2) $12x^2y-2xy$

(3) $29x^3-47x^2$ (4) $49xy-21y$

4 (1) $26x^2-24x$ (2) $-7x^2-18x$

5 (1) ① $(32x^2y-24xy^2)\times\left(-\dfrac{3}{2}x\right)\div 4xy$
② $-12x^2+9xy$

(2) ① $(20xy^2-5xy)\div(-5y)-3x(4y-1)-8x$
② $-16xy-4x$

2 (1) (주어진 식)$=\dfrac{10x^2y^2-6xy^2}{2xy}\times 3x^2$

$\qquad\qquad =(5xy-3y)\times 3x^2$

$\qquad\qquad =15x^3y-9x^2y$

(2) (주어진 식)$=3xy+5y-10xy+5y$

$\qquad\qquad =-7xy+10y$

(3) (주어진 식)$=12b-15a^2b+3a^2b-9b$

$\qquad\qquad =-12a^2b+3b$

(4) (주어진 식)$=4x(2x-y)+\dfrac{15x^3y-9x^2y^2}{-3xy}$

$\qquad\qquad =8x^2-4xy-5x^2+3xy$

$\qquad\qquad =3x^2-xy$

(5) (주어진 식)

$\qquad =5xy(3x+2y)-(16x^2y^2-8xy^3)\times\dfrac{3}{4y}$

$\qquad =15x^2y+10xy^2-(12x^2y-6xy^2)$

$\qquad =15x^2y+10xy^2-12x^2y+6xy^2$

$\qquad =3x^2y+16xy^2$

3 (1) (주어진 식)$=(6y^2-9xy)\div 3y\times(-8x^3)$

$\qquad\qquad =\dfrac{6y^2-9xy}{3y}\times(-8x^3)$

$\qquad\qquad =(2y-3x)\times(-8x^3)$

$\qquad\qquad =-16x^3y+24x^4$

(2) (주어진 식)

$\qquad =3xy(5x-1)-(12x^2y^3-4xy^3)\div 4y^2$

$\qquad =3xy(5x-1)-\dfrac{12x^2y^3-4xy^3}{4y^2}$

$\qquad =15x^2y-3xy-(3x^2y-xy)$

$\qquad =15x^2y-3xy-3x^2y+xy$

$\qquad =12x^2y-2xy$

(3) (주어진 식)

$\qquad =(81x^6-27x^5)\div(-27x^3)+(2x-3)\times 16x^2$

$\qquad =\dfrac{81x^6-27x^5}{-27x^3}+(2x-3)\times 16x^2$

$\qquad =-3x^3+x^2+32x^3-48x^2$

$\qquad =29x^3-47x^2$

(4) (주어진 식)

$\qquad =(24x^3y-16x^2y)\div\dfrac{4}{9}x^2-5y(x-3)$

$\qquad =(24x^3y-16x^2y)\times\dfrac{9}{4x^2}-5y(x-3)$

$\qquad =54xy-36y-5xy+15y$

$\qquad =49xy-21y$

4 (1) (주어진 식)

$\qquad =4x(5x-3)-\left\{(2x^3y-7x^2y)\times\left(-\dfrac{3}{xy}\right)-9x\right\}$

$\qquad =20x^2-12x-(-6x^2+21x-9x)$

$\qquad =20x^2-12x-(-6x^2+12x)$

$\qquad =20x^2-12x+6x^2-12x$

$\qquad =26x^2-24x$

(2) (주어진 식)

$\qquad =(24x^2y^3-16xy^3)\div(-8y^3)$

$\qquad\qquad -\{9x^2-5x(x-3)+5x\}$

$\qquad =\dfrac{24x^2y^3-16xy^3}{-8y^3}-(9x^2-5x^2+20x)$

$\qquad =-3x^2+2x-(4x^2+20x)$

$\qquad =-3x^2+2x-4x^2-20x$

$\qquad =-7x^2-18x$

5 (1) ② $\square=(32x^2y-24xy^2)\times\left(-\dfrac{3}{2}x\right)\div 4xy$

$\qquad\quad =(-48x^3y+36x^2y^2)\div 4xy$

$\qquad\quad =\dfrac{-48x^3y+36x^2y^2}{4xy}$

$\qquad\quad =-12x^2+9xy$

(2) ② $\square=(20xy^2-5xy)\div(-5y)$

$\qquad\qquad\qquad\qquad -3x(4y-1)-8x$

$\qquad\quad =\dfrac{20xy^2-5xy}{-5y}-3x(4y-1)-8x$

$\qquad\quad =-4xy+x-12xy+3x-8x$

$\qquad\quad =-16xy-4x$

19-21 · 스스로 점검 문제 pp. 51~52

1 9	**2** ③	**3** ④	**4** ②
5 ②	**6** ⑤	**7** ③	**8** ①
9 ③	**10** ②	**11** ④	**12** ②

1 $-3x(2x-5y)=-6x^2+15xy$

따라서 $a=-6$, $b=15$이므로 $a+b=9$

2 $(4x^2-6xy+10y^2)\times\left(-\dfrac{5}{2}xy\right)$

$\qquad =-10x^3y+15x^2y^2-25xy^3$

3 각각의 x의 계수는 다음과 같다.

$\quad$① -2 $\quad$② 6 $\quad$③ -16 $\quad$④ 30 $\quad$⑤ 15

4 $7x(3x-2y)-8x\left(\dfrac{3}{2}x-\dfrac{5}{4}y\right)$

$=21x^2-14xy-12x^2+10xy$

$=9x^2-4xy$

따라서 xy의 계수는 -4이다.

5 (주어진 식)$=2x^2y-10xy-15x^2y+10xy$

$=-13x^2y$

6 ⑤ $(-24x^3y+16xy^2)\div\left(-\dfrac{8}{3}xy\right)$

$=(-24x^3y+16xy^2)\times\left(-\dfrac{3}{8xy}\right)$

$=9x^2-6y$

7 (주어진 식)

$=(6x^2y^2-21x^2y+3xy^2)\times\left(-\dfrac{4}{3xy}\right)$

$=-8xy+28x-4y$

따라서 x의 계수는 28이고, y의 계수는 -4이므로

$28+(-4)=24$

8 (주어진 식)$=5x^2-2x-1-5x^2$

$=-2x-1$

9 (주어진 식)$=2x(5x-10)+\dfrac{24x^3y-16x^2y}{-8xy}$

$=10x^2-20x-3x^2+2x$

$=7x^2-18x$

10 ② $a(a-3)-a^2(a+1)$

$=a^2-3a-a^3-a^2$

$=-a^3-3a$

11 (주어진 식)

$=(8x^3-12x^2y)\div(4x^2)-\dfrac{15xy+18y^2}{-3y}$

$=2x-3y+5x+6y$

$=7x+3y$

이므로 $a=7$, $b=3$

$\therefore a+b=10$

12 $\square=(18x^2-27xy)\div\dfrac{9}{2}x\times(-3xy)$

$=(18x^2-27xy)\times\dfrac{2}{9x}\times(-3xy)$

$=(4x-6y)\times(-3xy)$

$=-12x^2y+18xy^2$

Ⅱ. 일차부등식과 연립일차방정식

1 일차부등식

01 | 부등식, 부등호의 표현
p. 54

1 (1) 이므로, 이다 (2) 이 아니므로, 이 아니다

  (3) 이므로, 이다

2 (1) ◯ (2) × (3) ◯ (4) ◯ (5) ◯ (6) ×

3 (1) < (2) > (3) ≥ (4) ≤

4 (1) $4x > 1000$ (2) $3(x+1) \geq 2x$

  (3) $10 + 5x \leq 80$

02 | 부등식의 해
p. 55

1 (1) 표는 풀이 참조, -2 (2) 표는 풀이 참조, $1, 2$

  (3) 표는 풀이 참조, $-1, 0, 1$

2 (1) × (2) ◯ (3) ◯ (4) ×

3 (1) ◯ (2) ◯ (3) ◯ (4) ×

1 (1)

x	좌변	부등호	우변	참, 거짓
-2	$3 \times (-2) + 1 = -5$	<	-2	참
-1	$3 \times (-1) + 1 = -2$	=	-2	거짓
0	$3 \times 0 + 1 = 1$	>	-2	거짓
1	$3 \times 2 + 1 = 4$	>	-2	거짓
2	$3 \times 2 + 1 = 7$	>	-2	거짓

(2)

x	좌변	부등호	우변	참, 거짓
-2	$2 \times (-2) - 1 = -5$	<	-1	거짓
-1	$2 \times (-1) - 1 = -3$	<	-1	거짓
0	$2 \times 0 - 1 = -1$	=	-1	거짓
1	$2 \times 1 - 1 = 1$	>	-1	참
2	$2 \times 2 - 1 = 3$	>	-1	참

(3)

x	좌변	부등호	우변	참, 거짓
-2	$4 \times (-2) - 5 = -13$	<	-1	참
-1	$4 \times (-1) - 5 = -9$	<	-1	참
0	$4 \times 0 - 5 = -5$	<	-1	참
1	$4 \times 1 - 5 = -1$	=	-1	참
2	$4 \times 2 - 5 = 3$	>	-1	거짓

03 | 부등식의 성질
pp. 56~57

1 (1) <, ㄱ (2) <, ㄱ (3) <, ㄴ

  (4) <, ㄴ (5) >, ㄷ (6) >, ㄷ

2 (1) 1, > (2) 4, > (3) 2, > (4) -8, <

3 (1) < (2) < (3) > (4) <

4 (1) >, >, > (2) > (3) > (4) < (5) <

5 (1) >, <, > (2) > (3) > (4) < (5) <

6 (1) $\leq$, $\leq$, 1, 4 (2) $-2 \leq 2x \leq 4$

  (3) $-2 \leq 3x + 1 \leq 7$ (4) $1, 3, 6$

  (5) $-10 \leq -3x - 4 \leq -1$

6 (2) $-1 \leq x \leq 2$의 각 변에 2를 곱하면 $-2 \leq 2x \leq 4$

  (3) $-1 \leq x \leq 2$의 각 변에 3을 곱하면 $-3 \leq 3x \leq 6$

   다시 각 변에 1을 더하면 $-2 \leq 3x + 1 \leq 7$

  (5) $-1 \leq x \leq 2$의 각 변에 -3을 곱하면

   $-6 \leq -3x \leq 3$

   다시 각 변에서 4를 빼면 $-10 \leq -3x - 4 \leq -1$

01-03 · 스스로 점검 문제
p. 58

1 ㄹ, ㅁ **2** ⑤ **3** ⑤ **4** ②, ④

5 2개 **6** ③ **7** ④ **8** ②

2 ① $10x \geq 9000$ ② $4(x+7) \leq 16$

  ③ $x + (-7) > 11$ ④ $x - 5 < 3x$

3 ⑤ $3 \times 5 - 10 = 5 < 5$ (거짓)

4 ② $2x - 1 < -3$에 $x = 2$를 대입하면

   $2 \times 2 - 1 = 3 < -3$ (거짓)

  ④ $2x - 3 > 10$에 $x = 6$을 대입하면

   $2 \times 6 - 3 = 9 > 10$ (거짓)

5 $x = -1$일 때, $-1 + 5 > -2 \times (-1) + 10$ (거짓)

  $x = 0$일 때, $5 > 10$ (거짓)

  $x = 1$일 때, $1 + 5 > -2 + 10$ (거짓)

  $x = 2$일 때, $2 + 5 > -4 + 10$ (참)

  $x = 3$일 때, $3 + 5 > -6 + 10$ (참)

  따라서 주어진 부등식의 해는 2, 3의 2개이다.

6 ①, ②, ④, ⑤ > ③ <

7 $2a-7<2b-7$의 양변에 7을 더하면 $2a<2b$
다시 양변을 2로 나누면 $a<b$
④ $a<b$의 양변에 -2를 곱하면 $-2a>-2b$
다시 양변에 5를 더하면 $5-2a>5-2b$

8 $-1<x\leq2$의 각 변에 -3을 곱하면 $-6\leq-3x<3$
다시 각 변에 2를 더하면 $-4\leq2-3x<5$
∴ $-4\leq A<5$

---

04 | 부등식의 해와 수직선   p. 59

1 풀이 참조
2 (1) $x>5$ (2) $x<2$ (3) $x\leq3$
   (4) $x\geq-4$ (5) $x>-6$

1 (1)
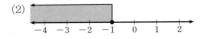

(2)

(3)

(4)

(5)

(6)

---

05 | 일차부등식   p. 60

1 (1) 이다 (2) 3, 4, 이다 (3) $3x$, 4, 이 아니다
   (4) x^2-2x+1, 이 아니다 (5) $-5x+8$, 이다
2 (1) $x-5>0$, ○ (2) $x^2-x\leq0$, ×
   (3) $1\geq0$, × (4) $x-2<0$, ○
   (5) $-2<0$, × (6) $x-1\geq0$, ○

---

06 | 일차부등식의 풀이   pp. 61~62

1 (1) $3x$, 14, 5, -10, -2, -2
   (2) $4x$, 12, -3, -9, 3, 3
2 (1) $x>0$,

   (2) $x\leq-\dfrac{3}{2}$,

   (3) $x\leq-3$,

   (4) $x>3$,

   (5) $x\geq\dfrac{5}{2}$,

3 (1) 5, 양수, 바뀌지 않는다, < (2) $x<-\dfrac{3}{a}$
   (3) $x\geq\dfrac{3}{a}$ (4) $x>\dfrac{4}{a}$ (5) $x\geq-\dfrac{3}{a}$
4 (1) 4, 음수, 바뀐다, <
   (2) $x<\dfrac{5}{a}$ (3) $x\geq\dfrac{1}{a}$ (4) $x>\dfrac{4}{a}$ (5) $x\geq-\dfrac{5}{a}$
5 (1) 3, 양수, 3, 3, 3 (2) 2 (3) 2 (4) -2
   (5) -1

---

3 (3) $ax+1\geq4$에서 $ax\geq3$ ∴ $x\geq\dfrac{3}{a}$

(4) $-6+ax>-2$에서 $ax>4$ ∴ $x>\dfrac{4}{a}$

(5) $2-ax\leq5$에서 $-ax\leq3$
이때 $-a$는 음수이므로 $x\geq-\dfrac{3}{a}$

4 (3) $ax-3\leq-2$에서 $ax\leq1$ $\therefore x\geq\dfrac{1}{a}$

(4) $-1+ax<3$에서 $ax<4$ $\therefore x>\dfrac{4}{a}$

(5) $3-ax\geq8$에서 $-ax\geq5$

이때 $-a$는 양수이므로 $x\geq-\dfrac{5}{a}$

5 (2) $ax>2$의 해가 $x>1$이므로

$a>0$이고 해는 $x>\dfrac{2}{a}$

따라서 $\dfrac{2}{a}=1$이므로 $a=2$

(3) $ax+3<-1$에서 $ax<-4$

이 부등식의 해가 $x<-2$이므로

$a>0$이고 해는 $x<-\dfrac{4}{a}$

따라서 $-\dfrac{4}{a}=-2$이므로 $a=2$

(4) $ax-1\geq-3$에서 $ax\geq-2$

이 부등식의 해가 $x\leq1$이므로

$a<0$이고 해는 $x\leq\dfrac{-2}{a}$

따라서 $\dfrac{-2}{a}=1$이므로 $a=-2$

(5) $2+ax\leq1$에서 $ax\leq-1$

이 부등식의 해가 $x\geq1$이므로 $a<0$이고 해는

$x\geq-\dfrac{1}{a}$

따라서 $-\dfrac{1}{a}=1$이므로 $a=-1$

07 | 복잡한 일차부등식의 풀이   pp. 63~64

1 (1) 12, 5, -10, -2 (2) 4, 8, -6, -8, $\dfrac{4}{3}$

(3) 6, 9, -5, -15, 3

2 (1) $x<\dfrac{5}{6}$ (2) $x>\dfrac{1}{2}$ (3) $x\leq1$

(4) $x<3$ (5) $x\leq-\dfrac{5}{3}$ (6) $x<-6$

3 (1) 6, 2, 4, 3, -3

(2) 4, 2, 6, -9, -3

4 (1) $x<12$ (2) $x\leq-30$ (3) $x>\dfrac{4}{3}$

(4) $x<15$ (5) $x\leq2$

5 (1) 10, 7, 8, -3, -12, 4

(2) 10, 2, 20, 8, 20, -3, -12, 4

6 (1) $x>15$ (2) $x<-1$ (3) $x\geq-18$

(4) $x<7$ (5) $x<6$

2 (1) $x<-5(x-1)$에서 $x<-5x+5$

$6x<5$ $\therefore x<\dfrac{5}{6}$

(2) $4x-7>2(x-3)$에서 $4x-7>2x-6$

$2x>1$ $\therefore x>\dfrac{1}{2}$

(3) $4(x-3)+8\leq1-x$에서 $4x-12+8\leq1-x$

$5x\leq5$ $\therefore x\leq1$

(4) $5-2(2x+1)>3(x-6)$에서

$5-4x-2>3x-18$

$-7x>-21$ $\therefore x<3$

(5) $1-(4+8x)\geq-2(x-1)+5$에서

$1-4-8x\geq-2x+2+5$, $-6x\geq10$

$\therefore x\leq-\dfrac{5}{3}$

(6) $-3x-4x(x+3)>-6(x+1)$

$-3x-4x-12>-6x-6$

$-7x-12>-6x-6$

$-x>6$ $\therefore x<-6$

4 (1) $\dfrac{1}{2}x-1<\dfrac{1}{3}x+1$의 양변에 6을 곱하면

$3x-6<2x+6$ $\therefore x<12$

(2) $\dfrac{1}{2}x+\dfrac{2}{3}\leq\dfrac{2}{5}x-\dfrac{7}{3}$의 양변에 30을 곱하면

$15x+20\leq12x-70$, $3x\leq-90$

$\therefore x\leq-30$

(3) $\dfrac{x}{2}-\dfrac{x-3}{5}>1$의 양변에 10을 곱하면

$5x-2(x-3)>10$

$5x-2x+6>10$

$3x>4$ $\therefore x>\dfrac{4}{3}$

(4) $\dfrac{x-1}{2}<\dfrac{x+6}{3}$의 양변에 6을 곱하면

$3(x-1)<2(x+6)$

$3x-3<2x+12$

$\therefore x<15$

(5) $\dfrac{x}{2}+\dfrac{x+1}{4}\leq\dfrac{7}{4}$의 양변에 4를 곱하면

$2x+x+1\leq7$, $3x\leq6$ $\therefore x\leq2$

6 (1) $0.2x-1>0.1x+0.5$의 양변에 10을 곱하면

$2x-10>x+5$ $\therefore x>15$

(2) $0.09x-0.03<0.02x-0.1$의 양변에 100을 곱하면

$9x-3<2x-10$

$7x<-7$ $\therefore x<-1$

(3) $\frac{1}{2}x-5\leq 0.7(x-2)$의 양변에 10을 곱하면

$5x-50\leq 7(x-2)$

$5x-50\leq 7x-14$

$-2x\leq 36$ $\therefore x\geq -18$

(4) $0.3x-0.2\left(x-\frac{3}{2}\right)<1$의 양변에 10을 곱하면

$3x-2\left(x-\frac{3}{2}\right)<10$

$3x-2x+3<10$ $\therefore x<7$

(5) $\frac{x}{2}-0.4(x-1)<1$의 양변에 10을 곱하면

$5x-4(x-1)<10$

$5x-4x+4<10$ $\therefore x<6$

04-07 · 스스로 점검 문제
p. 65

| 1 ③ | 2 ③ | 3 5 | 4 ① |
| 5 ③ | 6 ④ | 7 4 | 8 −8 |

1 ③ $3x-2\geq 3(x-1)$

$3x-2\geq 3x-3$ $\therefore 1\geq 0$

따라서 일차부등식이 아니다.

2 $3x-4\geq 6x-15$에서

$-3x\geq -11$ $\therefore x\leq \frac{11}{3}$

따라서 부등식을 만족시키는 자연수 x는 1, 2, 3의 3개이다.

3 $3x+2\leq 2a+x$에서 $2x\leq 2a-2$

$\therefore x\leq a-1$

따라서 $a-1=4$이므로 $a=5$

4 $ax-1\geq x+3$에서 $(a-1)x\geq 4$

이 부등식의 해가 $x\leq -1$이므로

$a-1<0$이고 해는 $x\leq \frac{4}{a-1}$

따라서 $\frac{4}{a-1}=-1$이므로 $a-1=-4$

$\therefore a=-3$

5 $4(x+1)<-2(x-5)$에서

$4x+4<-2x+10$

$6x<6$ $\therefore x<1$

6 수직선 위에 나타내어진 x의 값의 범위는 $x\leq -1$이다.

① $x>-1$ ② $x<-1$ ③ $x\geq 4$

④ $x\leq -1$ ⑤ $x\geq -1$

7 $\frac{x}{2}-1\geq \frac{2x-3}{5}$에서

$5x-10\geq 2(2x-3)$

$5x-10\geq 4x-6$ $\therefore x\geq 4$

따라서 가장 작은 정수 x는 4이다.

8 $\frac{3}{5}x-0.3<0.7x+\frac{1}{2}$에서

$6x-3<7x+5$

$-x<8$ $\therefore x>-8$

$\therefore a=-8$

08 일차부등식의 활용 (1)
pp. 66~68

1 ❷ $3x-2$ ❸ 3, 30, 10   ❹ 11

2 ❶ 가장 작은 자연수를 x라 하자.

❷ $x+(x+1)+(x+2)>45$

❸ $x>14$ ❹ 15

3 ❷ $\frac{1}{2}\times 8\times x\geq 100$ ❸ 4, 100, 25   ❹ 25

4 ❶ 세로의 길이를 x cm라 하자.

❷ $2\times (x+10)\geq 38$

❸ $x\geq 9$ ❹ 9

5 ❷ 500, 상자, $\leq$, 500, 2000

❸ $x\leq 5$ ❹ 5

6 ❶ 볼펜을 x개 산다고 하자.

❷ $1000x+1500\leq 25000$

❸ $x\leq \frac{47}{2}$ ❹ 23

7 ❷ $10-x$, $1200(10-x)$, $\leq$,

$1500x+1200(10-x)\leq 14500$

❸ $x\leq \frac{25}{3}$ ❹ 8

8 ❶ 초콜릿을 x개 산다고 하자.

❷ $20-x$, $500x$, $300(20-x)$,

$500x+300(20-x)\leq 9000$

❸ $x\leq 15$ ❹ 15

9 ❷ 30000, $30000+3000x$,

$15000+5000x>30000+3000x$

❸ $x>\frac{15}{2}$ ❹ 8

10 ❶ x개월 후부터 많아진다고 하자.

　❷ 30000, 40000, 30000+1500x,

　　40000+1000x,

　　30000+1500x>40000+1000x

　❸ x>20　　❹ 21

11 ❷ 2500, 1000x>500x+2500

　❸ x>5　　❹ 6

12 ❶ x개 이상을 살 때 유리하다고 하자.

　❷ x, x, 1000x, 700x+2400,

　　1000x>700x+2400

　❸ x>8　　❹ 9

---

09 일차부등식의 활용 (2) – 속력, 농도　pp. 69~70

1 ❷ 6, $\dfrac{8-x}{6}$, ≤, $\dfrac{x}{3}+\dfrac{8-x}{6}\leq 2$

　❸ $x\leq 4$　　❹ 4

2 ❷ x, 2, 4, $\dfrac{x}{2}$, $\dfrac{x}{4}$, $\dfrac{x}{2}+\dfrac{x}{4}\leq 4$

　❸ $x\leq \dfrac{16}{3}$　　❹ $\dfrac{16}{3}$

3 ❷ 4, 4, $\dfrac{x}{4}$, $\dfrac{x}{4}$, ≤, $\dfrac{x}{4}+\dfrac{1}{2}+\dfrac{x}{4}\leq 1$

　❸ $x\leq 1$　　❹ 1

4 ❷ $400+x$, $\dfrac{8}{100}\times x$, $\dfrac{5}{100}\times 400+\dfrac{8}{100}\times x$, ≥,

　　$\dfrac{\dfrac{5}{100}\times 400+\dfrac{8}{100}\times x}{400+x}\times 100\geq 6$

　❸ $x\geq 200$　　❹ 200

5 ❶ 4 %의 소금물을 x g 섞어야 한다고 하자.

　❷ 4 %, 10 %, 7 % 이하, x, 200, $x+200$,

　　$\dfrac{4}{100}\times x$, $\dfrac{10}{100}\times 200$, $\dfrac{4}{100}\times x+\dfrac{10}{100}\times 200$,

　　$\dfrac{\dfrac{4}{100}\times x+\dfrac{10}{100}\times 200}{x+200}\times 100\leq 7$

　❸ $x\geq 200$　　❹ 200

6 ❶ 물을 x g 넣어야 한다고 하자.

　❷ 5 % 이하, $600+x$, $\dfrac{10}{100}\times 600=60$, 60,

　　$\dfrac{60}{600+x}\times 100\leq 5$

　❸ $x\geq 600$　　❹ 600

08-09 · 스스로 점검 문제　p. 71

1 2	**2** ③	**3** 93점	**4** ③
5 13개월	**6** ③	**7** 10 km	**8** 300 g

1 어떤 정수를 x라 하면

$5x-3<2x+6$

$3x<9$　　∴ $x<3$

따라서 가장 큰 정수는 2이다.

2 세로의 길이를 x cm라 하면

$10\times x\geq 100$

∴ $x\geq 10$

따라서 세로의 길이는 최소 10 cm이어야 한다.

3 네 번째 시험 점수를 x점이라 하면

$\dfrac{83+93+91+x}{4}\geq 90$, $\dfrac{267+x}{4}\geq 90$

$267+x\geq 360$　　∴ $x\geq 93$

따라서 93점 이상 받아야 한다.

4 장미를 x송이 산다고 하면

$900x+500(10-x)\leq 7500$

$900x+5000-500x\leq 7500$

$400x\leq 2500$　　∴ $x\leq \dfrac{25}{4}$

따라서 장미는 최대 6송이까지 살 수 있다.

5 x개월 후부터라고 하면

$10000+600x<5000+1000x$

$-400x<-5000$　　∴ $x>\dfrac{25}{2}$

따라서 13개월 후부터 동생의 예금액이 형의 예금액보다 많아진다.

6 책을 x권 산다고 하면

$9000x>8300x+3000$

$700x>3000$　　∴ $x>\dfrac{30}{7}$

따라서 책을 5권 이상 살 때 인터넷 쇼핑몰을 이용하는 것이 이익이다.

7 달린 거리를 x km라 하면 걸은 거리는 $(18-x)$ km이므로

$$\frac{x}{5}+\frac{18-x}{4}\leq 4$$

$$4x+5(18-x)\leq 80, \quad -x+90\leq 80$$

$$-x\leq -10 \quad \therefore x\geq 10$$

따라서 달린 거리는 최소 10 km이다.

8 10 %의 소금물을 x g 섞어야 한다고 하면 섞은 소금물의 양은 $(200+x)$ g이므로

$$\frac{\frac{5}{100}\times 200+\frac{10}{100}\times x}{200+x}\times 100\geq 8$$

$$2x\geq 600 \quad \therefore x\geq 300$$

따라서 10 %의 소금물이 300 g 이상 필요하다.

10 미지수가 2개인 일차방정식   p. 72

1 (1) 이 아니다   (2) 2, 1, 이다

   (3) 2, 2, 이 아니다   (4) 2, 2, 이 아니다

   (5) 분모, 이 아니다   (6) 1, 2, 이 아니다

2 (1) ◯, $x+y+1$, 2, 1, 이다

   (2) ×   (3) ◯   (4) ×   (5) ◯   (6) ×

2 (2) 미지수가 1개이다.

   (3) $\frac{1}{2}x-\frac{1}{2}y+\frac{5}{3}=0$

   (4) 등식이 아니다.

   (5) $2x+y-4=0$

   (6) 차수가 2이다.

11 미지수가 2개인 일차방정식의 해   pp. 73~75

1 (1) ◯, 1, 6, 참, 해이다   (2) ×   (3) ◯

   (4) ×   (5) ◯   (6) ×   (7) ◯   (8) ◯

2 (1) ×, 2, −1, 거짓, 해가 아니다

   (2) ×   (3) ◯   (4) ×   (5) ◯   (6) ×

   (7) ◯   (8) ◯

3 1, −1, 3, 2, 1

4 (1) 2, 1, 0 ① (1, 3), (2, 2), (3, 1) ② 3

   (2) 9, 6, 3, 0

      ① (1, 12), (2, 9), (3, 6), (4, 3) ② 4

   (3) 5, 3, 1, −1

      ① (1, 7), (2, 5), (3, 3), (4, 1) ② 4

5 (1) 6, 4, 2, 0, (2, 3), (4, 2), (6, 1)

   (2) (1, 6), (2, 2)

   (3) (1, 4), (4, 3), (7, 2), (10, 1)

   (4) (1, 6), (3, 3)

   (5) (3, 2)

   (6) (1, 6), (2, 4), (3, 2)

6 (1) ① 4, 21   ② (3, 3)

   (2) ① $x+y$ ② (1, 4), (2, 3), (3, 2), (4, 1)

   (3) ① $100x+500y$, $x+5y$

      ② (5, 5), (10, 4), (15, 3), (20, 2), (25, 1)

   (4) ① $2x+3y$ ② (3, 3), (6, 1)

   (5) ① $2x+4y$, $x+2y$

      ② (2, 5), (4, 4), (6, 3), (8, 2), (10, 1)

7 (1) 1, 2, 1, 2, 2   (2) −10   (3) 3

   (4) −11   (5) 3

1 $2x+y=8$에

(2) $x=2$, $y=5$를 대입하면 $2\times2+5\ne8$ (거짓)

(3) $x=0$, $y=8$을 대입하면 $2\times0+8=8$ (참)

(4) $x=3$, $y=-1$을 대입하면 $2\times3-1\ne8$ (거짓)

(5) $x=-1$, $y=10$을 대입하면

$2\times(-1)+10=8$ (참)

(6) $x=-2$, $y=4$를 대입하면 $2\times(-2)+4\ne8$ (거짓)

(7) $x=4$, $y=0$을 대입하면 $2\times4+0=8$ (참)

(8) $x=\dfrac{1}{2}$, $y=7$을 대입하면 $2\times\dfrac{1}{2}+7=8$ (참)

2 (2) $x=2$, $y=-1$을 $x+y+1=0$에 대입하면

$2+(-1)+1\ne0$ (거짓)

(3) $x=2$, $y=-1$을 $2x-y=5$에 대입하면

$2\times2-(-1)=5$ (참)

(4) $x=2$, $y=-1$을 $x-y=-3$에 대입하면

$2-(-1)\ne-3$ (거짓)

(5) $x=2$, $y=-1$을 $x-2y=4$에 대입하면

$2-2\times(-1)=4$ (참)

(6) $x=2$, $y=-1$을 $3x+2y=8$에 대입하면

$3\times2+2\times(-1)\ne8$ (거짓)

(7) $x=2$, $y=-1$을 $6x+5y=7$에 대입하면

$6\times2+5\times(-1)=7$ (참)

(8) $x=2$, $y=-1$을 $\dfrac{x}{8}-\dfrac{y}{4}=\dfrac{1}{2}$에 대입하면

$\dfrac{2}{8}-\dfrac{-1}{4}=\dfrac{1}{2}$ (참)

5 (2) $y=-4x+10$에 $x=1$, 2, 3, $\cdots$을 대입하면

x	1	2	3
y	6	2	-2

따라서 구하는 해는 $(1, 6)$, $(2, 2)$

(3) $x=-3y+13$에 $y=1$, 2, 3, $\cdots$을 대입하면

x	10	7	4	1	-2
y	1	2	3	4	5

따라서 구하는 해는 $(1, 4)$, $(4, 3)$, $(7, 2)$, $(10, 1)$

(4) $y=-\dfrac{3}{2}x+\dfrac{15}{2}$에 $x=1$, 2, 3, $\cdots$을 대입하면

x	1	2	3	4	5
y	6	$\dfrac{9}{2}$	3	$\dfrac{3}{2}$	0

따라서 구하는 해는 $(1, 6)$, $(3, 3)$

(5) $x=-\dfrac{3}{2}y+6$에 $y=1$, 2, 3, $\cdots$을 대입하면

x	$\dfrac{9}{2}$	3	$\dfrac{3}{2}$	0
y	1	2	3	4

따라서 구하는 해는 $(3, 2)$

(6) $2x+y=8$, 즉 $y=-2x+8$에 $x=1$, 2, 3, $\cdots$을 대입하면

x	1	2	3	4
y	6	4	2	0

따라서 구하는 해는 $(1, 6)$, $(2, 4)$, $(3, 2)$

7 (2) $2x+3y=a$에 $x=1$, $y=-4$를 대입하면

$2-12=a$ $\therefore a=-10$

(3) $3x-ay=6$에 $x=5$, $y=3$을 대입하면

$15-3a=6$, $3a=9$ $\therefore a=3$

(4) $ax-5y=-8$에 $x=-2$, $y=6$을 대입하면

$-2a-30=-8$, $2a=-22$ $\therefore a=-11$

(5) $x+2y-10=0$에 $x=4$, $y=a$를 대입하면

$4+2a-10=0$, $2a=6$ $\therefore a=3$

---

12 미지수가 2개인 연립일차방정식과 그 해 pp. 76~77

1 (1) 3, 2, 1, 0 / $(1, 4)$, $(2, 3)$, $(3, 2)$, $(4, 1)$

(2) 5, 2, -1 / $(1, 8)$, $(2, 5)$, $(3, 2)$

(3) $(3, 2)$ (4) $(3, 2)$

2 (1) $(2, 4)$ ㉠ 4, 3, 2, 1 ㉡ 4, 2, 0

(2) $(4, 2)$ ㉠ 8, 6, 4, 2, 0 ㉡ 7, 4, 1, -2

(3) $(3, 1)$ ㉠ 3, 1, -1 ㉡ $\dfrac{5}{2}$, $\dfrac{7}{4}$, 1, $\dfrac{1}{4}$

3 (1) ○, 3, 1, 참, 3, 1, 참, 해이다

(2) ○   (3) ×   (4) ×   (5) ○

4 (1) 5, 3, 5, 3, -2, 5, 3, 5, 3, 1

(2) $a=2$, $b=5$ (3) $a=-1$, $b=-1$

(4) $a=1$, $b=2$ (5) $a=1$, $b=3$

(6) $a=1$, $b=4$

3 (2) ㉠에 $x=3$, $y=1$을 대입하면

$3+2\times1=5$ (참)

㉡에 $x=3$, $y=1$을 대입하면

$2\times3+3\times1=9$ (참)

(3) ㉠에 $x=3$, $y=1$을 대입하면

$2\times3+1\ne4$ (거짓)

㉡에 $x=3$, $y=1$을 대입하면

$3+1=4$ (참)

(4) ㉠에 $x=3$, $y=1$을 대입하면

$3\times3+2\times1\neq8$ (거짓)

㉡에 $x=3$, $y=1$을 대입하면

$1\neq3+1$ (거짓)

(5) ㉠에 $x=3$, $y=1$을 대입하면

$4\times3-5\times1=7$ (참)

㉡에 $x=3$, $y=1$을 대입하면

$5\times3+2\times1=17$ (참)

4 (2) $\begin{cases} 2x-ay=10 \\ bx+6y=-8 \end{cases}$ 에 $x=2$, $y=-3$을 대입하면

$\begin{cases} 4+3a=10 \\ 2b-18=-8 \end{cases}$ $\therefore a=2$, $b=5$

(3) $\begin{cases} x+y=a \\ 2x-by=-3 \end{cases}$ 에 $x=-2$, $y=1$을 대입하면

$\begin{cases} -2+1=a \\ -4-b=-3 \end{cases}$ $\therefore a=-1$, $b=-1$

(4) $\begin{cases} ax-3y=6 \\ 2x+by=4 \end{cases}$ 에 $x=3$, $y=-1$을 대입하면

$\begin{cases} 3a+3=6 \\ 6-b=4 \end{cases}$ $\therefore a=1$, $b=2$

(5) $\begin{cases} 2x+y=4 \\ x+by=7 \end{cases}$ 에 $x=a$, $y=2$를 대입하면

$\begin{cases} 2a+2=4 & \cdots ㉠ \\ a+2b=7 & \cdots ㉡ \end{cases}$

㉠에서 $a=1$, ㉡에서 $1+2b=7$ $\therefore b=3$

(6) $\begin{cases} x+2y=5 \\ x+y=b \end{cases}$ 에 $x=3$, $y=a$를 대입하면

$\begin{cases} 3+2a=5 & \cdots ㉠ \\ 3+a=b & \cdots ㉡ \end{cases}$

㉠에서 $a=1$, ㉡에서 $3+1=b$ $\therefore b=4$

1 보기 중 미지수가 2개인 일차방정식은 ㄷ, ㅂ의 2개이다.

2 각 x, y의 값을 일차방정식 $2x-y-2=0$에 대입하면

① $2\times(-3)-(-8)-2=0$ (참)

② $2\times(-4)-(-1)-2\neq0$ (거짓)

③ $2\times\dfrac{1}{2}-(-1)-2=0$ (참)

④ $2\times\dfrac{3}{4}-\left(-\dfrac{1}{2}\right)-2=0$ (참)

⑤ $2\times\dfrac{3}{2}-\dfrac{1}{3}-2\neq0$ (거짓)

따라서 해가 아닌 것은 ②, ⑤이다.

3 일차방정식 $3x+5y=70$의 자연수인 해는

$(5, 11)$, $(10, 8)$, $(15, 5)$, $(20, 2)$의 4개이다.

4 $x+2y+9=0$에 $x=a$, $y=1$을 대입하면

$a+2+9=0$ $\therefore a=-11$

$x+2y+9=0$에 $x=-5$, $y=b$를 대입하면

$-5+2b+9=0$ $\therefore b=-2$

$\therefore a+b=(-11)+(-2)=-13$

5 $x=-2$, $y=1$을 주어진 연립방정식의 각 일차방정식에 대입했을 때 모두 참이 되는 것을 찾으면 ③이다.

① $\begin{cases} 5x-2y=-12 & \text{(참)} \\ 4x-3y=-10 & \text{(거짓)} \end{cases}$

② $\begin{cases} -x+3y=10 & \text{(거짓)} \\ 5x+2y=8 & \text{(거짓)} \end{cases}$

③ $\begin{cases} x=-2y & \text{(참)} \\ 3y-x=5 & \text{(참)} \end{cases}$

④ $\begin{cases} 2x+y=-3 & \text{(참)} \\ 3x-2y=14 & \text{(거짓)} \end{cases}$

⑤ $\begin{cases} x-3y=1 & \text{(거짓)} \\ 2x-5y=-9 & \text{(참)} \end{cases}$

6 $x=-1$, $y=1$을 대입하였을 때 참이 되는 일차방정식은 ㄴ, ㄷ이므로 ㄴ, ㄷ을 짝지으면 된다.

7 $\begin{cases} ax+3y=1 \\ x-by=4 \end{cases}$ 에 $x=2$, $y=-1$을 대입하면

$\begin{cases} 2a-3=1 \\ 2+b=4 \end{cases}$ $\therefore a=2$, $b=2$

$\therefore a+b=2+2=4$

10-12 · 스스로 점검 문제

p. 78

1 ①	2 ②, ⑤	3 ③	4 ①
5 ③	6 ②	7 ⑤	

13 연립방정식의 풀이-가감법 pp. 79~80

1 (1) ❶ x ❷ 더하, $+$, 4, -8, -2 ❸ -2, -2, 4
(2) ❷ 2, 빼, $-$, 8, 1 ❸ 1, 1, 4, -2

2 (1) ㉠$+$㉡ (2) ㉠$-$㉡ (3) ㉠$-$㉡ (4) ㉠$+$㉡

3 (1) 2, 빼, $-$, 2 (2) ㉠$+$㉡$\times 3$
(3) ㉠$+$㉡$\times 2$ (4) ㉠$\times 3+$㉡$\times 4$
(5) ㉠$\times 4-$㉡$\times 5$

4 (1) 7 (2) -13

5 (1) $x=1$, $y=-2$ (2) $x=1$, $y=3$
(3) $x=2$, $y=1$ (4) $x=4$, $y=-3$
(5) $x=-1$, $y=1$

---

4 (1) ㉠$\times 2+$㉡을 하면 $7x=14$
$\therefore a=7$
(2) ㉠$\times 2-$㉡을 하면 $-13y=17$
$\therefore a=-13$

5 (1) $\begin{cases} x+3y=-5 & \cdots ㉠ \\ x-y=3 & \cdots ㉡ \end{cases}$
㉠$-$㉡을 하면 $4y=-8$ $\therefore y=-2$
$y=-2$를 ㉡에 대입하면
$x-(-2)=3$ $\therefore x=1$

(2) $\begin{cases} x+y=4 & \cdots ㉠ \\ 2x-y=-1 & \cdots ㉡ \end{cases}$
㉠$+$㉡을 하면 $3x=3$ $\therefore x=1$
$x=1$을 ㉠에 대입하면
$1+y=4$ $\therefore y=3$

(3) $\begin{cases} x+y=3 & \cdots ㉠ \\ 2x+3y=7 & \cdots ㉡ \end{cases}$
㉠$\times 2-$㉡을 하면 $-y=-1$ $\therefore y=1$
$y=1$을 ㉠에 대입하면
$x+1=3$ $\therefore x=2$

(4) $\begin{cases} 2x+3y=-1 & \cdots ㉠ \\ x-2y=10 & \cdots ㉡ \end{cases}$
㉠$-$㉡$\times 2$를 하면 $7y=-21$ $\therefore y=-3$
$y=-3$을 ㉡에 대입하면
$x+6=10$ $\therefore x=4$

(5) $\begin{cases} 3x+4y=1 & \cdots ㉠ \\ 2x-3y=-5 & \cdots ㉡ \end{cases}$
㉠$\times 2-$㉡$\times 3$을 하면 $17y=17$ $\therefore y=1$
$y=1$을 ㉠에 대입하면
$3x+4=1$ $\therefore x=-1$

---

14 연립방정식의 풀이-대입법 pp. 81~82

1 (1) ❷ ㉠, ㉡, $x-2$, 3, 4 ❸ 4, 4, 2
(2) ❶ $-y+3$ ❷ $-y+3$, 5, 2 ❸ 2, 1

2 (1) $x=-17$, $y=-6$ (2) $x=-4$, $y=-7$
(3) $x=-2$, $y=1$ (4) $x=2$, $y=-1$

3 (1) $\times$ (2) $\bigcirc$ (3) $\bigcirc$

4 (1) 13 (2) 11 (3) -7

5 (1) $x=1$, $y=2$ (2) $x=-\dfrac{11}{2}$, $y=5$
(3) $x=1$, $y=3$ (4) $x=-1$, $y=-3$
(5) $x=8$, $y=1$

---

2 (1) $\begin{cases} x=3y+1 & \cdots ㉠ \\ -x+2y=5 & \cdots ㉡ \end{cases}$
㉠을 ㉡에 대입하면 $-(3y+1)+2y=5$
$-y=6$ $\therefore y=-6$
$y=-6$을 ㉠에 대입하면
$x=3\times(-6)+1=-17$

(2) $\begin{cases} y=x-3 & \cdots ㉠ \\ 5x-3y=1 & \cdots ㉡ \end{cases}$
㉠을 ㉡에 대입하면 $5x-3(x-3)=1$
$2x=-8$ $\therefore x=-4$
$x=-4$를 ㉠에 대입하면
$y=-4-3=-7$

(3) $\begin{cases} x=y-3 & \cdots ㉠ \\ x=4y-6 & \cdots ㉡ \end{cases}$
㉠을 ㉡에 대입하면 $y-3=4y-6$
$3y=3$ $\therefore y=1$
$y=1$을 ㉠에 대입하면 $x=1-3=-2$

(4) $\begin{cases} y=3x-7 & \cdots ㉠ \\ 2x-5y=9 & \cdots ㉡ \end{cases}$
㉠을 ㉡에 대입하면 $2x-5(3x-7)=9$
$-13x=-26$ $\therefore x=2$
$x=2$를 ㉠에 대입하면 $y=3\times 2-7=-1$

3 (1) $x=3y-1$은 ㉠을 x에 대하여 푼 것이다.
(3) ㉠을 x에 대하여 풀면 $x=2y+6$ $\cdots ㉢$
㉢을 ㉡에 대입한 식은 $4(2y+6)+3y=10$

4 (1) ㉠을 ㉡에 대입하면 $5\times 2y+3y=26$
$13y=26$ $\therefore a=13$

Ⅱ. 일차부등식과 연립일차방정식 **27**

(2) ㉠을 y에 대하여 풀면 $y=2x-5$ $\cdots$ ㉢

㉢을 ㉡에 대입하면 $3x+4(2x-5)=2$

$11x=22$ $\therefore a=11$

(3) ㉠을 x에 대하여 풀면 $x=-2y-3$ $\cdots$ ㉢

㉢을 ㉡에 대입하면 $2(-2y-3)-3y=-41$

$-7y=-35$ $\therefore a=-7$

5 (1) $\begin{cases} x+y=3 & \cdots ㉠ \\ -3x+2y=1 & \cdots ㉡ \end{cases}$

㉠을 y에 대하여 풀면 $y=-x+3$ $\cdots$ ㉢

㉢을 ㉡에 대입하면 $-3x+2(-x+3)=1$

$-5x=-5$ $\therefore x=1$

$x=1$을 ㉢에 대입하면 $y=-1+3=2$

(2) $\begin{cases} 2x=4-3y & \cdots ㉠ \\ 2x+5y=14 & \cdots ㉡ \end{cases}$

㉠을 ㉡에 대입하면 $4-3y+5y=14$

$2y=10$ $\therefore y=5$

$y=5$를 ㉠에 대입하면

$2x=4-3\times5=-11$ $\therefore x=-\dfrac{11}{2}$

(3) $\begin{cases} 3x+2y=9 & \cdots ㉠ \\ x-y=-2 & \cdots ㉡ \end{cases}$

㉡을 x에 대하여 풀면 $x=y-2$ $\cdots$ ㉢

㉢을 ㉠에 대입하면 $3(y-2)+2y=9$

$5y=15$ $\therefore y=3$

$y=3$을 ㉢에 대입하면 $x=3-2=1$

(4) $\begin{cases} 3x-4y=9 & \cdots ㉠ \\ 2x-y=1 & \cdots ㉡ \end{cases}$

㉡을 y에 대하여 풀면 $y=2x-1$ $\cdots$ ㉢

㉢을 ㉠에 대입하면 $3x-4(2x-1)=9$

$-5x=5$ $\therefore x=-1$

$x=-1$을 ㉢에 대입하면 $y=2\times(-1)-1=-3$

(5) $\begin{cases} 3x-4y=20 & \cdots ㉠ \\ x+6y=14 & \cdots ㉡ \end{cases}$

㉡을 x에 대하여 풀면 $x=-6y+14$ $\cdots$ ㉢

㉢을 ㉠에 대입하면 $3(-6y+14)-4y=20$

$-22y=-22$ $\therefore y=1$

$y=1$을 ㉢에 대입하면 $x=-6\times1+14=8$

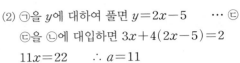
2 $\begin{cases} x-2y=4 & \cdots ㉠ \\ 2x+y=3 & \cdots ㉡ \end{cases}$

㉠$\times2-$㉡을 하면 $-5y=5$ $\therefore y=-1$

$y=-1$을 ㉠에 대입하면

$x-2\times(-1)=4$ $\therefore x=2$

$\therefore a=2,\ b=-1$

$\therefore 2a-b=2\times2-(-1)=5$

3 $\begin{cases} ax+by=4 \\ bx-ay=-7 \end{cases}$ 에 $x=3,\ y=2$를 대입하면

$\begin{cases} 3a+2b=4 & \cdots ㉠ \\ -2a+3b=-7 & \cdots ㉡ \end{cases}$

㉠$\times2+$㉡$\times3$을 하면 $13b=-13$ $\therefore b=-1$

$b=-1$을 ㉠에 대입하면 $3a-2=4$ $\therefore a=2$

$\therefore ab=2\times(-1)=-2$

4 $\begin{cases} x+3y=5 & \cdots ㉠ \\ 2x-3y=4 & \cdots ㉡ \end{cases}$

㉠$+$㉡을 하면 $3x=9$ $\therefore x=3$

$x=3$을 ㉠에 대입하면 $3+3y=5$ $\therefore y=\dfrac{2}{3}$

$x-3y=k$에 $x=3,\ y=\dfrac{2}{3}$를 대입하면

$3-3\times\dfrac{2}{3}=k$ $\therefore k=1$

5 연립방정식 $\begin{cases} x=5-2y & \cdots ㉠ \\ 3x-5y=4 & \cdots ㉡ \end{cases}$ 에서

㉠을 ㉡에 대입하면 $3(5-2y)-5y=4$

$-11y=-11$ $\therefore y=1$

$y=1$을 ㉠에 대입하면 $x=5-2\times1=3$

$\therefore x-3y=3-3\times1=0$

6 ㉠을 y에 대하여 풀면 $y=3x-2$ $\cdots$ ㉡

㉡을 ㉡에 대입하면 $4x+3(3x-2)=3$, $13x=9$

$\therefore a=13,\ b=9$

7
$$\begin{cases} 4x+5y=23 & \cdots \text{㉠} \\ x-3y=-7 & \cdots \text{㉡} \end{cases}$$

㉡을 x에 대하여 풀면 $x=3y-7$ $\cdots$ ㉢

㉢을 ㉠에 대입하면 $4(3y-7)+5y=23$

$17y=51$ $\quad \therefore y=3$

$y=3$을 ㉢에 대입하면 $x=3\times3-7=2$

따라서 $a=2$, $b=3$이므로

$ab=2\times3=6$

8
$$\begin{cases} x=y+1 & \cdots \text{㉠} \\ 4x-3y=-4 & \cdots \text{㉡} \end{cases}$$

㉠을 ㉡에 대입하면

$4(y+1)-3y=-4$ $\quad \therefore y=-8$

$y=-8$을 ㉠에 대입하면 $x=-8+1=-7$

따라서 $x=-7$, $y=-8$을 $3x-2y=k$에 대입하면

$3\times(-7)-2\times(-8)=k$

$\therefore k=-5$

---

15 복잡한 연립방정식의 풀이-괄호   p. 84

1 (1) ❶ 2, 2   ❷ −, 1   ❸ 1, 3, 3

    (2) ❶ 6, 5, 3   ❷ 3, 1   ❸ 1, 2, 5, 1

2 (1) $x=5$, $y=-2$ (2) $x=5$, $y=2$

    (3) $x=-3$, $y=-6$

---

2 (1) $\begin{cases} 2(x-y)+3y=8 \\ x+y=3 \end{cases} \Rightarrow \begin{cases} 2x+y=8 & \cdots \text{㉠} \\ x+y=3 & \cdots \text{㉡} \end{cases}$

㉠−㉡을 하면 $x=5$

$x=5$를 ㉡에 대입하면 $5+y=3$ $\quad \therefore y=-2$

(2) $\begin{cases} x+3y-11=0 \\ 3(x-y)+2y=13 \end{cases} \Rightarrow \begin{cases} x+3y=11 & \cdots \text{㉠} \\ 3x-y=13 & \cdots \text{㉡} \end{cases}$

㉠×3−㉡을 하면 $10y=20$ $\quad \therefore y=2$

$y=2$를 ㉠에 대입하면 $x+6=11$ $\quad \therefore x=5$

(3) $\begin{cases} 2x-(x+y)=3 \\ 3x+4(x-y)=3 \end{cases} \Rightarrow \begin{cases} x-y=3 & \cdots \text{㉠} \\ 7x-4y=3 & \cdots \text{㉡} \end{cases}$

㉠×4−㉡을 하면 $-3x=9$ $\quad \therefore x=-3$

$x=-3$을 ㉠에 대입하면

$-3-y=3$ $\quad \therefore y=-6$

---

16 복잡한 연립방정식의 풀이-분수, 소수   pp. 85~86

1 (1) ❶ 2, 2, 6, 2   ❷ $-y$, 5   ❸ 5, 10, 8

    (2) ❶ 10, $x-y$, 100, $4x-y$ ❷ −3, −5

       ❸ −5, −5, −15

2 (1) 6, $2x-3y=12$, 12, $8x-3y=18$

    (2) 10, $5x-3y=9$, 9, $x+3y=9$

    (3) 20, $4x-5y=-20$, 100, $x-3y=-26$

3 (1) $x=-1$, $y=7$ (2) $x=4$, $y=3$

    (3) $x=1$, $y=-3$ (4) $x=-\dfrac{10}{3}$, $y=11$

    (5) $x=2$, $y=6$ (6) $x=1$, $y=2$

4 (1) $x=1$, $y=1$ (2) $x=-1$, $y=2$

    (3) $x=2$, $y=-\dfrac{1}{2}$ (4) $x=3$, $y=5$

---

3 (1) $\begin{cases} 2x+y=5 \\ \dfrac{1}{2}x+\dfrac{1}{6}y=\dfrac{2}{3} \end{cases} \Rightarrow \begin{cases} 2x+y=5 & \cdots \text{㉠} \\ 3x+y=4 & \cdots \text{㉡} \end{cases}$

㉠−㉡을 하면 $-x=1$ $\quad \therefore x=-1$

$x=-1$을 ㉠에 대입하면

$-2+y=5$ $\quad \therefore y=7$

(2) $\begin{cases} \dfrac{x}{2}-y=-1 \\ \dfrac{x}{8}+\dfrac{y}{2}=2 \end{cases} \Rightarrow \begin{cases} x-2y=-2 & \cdots \text{㉠} \\ x+4y=16 & \cdots \text{㉡} \end{cases}$

㉠−㉡을 하면 $-6y=-18$ $\quad \therefore y=3$

$y=3$을 ㉠에 대입하면

$x-6=-2$ $\quad \therefore x=4$

(3) $\begin{cases} 2x+y=-1 \\ \dfrac{x+1}{2}-\dfrac{y}{3}=2 \end{cases} \Rightarrow \begin{cases} 2x+y=-1 \\ 3(x+1)-2y=12 \end{cases}$

$\Rightarrow \begin{cases} 2x+y=-1 & \cdots \text{㉠} \\ 3x-2y=9 & \cdots \text{㉡} \end{cases}$

㉠×2+㉡을 하면 $7x=7$ $\quad \therefore x=1$

$x=1$을 ㉠에 대입하면

$2+y=-1$ $\quad \therefore y=-3$

(4) $\begin{cases} 0.3x+0.2y=1.2 \\ 6x+3y=13 \end{cases} \Rightarrow \begin{cases} 3x+2y=12 & \cdots \text{㉠} \\ 6x+3y=13 & \cdots \text{㉡} \end{cases}$

㉠×2−㉡을 하면 $y=11$

$y=11$을 ㉠에 대입하면

$3x+22=12$ $\quad \therefore x=-\dfrac{10}{3}$

(5) $\begin{cases} 0.5x-0.3y=-0.8 \\ 0.3x+0.2y=1.8 \end{cases} \Rightarrow \begin{cases} 5x-3y=-8 & \cdots \text{㉠} \\ 3x+2y=18 & \cdots \text{㉡} \end{cases}$

㉠×2+㉡×3을 하면 $19x=38$

$\therefore x=2$

$x=2$를 ㉡에 대입하면 $6+2y=18$

$\therefore y=6$

(6) $\begin{cases} 0.18x - 0.04y = 0.1 \\ 1.1x - 0.2y = 0.7 \end{cases}$ ➡ $\begin{cases} 18x - 4y = 10 & \cdots \text{㉠} \\ 11x - 2y = 7 & \cdots \text{㉡} \end{cases}$

㉠$-$㉡$\times 2$를 하면 $-4x = -4$ $\quad \therefore x = 1$

$x = 1$을 ㉡에 대입하면

$11 - 2y = 7$ $\quad \therefore y = 2$

---

4 (1) $\begin{cases} 0.4x + 0.1y = 0.5 \\ \dfrac{x}{3} - \dfrac{7}{12}y = -\dfrac{1}{4} \end{cases}$ ➡ $\begin{cases} 4x + y = 5 & \cdots \text{㉠} \\ 4x - 7y = -3 & \cdots \text{㉡} \end{cases}$

㉠$-$㉡을 하면 $8y = 8$ $\quad \therefore y = 1$

$y = 1$을 ㉠에 대입하면 $4x + 1 = 5$ $\quad \therefore x = 1$

(2) $\begin{cases} 0.3x - 0.4y = -1.1 \\ \dfrac{x}{5} + \dfrac{y}{2} = 0.8 \end{cases}$ ➡ $\begin{cases} 3x - 4y = -11 & \cdots \text{㉠} \\ 2x + 5y = 8 & \cdots \text{㉡} \end{cases}$

㉠$\times 2 -$㉡$\times 3$을 하면 $-23y = -46$ $\quad \therefore y = 2$

$y = 2$를 ㉡에 대입하면 $2x + 10 = 8$

$2x = -2$ $\quad \therefore x = -1$

(3) $\begin{cases} \dfrac{x}{2} - 0.6y = 1.3 \\ 0.3x + \dfrac{y}{5} = 0.5 \end{cases}$ ➡ $\begin{cases} 5x - 6y = 13 & \cdots \text{㉠} \\ 3x + 2y = 5 & \cdots \text{㉡} \end{cases}$

㉠$+$㉡$\times 3$을 하면 $14x = 28$ $\quad \therefore x = 2$

$x = 2$를 ㉠에 대입하면

$10 - 6y = 13$ $\quad \therefore y = -\dfrac{1}{2}$

(4) $\begin{cases} 0.3(x+y) - 0.1y = 1.9 \\ \dfrac{2}{3}x + \dfrac{3}{5}y = 5 \end{cases}$

➡ $\begin{cases} 3x + 2y = 19 & \cdots \text{㉠} \\ 10x + 9y = 75 & \cdots \text{㉡} \end{cases}$

㉠$\times 10 -$㉡$\times 3$을 하면

$-7y = -35$ $\quad \therefore y = 5$

$y = 5$를 ㉠에 대입하면

$3x + 10 = 19$ $\quad \therefore x = 3$

---

17 $A = B = C$ 꼴의 방정식의 풀이   p. 87

1 (1) ① $2x + y$ ② 5 ③ $3x - y$ (2) 같다

2 (1) $3x - 2y + 9,\ 2x + 3y,\ 2x + 3y,\ 4x + 8y - 12$

    (2) $2x + 3,\ x - y - 1,\ 2x + 3,\ -x + 3y + 7$

    (3) $-8x + 2y,\ -12,\ -7x + y,\ -12$

3 (1) $x = -6,\ y = 12$ (2) $x = 2,\ y = -1$

    (3) $x = 1,\ y = 2$ (4) $x = -3,\ y = 1$

---

3 (1) $\begin{cases} 5x + 3y = 6 & \cdots \text{㉠} \\ -3x - y = 6 & \cdots \text{㉡} \end{cases}$

㉠$+$㉡$\times 3$을 하면 $-4x = 24$ $\quad \therefore x = -6$

$x = -6$을 ㉡에 대입하면 $18 - y = 6$ $\quad \therefore y = 12$

(2) $\begin{cases} 3x + 2y - 5 = -1 \\ 2x - y - 6 = -1 \end{cases}$ ➡ $\begin{cases} 3x + 2y = 4 & \cdots \text{㉠} \\ 2x - y = 5 & \cdots \text{㉡} \end{cases}$

㉠$+$㉡$\times 2$를 하면 $7x = 14$ $\quad \therefore x = 2$

$x = 2$를 ㉡에 대입하면 $4 - y = 5$ $\quad \therefore y = -1$

(3) $\begin{cases} 4x - 3y + 9 = 3x + 2y \\ 5x + 7y - 12 = 3x + 2y \end{cases}$

➡ $\begin{cases} x - 5y = -9 & \cdots \text{㉠} \\ 2x + 5y = 12 & \cdots \text{㉡} \end{cases}$

㉠$+$㉡을 하면 $3x = 3$ $\quad \therefore x = 1$

$x = 1$을 ㉠에 대입하면 $1 - 5y = -9$ $\quad \therefore y = 2$

(4) $\begin{cases} \dfrac{x+y}{2} = -1 \\ \dfrac{2x+3y}{3} = -1 \end{cases}$ ➡ $\begin{cases} x + y = -2 & \cdots \text{㉠} \\ 2x + 3y = -3 & \cdots \text{㉡} \end{cases}$

㉠$\times 2 -$㉡을 하면 $-y = -1$ $\quad \therefore y = 1$

$y = 1$을 ㉠에 대입하면 $x + 1 = -2$ $\quad \therefore x = -3$

---

18 해가 특수한 연립방정식의 풀이   pp. 88~89

1 (1) ① $3,\ 3x + 3y = -3$ ② $3,\ 9x - 15y = 3$

      ③ $-2,\ 2x - 8y = -4$

      ④ $-3,\ -9x + 3y = -12$

    (2) ①, ②   (3) ③, ④   (4) 무수히 많고, 없다

2 (1) 해가 무수히 많다.   (2) 해가 없다.

    (3) 해가 무수히 많다.   (4) 해가 없다.

3 (1) $3a,\ b,\ 3a,\ 4,\ 6$ (2) $a = -1,\ b = 3$

    (3) $a = -2,\ b = 1$ (4) $a = -3,\ b = 4$

4 (1) $4,\ 4$ (2) $a \neq 8$ (3) $a = -6$ (4) $a = 4$

5 (1) $a \neq b$ (2) $a = -2,\ b \neq 4$ (3) $a \neq 5,\ b = -6$

---

2 (1) $\begin{cases} 3x + 2y = 3 & \cdots \text{㉠} \\ 6x + 4y = 6 & \cdots \text{㉡} \end{cases}$ $\xrightarrow{\text{㉠} \times 2}$ $\begin{cases} 6x + 4y = 6 \\ 6x + 4y = 6 \end{cases}$

따라서 두 방정식이 같으므로 해가 무수히 많다.

(2) $\begin{cases} -2x + 6y = 6 & \cdots \text{㉠} \\ 8x - 24y = 24 & \cdots \text{㉡} \end{cases}$

$\xrightarrow{\text{㉠} \times (-4)}$ $\begin{cases} 8x - 24y = -24 \\ 8x - 24y = 24 \end{cases}$

따라서 두 방정식이 상수항만 다르므로 해가 없다.

(3) $\begin{cases} 2x-y=3 & \cdots \, \bigcirc \\ 4x-2y=6 & \cdots \, \bigcirc \end{cases}$ $\xrightarrow{\bigcirc \times 2}$ $\begin{cases} 4x-2y=6 \\ 4x-2y=6 \end{cases}$

따라서 두 방정식이 같으므로 해가 무수히 많다.

(4) $\begin{cases} 3x+y=5 & \cdots \, \bigcirc \\ 6x+2y=7 & \cdots \, \bigcirc \end{cases}$ $\xrightarrow{\bigcirc \times 2}$ $\begin{cases} 6x+2y=10 \\ 6x+2y=7 \end{cases}$

따라서 두 방정식이 상수항만 다르므로 해가 없다.

3 (2) $\begin{cases} 2x+ay=1 & \cdots \, \bigcirc \\ 6x-3y=b & \cdots \, \bigcirc \end{cases}$ $\xrightarrow{\bigcirc \times 3}$ $\begin{cases} 6x+3ay=3 \\ 6x-3y=b \end{cases}$

해가 무수히 많으려면 $3a=-3$, $3=b$

$\therefore a=-1$, $b=3$

(3) $\begin{cases} ax+4y=-2 & \cdots \, \bigcirc \\ x-2y=b & \cdots \, \bigcirc \end{cases}$

$\xrightarrow{\bigcirc \times (-2)}$ $\begin{cases} ax+4y=-2 \\ -2x+4y=-2b \end{cases}$

해가 무수히 많으려면 $a=-2$, $-2=-2b$

$\therefore a=-2$, $b=1$

(4) $\begin{cases} x+2y=a & \cdots \, \bigcirc \\ -2x-by=6 & \cdots \, \bigcirc \end{cases}$

$\xrightarrow{\bigcirc \times (-2)}$ $\begin{cases} -2x-4y=-2a \\ -2x-by=6 \end{cases}$

$-4=-b$, $-2a=6$

$\therefore a=-3$, $b=4$

4 (2) $\begin{cases} 5x+2y=a & \cdots \, \bigcirc \\ 10x+4y=16 & \cdots \, \bigcirc \end{cases}$

$\xrightarrow{\bigcirc \times 2}$ $\begin{cases} 10x+4y=2a \\ 10x+4y=16 \end{cases}$

해가 없으려면 $2a \ne 16$ $\therefore a \ne 8$

(3) $\begin{cases} 4x+ay=8 & \cdots \, \bigcirc \\ -2x+3y=4 & \cdots \, \bigcirc \end{cases}$

$\xrightarrow{\bigcirc \times (-2)}$ $\begin{cases} 4x+ay=8 \\ 4x-6y=-8 \end{cases}$

해가 없으려면 $a=-6$

(4) $\begin{cases} 2x-ay=-2 & \cdots \, \bigcirc \\ x-2y=2 & \cdots \, \bigcirc \end{cases}$

$\xrightarrow{\bigcirc \times 2}$ $\begin{cases} 2x-ay=-2 \\ 2x-4y=4 \end{cases}$

해가 없으려면 $-a=-4$ $\therefore a=4$

5 (1) $\begin{cases} 2x-y=a \\ 2x-y=b \end{cases}$ 의 해가 없으려면 $a \ne b$

(2) $\begin{cases} x-y=2 & \cdots \, \bigcirc \\ 2x+ay=b & \cdots \, \bigcirc \end{cases}$ $\xrightarrow{\bigcirc \times 2}$ $\begin{cases} 2x-2y=4 \\ 2x+ay=b \end{cases}$

해가 없으려면 $a=-2$, $b \ne 4$

(3) $\begin{cases} 3x+y=-a & \cdots \, \bigcirc \\ bx-2y=10 & \cdots \, \bigcirc \end{cases}$

$\xrightarrow{\bigcirc \times (-2)}$ $\begin{cases} -6x-2y=2a \\ bx-2y=10 \end{cases}$

해가 없으려면 $b=-6$, $2a \ne 10$, 즉 $a \ne 5$

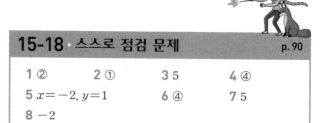

15-18 · 스스로 점검 문제

p. 90

1 ②	**2** ①	**3** 5	**4** ④
5 $x=-2$, $y=1$		**6** ④	**7** 5
8 -2			

1 $\begin{cases} x-2(3x-2y)=11 \\ x=3y \end{cases}$ $\rightarrow$ $\begin{cases} -5x+4y=11 & \cdots \, \bigcirc \\ x=3y & \cdots \, \bigcirc \end{cases}$

$\bigcirc$을 $\bigcirc$에 대입하면

$-15y+4y=11$ $\therefore y=-1$

$y=-1$을 $\bigcirc$에 대입하면

$x=3 \times (-1)=-3$

2 $\begin{cases} 0.2x-0.3y=0.1 \\ \dfrac{1}{2}x+\dfrac{1}{3}y=\dfrac{4}{3} \end{cases}$ $\rightarrow$ $\begin{cases} 2x-3y=1 & \cdots \, \bigcirc \\ 3x+2y=8 & \cdots \, \bigcirc \end{cases}$

$\bigcirc \times 3 - \bigcirc \times 2$를 하면 $-13y=-13$ $\therefore y=1$

$y=1$을 $\bigcirc$에 대입하면 $2x-3=1$ $\therefore x=2$

$\therefore a=2$, $b=1$

$\therefore a+b=2+1=3$

3 $\begin{cases} \dfrac{x}{2}-\dfrac{y}{3}=-\dfrac{1}{6} \\ 0.5x+0.5y=1.5 \end{cases}$ $\rightarrow$ $\begin{cases} 3x-2y=-1 & \cdots \, \bigcirc \\ x+y=3 & \cdots \, \bigcirc \end{cases}$

$\bigcirc + \bigcirc \times 2$를 하면 $5x=5$ $\therefore x=1$

$x=1$을 $\bigcirc$에 대입하면 $1+y=3$ $\therefore y=2$

따라서 $x=1$, $y=2$를 $kx-4y+3=0$에 대입하면

$k-8+3=0$ $\therefore k=5$

4 $\begin{cases} 5x-3y=2(x-y) \\ 5x-3y=3x-y+2 \end{cases} \rightarrow \begin{cases} 3x-y=0 & \cdots \text{㉠} \\ x-y=1 & \cdots \text{㉡} \end{cases}$

㉠$-$㉡을 하면 $2x=-1$ $\therefore x=-\dfrac{1}{2}$

$x=-\dfrac{1}{2}$을 ㉠에 대입하면

$-\dfrac{3}{2}-y=0$ $\therefore y=-\dfrac{3}{2}$

$\therefore a=-\dfrac{1}{2},\ b=-\dfrac{3}{2}$

$\therefore 4ab=4\times\left(-\dfrac{1}{2}\right)\times\left(-\dfrac{3}{2}\right)=3$

5 $\begin{cases} \dfrac{x-y}{3}=\dfrac{x}{2} \\ \dfrac{x}{2}=\dfrac{y-5}{4} \end{cases} \rightarrow \begin{cases} 2(x-y)=3x \\ 2x=y-5 \end{cases}$

$\rightarrow \begin{cases} x=-2y & \cdots \text{㉠} \\ 2x-y=-5 & \cdots \text{㉡} \end{cases}$

㉠을 ㉡에 대입하면 $-5y=-5$ $\therefore y=1$

$y=1$을 ㉠에 대입하면 $x=-2$

6 ④ $\begin{cases} 2x+y=1 & \cdots \text{㉠} \\ 6x+3y=3 & \cdots \text{㉡} \end{cases} \xrightarrow{\text{㉠}\times 3} \begin{cases} 6x+3y=3 \\ 6x+3y=3 \end{cases}$

두 방정식이 같으므로 해가 무수히 많다.

7 $\begin{cases} 3x+2y=a & \cdots \text{㉠} \\ 6x+by=5-3a & \cdots \text{㉡} \end{cases}$

㉠$\times 2$를 하면

$6x+4y=2a$ $\cdots \text{㉢}$

㉡과 ㉢이 일치해야 하므로 $b=4,\ 5-3a=2a$

$\therefore a=1,\ b=4$

$\therefore a+b=1+4=5$

8 $\begin{cases} \dfrac{3}{4}x-\dfrac{3}{2}y=1 & \cdots \text{㉠} \\ x+ay=3 & \cdots \text{㉡} \end{cases} \xrightarrow{\substack{\text{㉠}\times 4 \\ \text{㉡}\times 3}} \begin{cases} 3x-6y=4 \\ 3x+3ay=9 \end{cases}$

해가 없으려면 $3a=-6$ $\therefore a=-2$

---

19 연립방정식의 활용 ⑴ — 수, 나이, 길이 pp. 91~93

1 ❷ $x+y,\ x-y,\ x+y=26,\ x-y=2$
  ❸ $x=14,\ y=12$
  ❹ 14, 12

2 ❷ $x+y=64,\ x-y=38$
  ❸ $x=51,\ y=13$
  ❹ 51, 13

3 ❶ 큰 자연수를 x, 작은 자연수를 y라 하자.
  ❷ $x+y=32,\ x=5y+2$
  ❸ $x=27,\ y=5$
  ❹ 27

4 ❷ $2x+2y,\ x,\ y,\ 2x+2y=24,\ x=y+4$
  ❸ $x=8,\ y=4$
  ❹ 8 cm, 4 cm

5 ❶ 가로의 길이를 x cm, 세로의 길이를 y cm라 하자.
  ❷ $2x+2y=42,\ x=2y-3$
  ❸ $x=13,\ y=8$
  ❹ 104 cm²

6 ❷ 9, 3200, 26000,
    $x+y=9,\ 2500x+3200y=26000$
  ❸ $x=4,\ y=5$
  ❹ 4개

7 ❶ 성인이 x명, 청소년이 y명 입장했다고 하자.
  ❷ $x,\ y,\ 13,\ 5000,\ 3000,\ 57000,$
    $x+y=13,\ 5000x+3000y=57000$
  ❸ $x=9,\ y=4$
  ❹ 4명

8 ❷ $x+3,\ y+3,\ x+y=30,\ x+3=2(y+3)$
  ❸ $x=21,\ y=9$
  ❹ 9세

9 ❶ 현재 어머니의 나이를 x세, 아들의 나이를 y세라 하자.
  ❷ $x,\ y,\ x+6,\ y+6,\ x+y=56,$
    $x+6=2(y+6)+8$
  ❸ $x=42,\ y=14$
  ❹ 42세, 14세

10 ❷ $y,\ x,\ 10y+x,\ x+y=13,$
    $10y+x=(10x+y)+27$
  ❸ $x=5,\ y=8$
  ❹ 58

11 ❶ 처음 수의 십의 자리의 숫자를 x, 일의 자리의 숫자를 y라 하자.
  ❷ $x,\ y,\ 10x+y,\ y,\ x,\ 10y+x,$
    $x+y=12,\ 10y+x=(10x+y)+54$
  ❸ $x=3,\ y=9$
  ❹ 39

5 ❹ 가로의 길이가 13 cm, 세로의 길이가 8 cm이므로 직사각형의 넓이는 $13 \times 8 = 104(\text{cm}^2)$이다.

20 연립방정식의 활용 (2)-거리, 속력, 시간 pp. 94~95

1 ❷ 4, $\dfrac{y}{4}$, 2, $x+y=10$, $\dfrac{x}{16}+\dfrac{y}{4}=2$

❸ $x=\dfrac{8}{3}$, $y=\dfrac{22}{3}$

❹ $\dfrac{8}{3}$ km, $\dfrac{22}{3}$ km

2 ❶ 올라간 거리를 x km, 내려온 거리를 y km라 하자.

❷ x, y, 3, 5, $\dfrac{x}{3}$, $\dfrac{y}{5}$, 5, $x+y=19$, $\dfrac{x}{3}+\dfrac{y}{5}=5$

❸ $x=9$, $y=10$ ❹ 9 km

3 ❷ x, y, 3, 4, $\dfrac{x}{3}$, $\dfrac{y}{4}$, $\dfrac{5}{2}$, $y=x+3$, $\dfrac{x}{3}+\dfrac{y}{4}=\dfrac{5}{2}$

❸ $x=3$, $y=6$ ❹ 3 km

4 ❶ 갈 때 걸은 거리를 x km, 올 때 걸은 거리를 y km라 하자.

❷ x, y, 2, 3, $\dfrac{x}{2}$, $\dfrac{y}{3}$, $\dfrac{3}{2}$, $y=x-1$, $\dfrac{x}{2}+\dfrac{y}{3}=\dfrac{3}{2}$

❸ $x=\dfrac{11}{5}$, $y=\dfrac{6}{5}$

❹ $\dfrac{6}{5}$ km

5 ❷ y, 200, $200y$, $x=y+6$, $50x=200y$

❸ $x=8$, $y=2$ ❹ 8

6 ❶ 영미가 걸은 시간을 x분, 윤우가 달린 시간을 y분이라 하자.

❷ x, y, 300, 500, $300x$, $500y$, $x=y+10$, $300x=500y$

❸ $x=25$, $y=15$ ❹ 15

21 연립방정식의 활용 (3)-농도 pp. 96~97

1 ❷ 200, $\dfrac{8}{100}y$, $\dfrac{6}{100}\times200$, $x+y=200$, $\dfrac{3}{100}x+\dfrac{8}{100}y=\dfrac{6}{100}\times200$

❸ $x=80$, $y=120$ ❹ 80 g, 120 g

2 ❶ 8 %의 소금물을 x g, 5%의 소금물을 y g 섞었다고 하자.

❷ x, y, 600, $\dfrac{8}{100}x$, $\dfrac{5}{100}y$, $\dfrac{6}{100}\times600$, $x+y=600$, $\dfrac{8}{100}x+\dfrac{5}{100}y=\dfrac{6}{100}\times600$

❸ $x=200$, $y=400$

❹ 200 g, 400 g

3 ❷ ㉠ 300, $\dfrac{y}{100}\times100$, $\dfrac{8}{100}\times300$

㉡ 300, $\dfrac{y}{100}\times200$, $\dfrac{10}{100}\times300$,

$\dfrac{x}{100}\times200+\dfrac{y}{100}\times100=\dfrac{8}{100}\times300$,

$\dfrac{x}{100}\times100+\dfrac{y}{100}\times200=\dfrac{10}{100}\times300$

❸ $x=6$, $y=12$ ❹ 6 %, 12 %

4 ❶ 소금물 A의 농도를 x %, 소금물 B의 농도를 y %라 하자.

❷ ㉠ x, y, 100, 200, 300,

$\dfrac{x}{100}\times100$, $\dfrac{y}{100}\times200$, $\dfrac{4}{100}\times300$

㉡ x, y, 200, 100, 300,

$\dfrac{x}{100}\times200$, $\dfrac{y}{100}\times100$, $\dfrac{5}{100}\times300$

$\dfrac{x}{100}\times100+\dfrac{y}{100}\times200=\dfrac{4}{100}\times300$,

$\dfrac{x}{100}\times200+\dfrac{y}{100}\times100=\dfrac{5}{100}\times300$

❸ $x=6$, $y=3$ ❹ 6 %, 3 %

19-21 · 스스로 점검 문제 p. 98

1 ④	2 31	3 ③	4 2 km
5 ①	6 ③	7 ①	

1 현재 아버지의 나이를 x세, 아들의 나이를 y세라 하면
$$\begin{cases} x+y=60 \\ x+8=3(y+8) \end{cases}$$
연립방정식을 풀면 $x=49$, $y=11$
따라서 현재 아버지의 나이는 49세이다.

2 처음 자연수의 십의 자리의 숫자를 x, 일의 자리의 숫자를 y라 하면

$$\begin{cases} x=2y+1 \\ 10y+x=(10x+y)-18 \end{cases}$$

연립방정식을 풀면 $x=3$, $y=1$

따라서 처음 자연수는 31이다.

3 수지가 이긴 횟수를 x회, 진 횟수를 y회라 하면
은미가 이긴 횟수는 y회, 진 횟수는 x회이므로

$$\begin{cases} 2x-y=16 \\ 2y-x=-2 \end{cases}$$

연립방정식을 풀면 $x=10$, $y=4$

따라서 수지가 이긴 횟수는 10회이다.

4 걸어간 거리를 x km, 뛰어간 거리를 y km라 하면

$$\begin{cases} x+y=3 \\ \dfrac{x}{4}+\dfrac{y}{6}=\dfrac{2}{3} \end{cases}$$

연립방정식을 풀면 $x=2$, $y=1$

따라서 걸어간 거리는 2 km이다.

5 올라간 거리를 x km, 내려온 거리를 y km라 하면

$$\begin{cases} x+y=8 \\ \dfrac{x}{2}+\dfrac{y}{4}=\dfrac{5}{2} \end{cases}$$

연립방정식을 풀면 $x=2$, $y=6$

따라서 올라간 거리는 2 km이다.

6 5 %의 설탕물을 x g, 8 %의 설탕물을 y g 섞었다고 하면

$$\begin{cases} x+y=600 \\ \dfrac{5}{100}+\dfrac{8}{100}y=\dfrac{7}{100}\times600 \end{cases}$$

연립방정식을 풀면 $x=200$, $y=400$

따라서 5 %의 설탕물은 200 g이다.

7 소금물 A의 농도를 x %, 소금물 B의 농도를 y %라 하면

$$\begin{cases} \dfrac{x}{100}\times200+\dfrac{y}{100}\times100=\dfrac{7}{100}\times300 \\ \dfrac{x}{100}\times100+\dfrac{y}{100}\times200=\dfrac{6}{100}\times300 \end{cases}$$

연립방정식을 풀면 $x=8$, $y=5$

따라서 소금물 A, B의 농도는 각각 8 %, 5 %이다.

Ⅲ. 일차함수

1 일차함수와 그래프

01 | 함수의 뜻   pp. 100~101

1 (1) 26, 24, 22, 20   (2) $2x$ (3) $30-2x$
    (4) $y=30-2x$ (5) 정해지므로, 함수이다

2 (1) ① 8, 7, 6, 5   ② $24-x$
      ③ 정해지므로, 함수이다
    (2) ① 11, 13, 15, 17   ② $2x+7$
      ③ 정해지므로, 함수이다

3 (1) ① 1, 3 / 1, 2, 4 / 1, 5
      ② 정해지지 않으므로, 함수가 아니다
    (2) ① 2, 3, 2
      ② 정해지므로, 함수이다
    (3) ① 1, 2 / 1, 2, 3 / 1, 2, 3, 4
      ② 정해지지 않으므로, 함수가 아니다
    (4) ① 2, 1, 0, 1, 2
      ② 정해지므로, 함수이다

4 (1) ○ (2) ○ (3) × (4) ○ (5) × (6) ○

4 x와 y 사이의 관계를 식으로 나타내면 다음과 같다.
    (1) $y=40-x$ (2) $y=1000x$
    (3) [반례] 자연수 2의 배수는 2, 4, 6, 8, …로 무수히 많다.
    (4) $y=x-1$
    (5) [반례] 자연수 2보다 큰 홀수는 3, 5, 7, …로 무수히 많다.
    (6) $y=\dfrac{20-2x}{2}$, $y=10-x$

02 | 함숫값   p. 102

1 (1) ① 4, 11   ② -2, -13
    (2) ① 2, 2, -8 ② -5, -5, 27

2 (1) -9 (2) -7 (3) 2

3 (1) -2 (2) $\dfrac{11}{3}$ (3) 8

4 (1) 2   (2) 3   (3) 12

2 (1) $f(3)=-3\times3=-9$
    (2) $f(3)=-2\times3-1=-7$
    (3) $f(3)=\dfrac{6}{3}=2$

3 (1) $f(9)=-\dfrac{2}{3}\times9+4=-2$
    (2) $f\left(\dfrac{1}{2}\right)=-\dfrac{2}{3}\times\dfrac{1}{2}+4=\dfrac{11}{3}$
    (3) $f(-3)=-\dfrac{2}{3}\times(-3)+4=6$
      $f(3)=-\dfrac{2}{3}\times3+4=2$
      $\therefore f(-3)+f(3)=6+2=8$

4 (1) $f(3)=3a+8=14$에서 $3a=6$ $\therefore a=2$
    (2) $f(-2)=-10+a=-7$ $\therefore a=3$
    (3) $f(a)=-\dfrac{1}{2}a+1=-5$에서 $-\dfrac{1}{2}a=-6$
      $\therefore a=12$

03 | 일차함수 $y=ax+b$의 그래프   pp. 103~105

1 (1) ○ (2) × (3) ○ (4) × (5) ×
    (6) × (7) ○ (8) × (9) ○

2 (1) $y=3x$, ○   (2) $y=24-x$, ○
    (3) $y=\dfrac{60}{x}$, ×   (4) $y=10000-500x$, ○
    (5) $y=\pi x^2$, ×

3 (1) 4, 2, 0, -2, -4 / 5, 3, 1, -1, -3

(2) 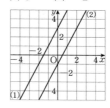   (3) 1   (4) y, 1

4 (1) 3   (2) -1

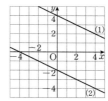

5 (1) 4   (2) -2

6 (1) $y=4x+5$ (2) $y=7x+\dfrac{2}{3}$
    (3) $y=\dfrac{3}{5}x-2$ (4) $y=-5x+\dfrac{1}{4}$
    (5) $y=-\dfrac{4}{3}x-1$

7 (1) $-5, 2$ (2) $y=3x-3$ (3) $y=-4x-2$

     (4) $y=-\dfrac{5}{2}x-2$

8 (1) $3, 5, 5, 3, 11$ (2) 18 (3) $-\dfrac{1}{2}$ (4) $-\dfrac{5}{2}$

---

1 (4) x가 분모에 있으므로 $\dfrac{9}{x}$는 일차식이 아니다.

   (6) $y=x(x+6)=x^2+6x$이므로 일차함수가 아니다.

   (9) $y=4x(x-2)-4x^2=4x^2-8x-4x^2=-8x$
     이므로 일차함수이다.

7 (2) $y=3x-7+4$ $\therefore y=3x-3$

   (3) $y=-4x+1-3$ $\therefore y=-4x-2$

   (4) $y=-\dfrac{5}{2}x-8+6$ $\therefore y=-\dfrac{5}{2}x-2$

8 (2) $2=\dfrac{1}{3}a-4$, $\dfrac{1}{3}a=6$ $\therefore a=18$

   (3) $-2a=4a+3$, $-6a=3$ $\therefore a=-\dfrac{1}{2}$

   (4) 평행이동한 그래프의 식은 $y=-\dfrac{3}{4}x+2+a$
     이 그래프가 점 $(-6, 4)$를 지나므로
     $4=-\dfrac{3}{4}\times(-6)+2+a$
     $4=\dfrac{9}{2}+2+a$ $\therefore a=-\dfrac{5}{2}$

01-03 · 스스로 점검 문제
p. 106

1 ②, ⑤	**2** ④	**3** 16	**4** -1
5 ②	**6** ①	**7** -5	**8** ④

1 ① $y=700x$

   ② 절댓값이 2인 수는 $2, -2$의 2개이다. 즉, x의 값
     이 하나 정해지면 y의 값이 하나로 정해지지 않으므
     로 y는 x의 함수가 아니다.

   ③ $y=2\times(원주율)\times x$

   ④ $y=\dfrac{20}{x}$

   ⑤ 자연수 4의 약수는 $1, 2, 4$이다. 즉, x의 값이 하나
     정해지면 y의 값이 하나로 정해지지 않으므로 y는
     x의 함수가 아니다.

---

2 ① $f(-2)=-6\times(-2)+5=17$

   ② $f(-1)=-6\times(-1)+5=11$

   ③ $f(0)=5$

   ④ $f(1)=-6\times1+5=-1$

   ⑤ $f(2)=-6\times2+5=-7$
   따라서 옳은 것은 ④이다.

3 $f(-3)=-4\times(-3)+3=15$
   $f(1)=-4\times1+3=-1$
   $\therefore f(-3)-f(1)=15-(-1)=16$

4 $f(2)=5$이므로 $2a-7=5$, $2a=12$ $\therefore a=6$
   따라서 $f(x)=6x-7$이므로 $f(1)=6-7=-1$

5 ① $y=\dfrac{2}{x}$ ② $y=-\dfrac{1}{4}x+\dfrac{1}{4}$

   ④ $y=4$ ⑤ $y=x^2+2x$

6 $y=ax$의 그래프를 y축의 방향으로 -3만큼 평행이동
   한 그래프의 식은 $y=ax-3$
   이 식이 $y=-5x+b$와 같으므로
   $a=-5$, $b=-3$
   $\therefore a+b=(-5)+(-3)=-8$

7 $y=3x+4$의 그래프를 y축의 방향으로 a만큼 평행이
   동한 그래프의 식은 $y=3x+4+a$
   이 식이 $y=3x-1$과 같으므로
   $4+a=-1$ $\therefore a=-5$

8 $y=ax$의 그래프를 y축의 방향으로 5만큼 평행이동한
   그래프의 식은 $y=ax+5$
   이 그래프가 점 $(3, -4)$를 지나므로
   $-4=3a+5$, $3a=-9$ $\therefore a=-3$

04 일차함수의 그래프의 x절편, y절편 pp. 107~108

1 (1) $-2, -2$ (2) $4, 4$ (3) $-2, 4$

2 (1) $(-1, 0)$ (2) -1 (3) $(0, -2)$

   (4) -2

3 (1) $-2, 1$ (2) $3, -2$ (3) $1, 3$

4 $0, 0, 3, 0, 3, 3, 3$

5 (1) $2, -6$ (2) $\dfrac{5}{2}, 10$ (3) $-\dfrac{2}{3}, -\dfrac{4}{3}$

   (4) $-6, 9$ (5) $3, 5$

5
(1) $y=0$일 때, $0=3x-6$
$\therefore x=2$
$x=0$일 때, $y=-6$

(2) $y=0$일 때, $0=-4x+10$
$\therefore x=\dfrac{5}{2}$
$x=0$일 때, $y=10$

(3) $y=0$일 때, $0=-2x-\dfrac{4}{3}$
$\therefore x=-\dfrac{2}{3}$
$x=0$일 때, $y=-\dfrac{4}{3}$

(4) $y=0$일 때, $0=\dfrac{2}{3}x+9$
$\therefore x=-6$
$x=0$일 때, $y=9$

(5) $y=0$일 때, $0=-\dfrac{5}{3}x+5$
$\therefore x=3$
$x=0$일 때, $y=5$

---

05 | 일차함수의 그래프의 기울기 pp. 109~111

1
(1) $-1, 1, 3, 5$ (2) $2, 4$
(3) $2, 4, 2$ (4) 2 (5) $x, 2$

2
(1) $-8, -5, -2, 1, 4 / 3, y, x, 3, 3$
(2) $4, \dfrac{7}{2}, 3, \dfrac{5}{2}, 2 / -1, y, x, -1, 2, -\dfrac{1}{2}$

3
(1) $+1, \dfrac{1}{2}$ (2) $+5, \dfrac{5}{3}$ (3) $-2, -1$
(4) $+2, -2$ (5) $-3, -\dfrac{3}{4}$

4
(1) $x, 5$ (2) $\dfrac{4}{3}$ (3) $\dfrac{1}{2}$ (4) -4 (5) $-\dfrac{2}{3}$

5
(1) $y, x, 4, 1, 4$ (2) -2 (3) 3
(4) 2 (5) -3

6
(1) $-1, -1, -4$ (2) 6 (3) -10
(4) 2 (5) 16 (6) -4

7
(1) $9, 3, 4, 2$
(2) $\dfrac{1}{2}$ (3) $-\dfrac{5}{2}$ (4) -4 (5) 3

5
(2) $(\text{기울기})=\dfrac{(y \text{의 값의 증가량})}{(x \text{의 값의 증가량})}$
$=\dfrac{-6}{3}=-2$

---

(3) $(\text{기울기})=\dfrac{(y \text{의 값의 증가량})}{(x \text{의 값의 증가량})}$
$=\dfrac{9-3}{4-2}=\dfrac{6}{2}=3$

(4) $(\text{기울기})=\dfrac{(y \text{의 값의 증가량})}{(x \text{의 값의 증가량})}$
$=\dfrac{10-2}{7-3}=\dfrac{8}{4}=2$

(5) $(\text{기울기})=\dfrac{(y \text{의 값의 증가량})}{(x \text{의 값의 증가량})}$
$=\dfrac{-1-8}{1-(-2)}$
$=\dfrac{-9}{3}=-3$

6
(2) $y=2x-7$의 그래프의 기울기가 2이므로
$\dfrac{(y \text{의 값의 증가량})}{3}=2$
$\therefore (y \text{의 값의 증가량})=6$

(3) $y=-5x+1$의 그래프의 기울기가 -5이므로
$\dfrac{(y \text{의 값의 증가량})}{2}=-5$
$\therefore (y \text{의 값의 증가량})=-10$

(4) $y=\dfrac{1}{3}x+2$의 그래프의 기울기가 $\dfrac{1}{3}$이므로
$\dfrac{(y \text{의 값의 증가량})}{6}=\dfrac{1}{3}$
$\therefore (y \text{의 값의 증가량})=2$

(5) $y=4x+5$의 그래프의 기울기가 4이므로
$\dfrac{(y \text{의 값의 증가량})}{6-2}=4$, $\dfrac{(y \text{의 값의 증가량})}{4}=4$
$\therefore (y \text{의 값의 증가량})=16$

(6) $y=-\dfrac{2}{5}x-1$의 그래프의 기울기가 $-\dfrac{2}{5}$이므로
$\dfrac{(y \text{의 값의 증가량})}{9-(-1)}=-\dfrac{2}{5}$,
$\dfrac{(y \text{의 값의 증가량})}{10}=-\dfrac{2}{5}$
$\therefore (y \text{의 값의 증가량})=-4$

7
(2) $(\text{기울기})=\dfrac{3-1}{2-(-2)}=\dfrac{1}{2}$
(3) $(\text{기울기})=\dfrac{-5-5}{6-2}=-\dfrac{5}{2}$
(4) $(\text{기울기})=\dfrac{1-9}{1-(-1)}=-4$
(5) $(\text{기울기})=\dfrac{7-1}{2-0}=3$

1 (1) 1, 1　(2) 2, 2
(3) 1, 2

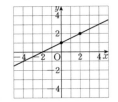

2 (1) −2, 1　(2) 1, −1

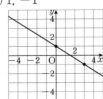

3 (1) 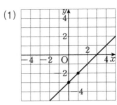　(2)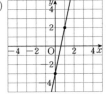

(3)　(4)
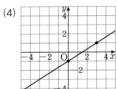

(5)　(6)
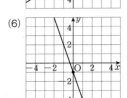

(7)　(8)
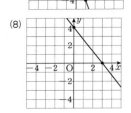

3 (1) 두 점 $(0, -3)$, $(1, -2)$를 지나는 직선이다.
(2) 두 점 $(0, -3)$, $(1, 2)$를 지나는 직선이다.
(3) 두 점 $(0, -1)$, $(2, 2)$를 지나는 직선이다.
(4) 두 점 $(0, -1)$, $(3, 1)$을 지나는 직선이다.
(5) 두 점 $(0, 3)$, $(1, 1)$을 지나는 직선이다.
(6) 두 점 $(0, -1)$, $(1, -4)$를 지나는 직선이다.
(7) 두 점 $(0, 2)$, $(2, 1)$을 지나는 직선이다.
(8) 두 점 $(0, 4)$, $(3, 0)$을 지나는 직선이다.

1 (1) ① 0, 2　② 0, 4　(2) 2, 4
(3) 2, 4, 직선,

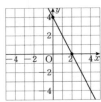

2 (1) 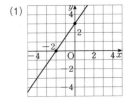　(2)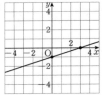

(3)
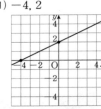

3 (1) −4, 2　(2) 2, −3
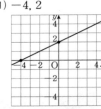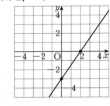

(3) −4, −4　(4) 3, 2
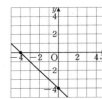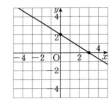

4 (1) ① 4, 3　② 6　(2) ① −3, 3　② $\dfrac{9}{2}$

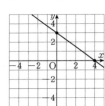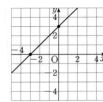

(3) ① 2, −4　② 4
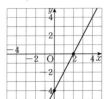

4 (1) ② (삼각형의 넓이)$=\dfrac{1}{2}\times4\times3=6$

(2) ② (삼각형의 넓이)$=\dfrac{1}{2}\times3\times3=\dfrac{9}{2}$

(3) ② (삼각형의 넓이)$=\dfrac{1}{2}\times2\times4=4$

---

08 일차함수의 그래프 그리기⑶-기울기, y절편   pp. 116~117

1 (1) 4, 4

(2) -3, -3, -3, 1

(3) 4, 1

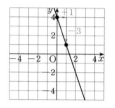

2 (1) -3, 2, 1, -1 (2) 3, -4, 3, -1

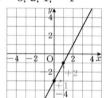 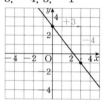

3 (1) 4, -2 (2) $\dfrac{2}{3}$, 1

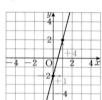 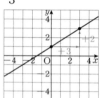

(3) -2, 2   (4) $-\dfrac{1}{3}$, -1

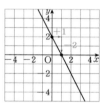 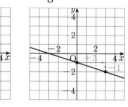

4 (1) ① $\dfrac{5}{2}$, -3 ② 2   (2) ① $-\dfrac{3}{4}$, 1   ② 3

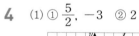

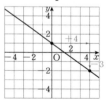

3 (1) y절편이 -2이므로 점 $(0, -2)$를 지나고, 기울기가 4이므로 점 $(0, -2)$에서 x의 값이 1만큼, y의 값이 4만큼 증가한 점 $(1, 2)$를 지난다.

(2) y절편이 1이므로 점 $(0, 1)$을 지나고, 기울기가 $\dfrac{2}{3}$이므로 점 $(0, 1)$에서 x의 값이 3만큼, y의 값이 2만큼 증가한 점 $(3, 3)$을 지난다.

(3) y절편이 2이므로 점 $(0, 2)$를 지나고, 기울기가 -2이므로 점 $(0, 2)$에서 x의 값이 1만큼, y의 값이 -2만큼 증가한 점 $(1, 0)$을 지난다.

(4) y절편이 -1이므로 점 $(0, -1)$을 지나고, 기울기가 $-\dfrac{1}{3}$이므로 점 $(0, -1)$에서 x의 값이 3만큼, y의 값이 -1만큼 증가한 점 $(3, -2)$를 지난다.

4 (1) ① y절편이 -3이므로 점 $(0, -3)$을 지나고, 기울기가 $\dfrac{5}{2}$이므로 점 $(0, -3)$에서 x의 값이 2만큼, y의 값이 5만큼 증가한 점 $(2, 2)$를 지난다.

(2) ① y절편이 1이므로 점 $(0, 1)$을 지나고, 기울기가 $-\dfrac{3}{4}$이므로 점 $(0, 1)$에서 x의 값이 4만큼, y의 값이 -3만큼 증가한 점 $(4, -2)$를 지난다.

04-08 · 스스로 점검 문제   p. 118

1 ③   **2** A$(2, 0)$, B$(0, -4)$ **3** ⑤   **4** ②

5 $-\dfrac{3}{4}$ **6** ④   **7** 12

1 $y=0$일 때, $0=\dfrac{2}{5}x-4$ $\therefore x=10$

$x=0$일 때, $y=-4$

따라서 $a=10$, $b=-4$이므로 $a+b=6$

2 $y=0$일 때, $0=2x-4$ $\therefore x=2$

$x=0$일 때, $y=-4$

$\therefore$ A$(2, 0)$, B$(0, -4)$

4 (기울기)$=\dfrac{(y\text{의 값의 증가량})}{(x\text{의 값의 증가량})}=\dfrac{-2}{6}=-\dfrac{1}{3}$인 일차함수를 찾는다.

5 일차함수의 그래프가 두 점 $(-1, 2)$, $(3, -1)$을 지나므로

(기울기)$=\dfrac{-1-2}{3-(-1)}=-\dfrac{3}{4}$

6 일차함수 $y=-\dfrac{1}{2}x+2$에서

$y=0$일 때, $0=-\dfrac{1}{2}x+2$ $\qquad \therefore x=4$

$x=0$일 때, $y=2$

따라서 x절편은 4, y절편은 2이므로 그 그래프는 ④와 같다.

7 일차함수 $y=\dfrac{3}{2}x+6$의 그래프는

x절편이 -4, y절편이 6이므로 오른쪽 그림과 같다.

따라서 구하는 넓이는

$\dfrac{1}{2}\times4\times6=12$

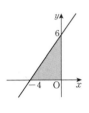

1 (1)

(2) 양수
(3) 위
(4) 증가
(5) 음수
(6) 음

2 (1) ㄴ, ㄷ (2) ㄱ, ㄹ (3) ㄴ, ㄷ
(4) ㄱ, ㄹ (5) ㄱ, ㄷ (6) ㄴ, ㄹ

3 (1) 양수, 양수, $>$, $>$ (2) 음수, 음수, $<$, $<$
(3) 양수, 음수, $>$, $<$

4 (1) $<$, $<$ (2) $>$, $>$ (3) $>$, $<$

5 (1) $<$, $>$ (2) $>$, $<$

(3) $>$, $>$ (4) $<$, $<$

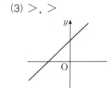 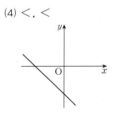

4 (1) (기울기)$=a<0$, (y절편)$=-b>0$ $\qquad \therefore b<0$
(2) (기울기)$=a>0$, (y절편)$=-b<0$ $\qquad \therefore b>0$
(3) (기울기)$=a>0$, (y절편)$=-b>0$ $\qquad \therefore b<0$

1 (1) ① 2 ② -3 (2)
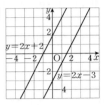
(3) 2
(4) 같고, 다르다
(5) 같고, 같다

2 (1) ㄱ과 ㄹ, ㅂ과 ㅅ (2) ㅁ과 ㅇ (3) ㄷ

3 (1) 4 (2) $\dfrac{2}{3}$ (3) 5 (4) 3 (5) $-\dfrac{3}{2}$

4 (1) $\dfrac{3}{2}$ (2) $-\dfrac{1}{3}$ (3) $\dfrac{4}{5}$

5 (1) 3, 2 (2) -4, 3 (3) $\dfrac{1}{2}$, -5 (4) 2, 4
(5) -4, -2

2 먼저 보기의 함수를 괄호를 풀어 간단히 정리하면
ㄹ. $y=-2x+2$, ㅇ. $y=x+2$
(1) 기울기가 같고 y절편이 다른 것을 찾는다.
(2) 기울기와 y절편이 모두 같은 것을 찾는다.
(3) 주어진 그래프의 기울기는 $\dfrac{2}{4}=\dfrac{1}{2}$이고, y절편은 2
이므로 이 그래프와 평행한 것은 기울기가 $\dfrac{1}{2}$이고
y절편이 2가 아닌 ㄷ이다.

3 (4) $2a=6$ $\qquad \therefore a=3$
(5) $-\dfrac{3}{4}=\dfrac{1}{2}a$ $\qquad \therefore a=-\dfrac{3}{2}$

4 (2) $a=\dfrac{-2}{6}=-\dfrac{1}{3}$
(3) $a=\dfrac{1-(-3)}{4-(-1)}=\dfrac{4}{5}$

5 (4) $3a=6$, $-4=-b$
$\qquad \therefore a=2$, $b=4$
(5) $-\dfrac{1}{2}a=2$, $8=-4b$
$\qquad \therefore a=-4$, $b=-2$

1 ①, ④ **2** ② **3** ① **4** 제3사분면
5 ② **6** $-\dfrac{3}{2}$ **7** $-\dfrac{4}{3}$ **8** 9

1 ② x절편은 2이고, y절편은 -6이다.
   ③ x의 값이 증가할 때, y의 값도 증가한다.
   ⑤ 그래프는 오른쪽 그림과 같이 제 1, 3, 4사분면을 지난다.

2 (기울기)$=-a<0$ $\therefore a>0$
   (y절편)$=b<0$

3 $a>0$, $b<0$이므로
   $y=bx-a$의 그래프의
   (기울기)$=b<0$, (y절편)$=-a<0$
   따라서 그래프는 오른쪽 그림과 같으므로 제1사분면을 지나지 않는다.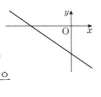

4 (기울기)$=\dfrac{a}{b}<0$,
   (y절편)$=-b>0$이므로 그래프는 오른쪽 그림과 같다.
   따라서 제3사분면을 지나지 않는다.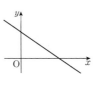

5 기울기가 -2이고 y절편이 6이 아닌 것은 ②이다.

6 $-4a=6$ $\therefore a=-\dfrac{3}{2}$

7 주어진 그래프가 두 점 $(-2,\ 1)$, $(1,\ -3)$을 지나므로
   (기울기)$=\dfrac{-3-1}{1-(-2)}=-\dfrac{4}{3}$
   $\therefore a=-\dfrac{4}{3}$

8 $\dfrac{1}{3}a=4$ $\therefore a=12$
   $9=-3b$ $\therefore b=-3$
   $\therefore a+b=9$

---

11 일차함수의 식 구하기(1)   pp. 124~125

1 (1) $2,\ -\dfrac{2}{3}$ (2) $2,\ 2$ (3) $-\dfrac{2}{3},\ 2$

2 (1) $y=2x+7$ (2) $y=\dfrac{1}{4}x-\dfrac{3}{7}$
   (3) $y=-6x+10$

3 (1) $y=7x-1$ (2) $y=-3x+5$
   (3) $y=-\dfrac{8}{5}x+\dfrac{1}{6}$

---

4 (1) $y=4x-5$ (2) $y=-3x+1$
   (3) $y=\dfrac{3}{5}x+2$

5 (1) $y=-2x+3$ (2) $y=\dfrac{7}{2}x-\dfrac{2}{3}$
   (3) $y=-3x-9$

6 (1) $y=x+\dfrac{1}{2}$ (2) $y=-\dfrac{1}{3}x-8$
   (3) $y=8x-6$ (4) $y=-9x+4$

7 (1) $y=2x+3$ (2) $y=-\dfrac{3}{4}x+1$
   (3) $y=\dfrac{4}{5}x-7$

3 (1) y절편이 -1이다.
   (2) y절편이 5이다.
   (3) y절편이 $\dfrac{1}{6}$이다.

4 (1) (기울기)$=\dfrac{8}{2}=4$이므로 $y=4x-5$
   (2) (기울기)$=\dfrac{-9}{3}=-3$이므로 $y=-3x+1$
   (3) (기울기)$=\dfrac{3}{5}$이므로 $y=\dfrac{3}{5}x+2$

5 (1) (기울기)$=\dfrac{-8}{4}=-2$, (y절편)$=3$이므로
   $y=-2x+3$
   (2) (기울기)$=\dfrac{7}{2}$, (y절편)$=-\dfrac{2}{3}$이므로
   $y=\dfrac{7}{2}x-\dfrac{2}{3}$
   (3) (기울기)$=\dfrac{-6}{2}=-3$, (y절편)$=-9$이므로
   $y=-3x-9$

6 (1) 기울기가 1이므로 $y=x+\dfrac{1}{2}$
   (2) 기울기가 $-\dfrac{1}{3}$이므로 $y=-\dfrac{1}{3}x-8$
   (3) 기울기가 8, y절편이 -6이므로 $y=8x-6$
   (4) 기울기가 -9, y절편이 4이므로 $y=-9x+4$

7 (1) (기울기)$=\dfrac{4}{2}=2$이므로 $y=2x+3$
   (2) (기울기)$=-\dfrac{3}{4}$, (y절편)$=1$이므로
   $y=-\dfrac{3}{4}x+1$
   (3) 주어진 직선이 두 점 $(-3,\ -1)$, $(2,\ 3)$을 지나므로
   (기울기)$=\dfrac{3-(-1)}{2-(-3)}=\dfrac{4}{5}$, ($y$절편)$=-7$
   따라서 구하는 일차함수의 식은 $y=\dfrac{4}{5}x-7$

1 (1) 2 (2) 2, 3, 3, 2, 1 (3) 2, 1

2 (1) $y=3x+7$ (2) $y=-4x+8$

(3) $y=\dfrac{1}{2}x+2$

3 (1) 2, 1, 0, 2, -2, $2x-2$ (2) $y=5x+5$

(3) $y=\dfrac{3}{5}x+3$ (4) $y=-3x+9$

4 (1) $\dfrac{4}{3}$, $\dfrac{4}{3}$, 9, 6, 6, 9, -6, $\dfrac{4}{3}x-6$

(2) $y=-3x+2$ (3) $y=\dfrac{1}{2}x+2$

5 (1) $y=\dfrac{3}{2}x-8$ (2) $y=5x+12$

(3) $y=-2x+4$

6 (1) $y=\dfrac{2}{3}x-6$ (2) $y=-\dfrac{1}{2}x+1$

(3) $y=-\dfrac{3}{4}x+3$

2 (1) $y=3x+b$로 놓고 $x=-2$, $y=1$을 대입하면

$1=3\times(-2)+b$ $\therefore b=7$

$\therefore y=3x+7$

(2) $y=-4x+b$로 놓고 $x=1$, $y=4$를 대입하면

$4=-4\times1+b$ $\therefore b=8$

$\therefore y=-4x+8$

(3) $y=\dfrac{1}{2}x+b$로 놓고 $x=6$, $y=5$를 대입하면

$5=\dfrac{1}{2}\times6+b$ $\therefore b=2$

$\therefore y=\dfrac{1}{2}x+2$

3 (2) $y=5x+b$로 놓고 점 $(-1, 0)$을 지나므로

$x=-1$, $y=0$을 대입하면

$0=5\times(-1)+b$에서 $b=5$

$\therefore y=5x+5$

(3) $y=\dfrac{3}{5}x+b$로 놓고 점 $(-5, 0)$을 지나므로

$x=-5$, $y=0$을 대입하면

$0=\dfrac{3}{5}\times(-5)+b$에서 $b=3$

$\therefore y=\dfrac{3}{5}x+3$

(4) $y=-3x+b$로 놓고 점 $(3, 0)$을 지나므로

$x=3$, $y=0$을 대입하면

$0=-3\times3+b$에서 $b=9$

$\therefore y=-3x+9$

4 (2) $(기울기)=\dfrac{-6}{2}=-3$이므로 $y=-3x+b$로 놓고

$x=-1$, $y=5$를 대입하면

$5=-3\times(-1)+b$에서 $b=2$

$\therefore y=-3x+2$

(3) $(기울기)=\dfrac{2}{4}=\dfrac{1}{2}$이므로 $y=\dfrac{1}{2}x+b$로 놓고

점 $(-4, 0)$을 지나므로 $x=-4$, $y=0$을 대입하면

$0=\dfrac{1}{2}\times(-4)+b$에서 $b=2$

$\therefore y=\dfrac{1}{2}x+2$

5 (1) $(기울기)=\dfrac{3}{2}$이므로 $y=\dfrac{3}{2}x+b$로 놓고

$x=4$, $y=-2$를 대입하면

$-2=\dfrac{3}{2}\times4+b$에서 $b=-8$

$\therefore y=\dfrac{3}{2}x-8$

(2) $(기울기)=5$이므로 $y=5x+b$로 놓고

$x=-2$, $y=2$를 대입하면

$2=5\times(-2)+b$에서 $b=12$

$\therefore y=5x+12$

(3) $(기울기)=-2$이므로 $y=-2x+b$로 놓고

점 $(2, 0)$을 지나므로 $x=2$, $y=0$을 대입하면

$0=-2\times2+b$에서 $b=4$

$\therefore y=-2x+4$

6 (1) $(기울기)=\dfrac{2}{3}$이므로 $y=\dfrac{2}{3}x+b$로 놓고

$x=6$, $y=-2$를 대입하면

$-2=\dfrac{2}{3}\times6+b$에서 $b=-6$

$\therefore y=\dfrac{2}{3}x-6$

(2) $(기울기)=\dfrac{-3}{6}=-\dfrac{1}{2}$이므로 $y=-\dfrac{1}{2}x+b$로 놓고

$x=-4$, $y=3$을 대입하면

$3=-\dfrac{1}{2}\times(-4)+b$에서 $b=1$

$\therefore y=-\dfrac{1}{2}x+1$

(3) 주어진 직선이 두 점 $(-2, 2)$, $(2, -1)$을 지나므로

$(기울기)=\dfrac{-1-2}{2-(-2)}=-\dfrac{3}{4}$

$y=-\dfrac{3}{4}x+b$로 놓고 $x=8$, $y=-3$을 대입하면

$-3=-\dfrac{3}{4}\times8+b$에서 $b=3$

$\therefore y=-\dfrac{3}{4}x+3$

13 **일차함수의 식 구하기**(3) pp. 128~129

1 (1) 2, −6, −6, 2, −3　　(2) −3, −3
　　(3) −3, 1, 2, 2, −3, 5　　(4) −3, 5

2 (1) 8, 4, 3, 3, −10, $y=3x-10$
　　(2) 3, 2, $\frac{1}{2}$, $\frac{1}{2}$, 4, $y=\frac{1}{2}x+4$
　　(3) 2, 3, −1, −, 5, $y=-x+5$

3 (1) $y=-\frac{1}{2}x$　　　(2) $y=3x-11$
　　(3) $y=-2x+5$　　(4) $y=\frac{1}{3}x+4$
　　(5) $y=4x-14$　　(6) $y=\frac{3}{2}x-2$
　　(7) $y=-\frac{3}{4}x+5$

4 (1) $y=2x-2$　(2) $y=\frac{1}{2}x+2$　(3) $y=-x-1$

2 (1) $y=3x+b$로 놓고 $x=4$, $y=2$를 대입하면
　　$2=3\times4+b$　　∴ $b=-10$
　　따라서 구하는 일차함수의 식은
　　$y=3x-10$

　(2) $y=\frac{1}{2}x+b$로 놓고 $x=2$, $y=5$를 대입하면
　　$5=\frac{1}{2}\times2+b$　　∴ $b=4$
　　따라서 구하는 일차함수의 식은
　　$y=\frac{1}{2}x+4$

　(3) $y=-x+b$로 놓고 $x=3$, $y=2$를 대입하면
　　$2=-3+b$　　∴ $b=5$
　　따라서 구하는 일차함수의 식은
　　$y=-x+5$

3 (1) (기울기)$=\frac{-1-2}{2-(-4)}=\frac{-3}{6}=-\frac{1}{2}$이므로
　　$y=-\frac{1}{2}x+b$로 놓고 $x=2$, $y=-1$을 대입하면
　　$-1=-\frac{1}{2}\times2+b$에서 $b=0$
　　∴ $y=-\frac{1}{2}x$

　(2) (기울기)$=\frac{10-(-2)}{7-3}=\frac{12}{4}=3$이므로
　　$y=3x+b$로 놓고 $x=3$, $y=-2$를 대입하면
　　$-2=3\times3+b$에서 $b=-11$
　　∴ $y=3x-11$

　(3) (기울기)$=\frac{7-1}{-1-2}=\frac{6}{-3}=-2$이므로
　　$y=-2x+b$로 놓고 $x=2$, $y=1$을 대입하면
　　$1=-2\times2+b$에서 $b=5$
　　∴ $y=-2x+5$

　(4) (기울기)$=\frac{3-2}{-3-(-6)}=\frac{1}{3}$이므로
　　$y=\frac{1}{3}x+b$로 놓고 $x=-6$, $y=2$를 대입하면
　　$2=\frac{1}{3}\times(-6)+b$에서 $b=4$
　　∴ $y=\frac{1}{3}x+4$

　(5) (기울기)$=\frac{6-(-2)}{5-3}=\frac{8}{2}=4$이므로
　　$y=4x+b$로 놓고 $x=3$, $y=-2$를 대입하면
　　$-2=4\times3+b$에서 $b=-14$
　　∴ $y=4x-14$

　(6) (기울기)$=\frac{4-1}{4-2}=\frac{3}{2}$이므로
　　$y=\frac{3}{2}x+b$로 놓고 $x=2$, $y=1$을 대입하면
　　$1=\frac{3}{2}\times2+b$에서 $b=-2$
　　∴ $y=\frac{3}{2}x-2$

　(7) (기울기)$=\frac{-1-2}{8-4}=-\frac{3}{4}$이므로
　　$y=-\frac{3}{4}x+b$로 놓고 $x=4$, $y=2$를 대입하면
　　$2=-\frac{3}{4}\times4+b$에서 $b=5$
　　∴ $y=-\frac{3}{4}x+5$

4 (1) 두 점 $(-1, -4)$, $(2, 2)$를 지나므로
　　(기울기)$=\frac{2-(-4)}{2-(-1)}=\frac{6}{3}=2$
　　$y=2x+b$로 놓고 $x=2$, $y=2$를 대입하면
　　$2=2\times2+b$에서 $b=-2$
　　∴ $y=2x-2$

　(2) 두 점 $(2, 3)$, $(0, 2)$를 지나므로
　　(기울기)$=\frac{2-3}{0-2}=\frac{1}{2}$
　　$y=\frac{1}{2}x+b$로 놓고 $x=0$, $y=2$를 대입하면
　　$2=0+b$에서 $b=2$
　　∴ $y=\frac{1}{2}x+2$

　(3) 두 점 $(-2, 1)$, $(2, -3)$을 지나므로
　　(기울기)$=\frac{-3-1}{2-(-2)}=\frac{-4}{4}=-1$
　　$y=-x+b$로 놓고 $x=-2$, $y=1$을 대입하면
　　$1=-(-2)+b$에서 $b=-1$
　　∴ $y=-x-1$

Ⅲ. 일차함수　**43**

1 (1) 4, 2　　(2) 2, 4, $-\dfrac{1}{2}$　　(3) $-\dfrac{1}{2}x+2$

2 (1) $y=3x+6$　　(2) $y=\dfrac{5}{3}x-5$

　　(3) $y=-\dfrac{1}{4}x+2$

3 (1) $y=-\dfrac{4}{5}x+4$　　(2) $y=\dfrac{2}{3}x-2$

2 (1) 두 점 $(-2, 0)$, $(0, 6)$을 지나므로

　　$(기울기)=\dfrac{6-0}{0-(-2)}=3$

　　$\therefore y=3x+6$

(2) 두 점 $(3, 0)$, $(0, -5)$를 지나므로

　　$(기울기)=\dfrac{-5-0}{0-3}=\dfrac{5}{3}$

　　$\therefore y=\dfrac{5}{3}x-5$

(3) 두 점 $(8, 0)$, $(0, 2)$를 지나므로

　　$(기울기)=\dfrac{2-0}{0-8}=-\dfrac{1}{4}$

　　$\therefore y=-\dfrac{1}{4}x+2$

3 (1) 두 점 $(5, 0)$, $(0, 4)$를 지나므로

　　$(기울기)=\dfrac{4-0}{0-5}=-\dfrac{4}{5}$, $(y절편)=4$

　　$\therefore y=-\dfrac{4}{5}x+4$

(2) 두 점 $(3, 0)$, $(0, -2)$를 지나므로

　　$(기울기)=\dfrac{-2-0}{0-3}=\dfrac{2}{3}$, $(y절편)=-2$

　　$\therefore y=\dfrac{2}{3}x-2$

15 일차함수의 활용　　pp. 131~132

1 (1) 22, 24, 26, 28　　(2) $2x$　　(3) $y=2x+20$

　　(4) 8, 20, 36　　(5) 2, 20, 14

2 (1) 3 ℃　　(2) $3x$ ℃　　(3) $y=3x+10$

　　(4) 40 ℃　　(5) 25분

3 (1) 8 L　　(2) $y=8x+180$　　(3) 340 L

　　(4) 40분

4 (1) $60x$ m　　(2) $y=1500-60x$　　(3) 900 m

　　(4) 20분　　(5) 25분

5 (1) $2x$ cm　　(2) $y=15x$　　(3) 75 cm²

　　(4) 12초

2 (1) 2분마다 6 ℃씩 올라가므로 1분마다 3 ℃씩 올라간다.

　　(4) $y=3\times10+10=40$

　　(5) $85=3x+10$, $3x=75$　　$\therefore x=25$

3 (1) 5분마다 40 L씩 넣으므로 1분마다 8 L씩 넣는다.

　　(3) $y=8\times20+180=340$

　　(4) $500=8x+180$, $8x=320$　　$\therefore x=40$

4 (1) 집에서 출발한 지 x분 후 간 거리는 $60x$ m

　　(3) $y=1500-60\times10=900$

　　(4) $300=1500-60x$, $60x=1200$

　　　$\therefore x=20$

　　(5) $0=1500-60x$, $60x=1500$　　$\therefore x=25$

5 (1) 1초마다 2 cm씩 움직이므로 x초 후의 $\overline{BP}$의 길이는 $2x$ cm

　　(2) $y=\dfrac{1}{2}\times2x\times15=15x$

　　(3) $y=15\times5=75$

　　(4) $180=15x$　　$\therefore x=12$

11-15 · 스스로 점검 문제　　p. 133

1 ②　　**2** ④　　**3** -20　　**4** ①

5 ⑤　　**6** -6　　**7** $y=0.6x+331$　　**8** ④

1 $y=\dfrac{2}{3}x+b$로 놓고 $x=9$, $y=4$를 대입하면

　　$4=\dfrac{2}{3}\times9+b$에서 $b=-2$

　　$\therefore y=\dfrac{2}{3}x-2$

2 $(기울기)=2$, $(y절편)=-5$

　　$\therefore y=2x-5$

3 $a=\dfrac{-10}{1-(-3)}=-\dfrac{5}{2}$이므로 $y=-\dfrac{5}{2}x+b$에

　　$x=4$, $y=-2$를 대입하면

　　$-2=-\dfrac{5}{2}\times4+b$에서 $b=8$

　　$\therefore ab=-\dfrac{5}{2}\times8=-20$

4 $(기울기)=\dfrac{1-(-2)}{8-2}=\dfrac{3}{6}=\dfrac{1}{2}$이므로

$y=\dfrac{1}{2}x+b$로 놓고 $x=2$, $y=-2$를 대입하면

$-2=\dfrac{1}{2}\times2+b$에서 $b=-3$

$\therefore y=\dfrac{1}{2}x-3$

5 $(기울기)=\dfrac{-5-3}{3-(-1)}=\dfrac{-8}{4}=-2$이므로

$y=-2x+b$로 놓고 $x=-1$, $y=3$을 대입하면

$3=-2\times(-1)+b$에서 $b=1$

$y=-2x+1$의 그래프를 y축의 방향으로 3만큼 평행

이동하면 $y=-2x+1+3=-2x+4$

따라서 $y=-2x+4$의 그래프의 y절편은 4이다.

6 $(기울기)=\dfrac{-5-0}{0-(-3)}=-\dfrac{5}{3}$

$y=-\dfrac{5}{3}x-5$에 $x=a$, $y=5$를 대입하면

$5=-\dfrac{5}{3}a-5$, $\dfrac{5}{3}a=-10$ $\quad\therefore a=-6$

7 기온이 $x\,^{\circ}\mathrm{C}$ 오를 때 소리의 속력은 초속 $0.6x\,\mathrm{m}$ 증가한다. 따라서 x와 y 사이의 관계식은

$y=0.6x+331$

8 불을 붙인 지 x분 후 남은 양초의 길이를 $y\,\mathrm{cm}$라 하면

1분마다 $\dfrac{1}{2}\,\mathrm{cm}$씩 짧아지므로 $y=20-\dfrac{1}{2}x$

$y=8$을 대입하면 $8=20-\dfrac{1}{2}x$, $\dfrac{1}{2}x=12$

$\therefore x=24$

16 미지수가 2개인 일차방정식의 그래프   p. 134

1 (1) -1, 1, 3, 5 (2), (3)

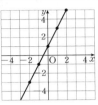

2 (1) 1, 0, -1, -2, -3 (2)

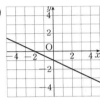

3 (1) 0, 1, 2, 3, 4 (2)

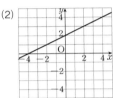

17 일차방정식과 일차함수   pp. 135~136

1 (1) $-2x-6$, $\dfrac{2}{3}x+2$ (2) $\dfrac{2}{3}x+2$, $\dfrac{2}{3}$, 2

  (3)

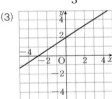

2 (1) $y=x-5$ (2) $y=-3x+6$

  (3) $y=\dfrac{1}{2}x+2$ (4) $y=-\dfrac{4}{3}x+4$

  (5) $y=\dfrac{3}{5}x-2$

3 (1) 2, -4, 8 (2) -5, -3, -15

  (3) $-\dfrac{1}{2}$, 6, 3 (4) $-\dfrac{2}{3}$, 3, 2

4 (1) 3, -2 (2) 3, -2

  (3)

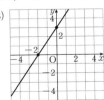

5 (1) 4, 2　　　　　　(2) -3, -4

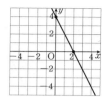　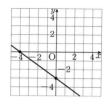

(3) -2, 3

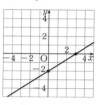

2 (3) $-2y=-x-4$　　∴ $y=\dfrac{1}{2}x+2$

(4) $3y=-4x+12$　　∴ $y=-\dfrac{4}{3}x+4$

(5) $5y=3x-10$　　∴ $y=\dfrac{3}{5}x-2$

3 (1) $y=2x+8$이므로 기울기는 2, y절편은 8이다.
또, $y=0$일 때, $0=2x+8$　　∴ $x=-4$

(2) $y=-5x-15$이므로 기울기는 -5, y절편은 -15
이다.
또, $y=0$일 때, $0=-5x-15$　　∴ $x=-3$

(3) $2y=-x+6$에서 $y=-\dfrac{1}{2}x+3$이므로
기울기는 $-\dfrac{1}{2}$, y절편은 3이다.
또, $y=0$일 때, $0=-\dfrac{1}{2}x+3$　　∴ $x=6$

(4) $3y=-2x+6$에서 $y=-\dfrac{2}{3}x+2$이므로
기울기는 $-\dfrac{2}{3}$, y절편은 2이다.
또, $y=0$일 때, $0=-\dfrac{2}{3}x+2$　　∴ $x=3$

18 일차방정식 $x=p$, $y=q$의 그래프 pp. 137~138

1 (1) 2, 2, 2, 2　　　(3)
(2) -1, -1, -1, -1
(4) 2, 2, y
(5) -1, -1, x

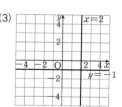

2 (1) 3, y
(2) -4, x
(3) -2, -2, y
(4) 2, 2, x

---

3 (1) $y=3$　　(2) $x=-1$　　(3) $x=4$
(4) $y=-3$

4 (1) $y=-4$　　(2) $x=3$　　(3) $x=-3$
(4) $y=7$　　(5) $x=2$　　(6) $y=-6$

5 (1) y, 8, 6　　(2) -5　　(3) y, x, $2a+5$, 2　　(4) -3

5 (2) 직선 위의 점들의 x좌표는 모두 같으므로
$3a+7=-8$, $3a=-15$　　∴ $a=-5$
(4) x축에 평행한 경우와 같으므로
$2a+3=-3a-12$, $5a=-15$　　∴ $a=-3$

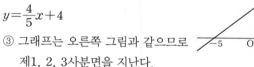

1 ⑤　　　**2** -2　　　**3** -4　　　**4** ④
5 ④　　　**6** ②　　　**7** ③　　　**8** 3

1 $4x-5y+20=0$을 y에 대하여 풀면
$y=\dfrac{4}{5}x+4$
③ 그래프는 오른쪽 그림과 같으므로
제1, 2, 3사분면을 지난다.
⑤ $\dfrac{4}{5}\neq\dfrac{5}{4}$이므로 평행하지 않다

2 $ax-y+5=0$을 y에 대하여 풀면 $y=ax+5$
$y=ax+5$의 그래프가 $y=3x-b$의 그래프와 일치하
므로 $a=3$, $b=-5$　　∴ $a+b=-2$

3 $3x+4y+8=0$을 y에 대하여 풀면 $y=-\dfrac{3}{4}x-2$
따라서 $a=-\dfrac{3}{4}$, $b=-\dfrac{8}{3}$, $c=-2$이므로
$abc=-4$

4 (기울기)$=-\dfrac{3}{2}$, (y절편)$=3$이므로
$y=-\dfrac{3}{2}x+3$　　∴ $3x+2y-6=0$

5 ④ 점 $(2, 0)$을 지나며 y축에 평행하다.

6 y축에 평행한 직선의 방정식은 $x=p$ 꼴이고, p는 주
어진 점의 x좌표이므로 $p=-1$　　∴ $x=-1$

7 두 점의 y좌표가 같으므로 $y=6$

8 x축에 수직인 직선의 방정식은 $x=p$

이 직선 위의 점들의 x좌표는 모두 같다.

$-a+3=3a-9$, $-4a=-12$ $\quad\therefore a=3$

19 연립방정식의 해와 그래프 pp. 140~141

1 (1) $-1,2$ (2) $-x+1, 2x+4$

(3)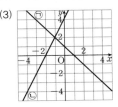

(4) $-1,2$ (5) $-1,2$

2 (1) $x=1, y=3$ (2) $x=2, y=-2$

(3) $x=3, y=1$

3 (1) 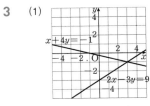 (2)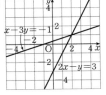

$x=3, y=-1$ $\qquad x=2, y=1$

(3)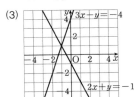

$x=-1, y=1$

4 (1) $a=2, b=2$ (2) $a=2, b=3$

(3) $a=2, b=2$

---

3 (1) $\begin{cases} 2x-3y=9 \\ x+4y=-1 \end{cases} \Rightarrow \begin{cases} y=\dfrac{2}{3}x-3 \\ y=-\dfrac{1}{4}x-\dfrac{1}{4} \end{cases}$

(2) $\begin{cases} x-3y=-1 \\ 2x-y=3 \end{cases} \Rightarrow \begin{cases} y=\dfrac{1}{3}x+\dfrac{1}{3} \\ y=2x-3 \end{cases}$

(3) $\begin{cases} 3x-y=-4 \\ 2x+y=-1 \end{cases} \Rightarrow \begin{cases} y=3x+4 \\ y=-2x-1 \end{cases}$

4 (1) 두 그래프의 교점의 좌표가 $(-2, 1)$이므로

연립방정식의 해는 $x=-2, y=1$이다.

각 일차방정식에 $x=-2, y=1$을 대입하면

$-2a+5\times1=1$, $-2a=-4$

$\therefore a=2$

$3\times(-2)-b\times1=-8$, $-6-b=-8$

$\therefore b=2$

---

(2) 두 그래프의 교점의 좌표가 $(1, -2)$이므로

연립방정식의 해는 $x=1, y=-2$이다.

각 일차방정식에 $x=1, y=-2$를 대입하면

$4\times1-2=a$ $\quad\therefore a=2$

$b\times1-(-2)=5$ $\quad\therefore b=3$

(3) 두 그래프의 교점의 좌표가 $(3, 2)$이므로 연립방정식의 해는 $x=3, y=2$이다.

각 일차방정식에 $x=3, y=2$를 대입하면

$3-2a=-1$, $-2a=-4$ $\quad\therefore a=2$

$3b+2=8$, $3b=6$ $\quad\therefore b=2$

20 연립방정식의 해의 개수와 두 직선의 위치 관계 pp. 142~143

1 (1) 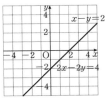 (2) 일치, 무수히 많다

2 (1) 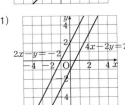 (2) 평행, 없다

3 (1)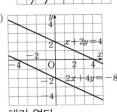

해가 없다.

(2)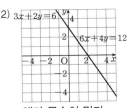

해가 무수히 많다.

4 (1) $x-5, -2x+3$, 1개, 1쌍

(2) $\dfrac{2}{3}x-\dfrac{4}{3}, \dfrac{2}{3}x-\dfrac{4}{3}$, 무수히 많다., 무수히 많다.

(3) $\dfrac{1}{3}x+\dfrac{1}{3}, \dfrac{1}{3}x-\dfrac{1}{3}$, 없다., 없다.

5 (1) $a=6, b=-2$ (2) $a=-1, b=3$

6 (1) $a=-2, b\neq6$ (2) $a=-3, b\neq3$

5 (1) $\begin{cases} y=-\dfrac{a}{4}x+\dfrac{1}{2} \\ y=\dfrac{3}{b}x-\dfrac{1}{b} \end{cases}$ 에서 $-\dfrac{a}{4}=\dfrac{3}{b},\ \dfrac{1}{2}=-\dfrac{1}{b}$

$\therefore a=6,\ b=-2$

(2) $\begin{cases} y=-\dfrac{1}{2}x-\dfrac{a}{2} \\ y=-\dfrac{b}{6}x+\dfrac{1}{2} \end{cases}$ 에서 $-\dfrac{1}{2}=-\dfrac{b}{6},\ -\dfrac{a}{2}=\dfrac{1}{2}$

$\therefore a=-1,\ b=3$

6 (1) $\begin{cases} y=ax+3 \\ y=-2x+\dfrac{b}{2} \end{cases}$ 에서 $a=-2,\ 3\neq\dfrac{b}{2}$

$\therefore a=-2,\ b\neq6$

(2) $\begin{cases} y=-\dfrac{6}{a}x-\dfrac{9}{a} \\ y=2x+b \end{cases}$ 에서 $-\dfrac{6}{a}=2,\ -\dfrac{9}{a}\neq b$

$\therefore a=-3,\ b\neq3$

19-20 · 스스로 점검 문제
p. 144

1 $x=-2,\ y=1$	**2** ④	**3** 4
4 ③	**5** ②	**6** ⑤	**7** ①

1 두 일차방정식의 그래프의 교점의 좌표가 $(-2,\ 1)$이 므로 구하는 해는 $x=-2,\ y=1$

2 연립방정식 $\begin{cases} 2x+3y=1 \\ x+2y=-1 \end{cases}$ 을 풀면 $x=5,\ y=-3$

따라서 두 직선의 교점은 $(5,\ -3)$이므로

$a=5,\ b=-3 \qquad \therefore a+b=2$

3 두 그래프의 교점의 좌표가 $(2,\ 3)$이므로

연립방정식의 해는 $x=2,\ y=3$

각 일차방정식에 $x=2,\ y=3$을 대입하면

$3\times2+3a=12,\ 3a=6 \qquad \therefore a=2$

$2b-3=1,\ 2b=4 \qquad \therefore b=2$

$\therefore ab=2\times2=4$

4 $x+y=-4$의 그래프의 x절편은

$x+0=-4$에서 $x=-4$

즉, 교점의 좌표가 $(-4,\ 0)$이므로

$ax-2y=-2$에 $x=-4,\ y=0$을 대입하면

$-4a-0=-2 \qquad \therefore a=\dfrac{1}{2}$

5 ① $\dfrac{1}{1}=\dfrac{1}{1}\neq\dfrac{1}{5}$ ② $\dfrac{2}{2}\neq\dfrac{1}{-1}$

③ $\dfrac{3}{6}=\dfrac{2}{4}=\dfrac{3}{6}$ ④ $\dfrac{1}{3}=\dfrac{3}{9}=\dfrac{-1}{-3}$

⑤ $\dfrac{2}{4}=\dfrac{-1}{-2}\neq\dfrac{3}{5}$

따라서 해가 오직 한 쌍 존재하는 것은 ②이다.

6 $\begin{cases} y=-\dfrac{a}{3}x-\dfrac{2}{3} \\ y=\dfrac{2}{3}x-\dfrac{b}{6} \end{cases}$ 에서 $-\dfrac{a}{3}=\dfrac{2}{3},\ -\dfrac{2}{3}=-\dfrac{b}{6}$

$\therefore a=-2,\ b=4$

$\therefore b-a=4-(-2)=6$

7 $\begin{cases} y=\dfrac{4}{a}x-\dfrac{6}{a} \\ y=-\dfrac{2}{3}x-1 \end{cases}$ 에서 $\dfrac{4}{a}=-\dfrac{2}{3},\ -\dfrac{6}{a}\neq-1$

$\therefore a=-6$